略　号　表

略　号	正　式　名	英	
Nu	求核剤	nucleophile	
PCC	クロロクロム酸ピリジニウム	pyridinium chlorochromate	Py H · CrO₃Cl
PDC	二クロム酸ピリジニウム	pyridinium dichromate	(Py⁺H)₂Cr₂O₇²⁻
Ph	フェニル	phenyl	–⌬
PMB	p-メトキシベンジル	p-methoxybenzyl	–CH₂–⌬–OCH₃
PPA	ポリリン酸	polyphosphoric acid	H_{n+2}P_nO_{3n+1} (n=2,3,4···)
Pr	プロピル	propyl	–C₃H₇
ⁱPr, iPr	イソプロピル	isopropyl	–CH(CH₃)₂
Py	ピリジン	pyridine	⌬N
TBS	t-ブチルジメチルシリル	t-butyldimethylsilyl	–Si(CH₃)₂C(CH₃)₃
TES	トリエチルシリル	triethylsilyl	–Si(CH₂CH₃)₃
THF	テトラヒドロフラン	tetrahydrofuran	⌬O
THP	テトラヒドロピラニル	tetrahydropyranyl	⌬O
TMSOTf	トリメチルシリルトリフラート	trimethylsilyl triflate	CF₃SO₂–OSi(CH₃)₃
Ts	p-トルエンスルホニル（トシル）	p-toluenesulfonyl (tosyl)	–SO₂–⌬–CH₃
p-TsOH	p-トルエンスルホン酸	p-toluenesulfonic acid	H₃C–⌬–SO₃H

炭素酸の酸解離定数（pK_a）[a)]

炭　素　酸	pK_a[†1]	炭　素　酸	pK_a[†1]	炭　素　酸	pK_a[†1]
トリシアノメタン	−5.1	1,3-シクロペンタジエン	16.0	1,3-ジチアン	31.1
トリニトロメタン	0.2			トリフェニルメタン	31.5
ジニトロメタン	3.6	アセトアルデヒド	16.73	ジメチルスルホキシド	33
トリアセチルメタン	5.86	シクロヘキサノン	18.09	ジフェニルメタン	33.4
2,4-ペンタンジオン	8.80	アセトフェノン	18.36	トルエン	41
ニトロメタン	10.2	アセトン	19.3	プロペン	43
ジフェニルアセトアルデヒド	10.42	インデン	19.9	ベンゼン	43
		フェニルアセチレン	20.0	エテン	44
アセト酢酸エチル	10.7	ジメチルスルホン	23	メタン	49.0
ジシアノメタン	11.4	クロロホルム	24	エタン	50.6
2-インダノン	12.20	エチン	25	フェニルアセトアルデヒド	31.11/ 12.53[†2]
マロン酸ジエチル	13.3	酢酸エチル	25.6		
イソブチルアルデヒド	15.49	アセトニトリル	28.9		

a）日本化学会編，"化学便覧　基礎編"，改訂5版，丸善（2004）より．
†1　水溶液中のpK_a，推定値を含む．　　†2　それぞれ，*cis/trans*-エノラートの生成に対応する．

日本薬学会編

知っておきたい
有機反応 100

第2版

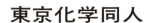
東京化学同人

まえがき

　大学の有機化学が苦手という学生が多いようです．私自身も初めて学んだとき，命名法から始まる授業で，ひたすら化合物の名前を覚え，性質を覚え，反応を覚えるものと受取り，辛く，楽しさとはかけ離れた学問でした．内容が難しく，範囲が広すぎると感じたものでした．

　ところが，有機化学を暗記科目と考えるのは思い違いでした．反応の仕組みを理解し，電子の動きに喜びを見つけると，有機化学がわかりだし，わかるとおもしろくなりました．学ぶのがおもしろくなれば楽しくなります．有機化学は楽しい科目です．有機化学の中心は反応です．反応は電子の動きです．電子とともに楽しむのが有機化学です．

　本書の初版は 2006 年に刊行されました．あっという間に 13 年が経ってしまいました．この第 2 版には，有機化学を学ぶうえでの基本反応がすべて収載され，最先端の有機化学反応も新たに加えてあります．それぞれが完結しており，どのページから見てもわかりやすく，おもしろいものです．このたびの改訂に伴い従来の内容を修正するとともに，最近の医薬品合成にも使われ，ノーベル化学賞の受賞対象となった遷移金属触媒反応も新しく第XV部として加え，名実ともに 100 の有機反応が揃いました．

　日頃，有機化学を学生と一緒に学び，楽しさをともに分かち合おうという意欲の強い先生方に集まっていただき，手分けしてつくりあげました．日本薬学会の"知っておきたいシリーズ"の一冊として，日本薬学会編"知っておきたい有機反応 100（第 2 版）"をいつもそばにおいて有機化学を楽しんでいただきたいと思います．薬学，理学，工学，農学と，すべての領域で有機化学を学んでいる方々のポケットやカバンに忍ばせて，役立てていただけると信じております．

　　2019 年 3 月

編集委員長

望　月　正　隆

編 集 委 員 会

編 集 委 員 長

望　月　正　隆　　山口東京理科大学薬学部 教授，薬学博士

編 集 委 員

大 和 田 智 彦　　東京大学大学院薬学系研究科 教授，薬学博士

橘　高　敦　史　　帝京大学薬学部 教授，薬学博士

増　野　匡　彦　　慶應義塾大学名誉教授，薬学博士

執 筆 者

青 木　伸　　東京理科大学薬学部 教授, 博士(薬学) [第Ⅹ部]

稲 見 圭 子　　山口東京理科大学薬学部 教授, 博士(薬学) [第Ⅸ部]

遠 藤 泰 之　　東北医科薬科大学 名誉教授, 薬学博士 [第Ⅲ部]

大 和 田 智 彦　　東京大学大学院薬学系研究科 教授, 薬学博士
[第Ⅺ, ⅩⅣ部]

忍 足 鉄 太　　帝京大学薬学部 教授, 博士(薬学) [第ⅩⅢ部]

橘 高 敦 史　　帝京大学薬学部 教授, 薬学博士 [第Ⅶ, Ⅷ部]

齋 藤 直 樹　　明治薬科大学薬学部 特任教授, 薬学博士 [第Ⅴ部]

齋 藤　望　　明治薬科大学薬学部 教授, 博士(薬学) [第ⅩⅤ部]

高 橋 秀 依　　東京理科大学薬学部 教授, 博士(薬学) [第Ⅻ部]

本 澤　忍　　新潟薬科大学薬学部 教授, 博士(薬学) [第Ⅳ部]

本 多 利 雄　　星薬科大学名誉教授, 薬学博士 [第Ⅻ, ⅩⅢ部]

増 野 匡 彦　　慶應義塾大学名誉教授, 薬学博士 [第Ⅵ部]

宮 入 伸 一　　前日本大学薬学部 教授, 薬学博士 [第Ⅰ部]

望 月 正 隆　　山口東京理科大学薬学部 教授, 薬学博士 [第Ⅱ部]

(五十音順, [ ]は執筆担当箇所)

目　　　次

Ⅰ. 反応を考える基礎

基礎 1.　電子効果 ……………………………………………………………………… 2

基礎 2.　電子効果と酸性度，塩基性度 ……………………………………………… 5

基礎 3.　電子効果と反応性 …………………………………………………………… 6

基礎 4.　立体化学と立体効果 ………………………………………………………… 8

基礎 5.　芳香族求電子置換反応における置換基効果 ……………………………… 13

基礎 6.　電子供与性の共鳴効果を示す置換基の効果 ……………………………… 14

基礎 7.　電子求引性の電子効果を示す置換基の効果 ……………………………… 16

基礎 8.　置換基効果の加成性 —— 二置換ベンゼンへの求電子置換反応 ……… 18

基礎 9.　置換基の電子効果のまとめ ………………………………………………… 20

基礎 10.　酸化還元電位の考え方 …………………………………………………… 21

Ⅱ. 求核置換反応

反応 1.　求核置換反応と反応機構 …………………………………………………… 24

反応 2.　求核置換反応 —— S_N1 機構 …………………………………………… 26

反応 3.　求核置換反応 —— S_N2 機構 …………………………………………… 28

反応 4.　求核置換反応の立体化学 …………………………………………………… 30

反応 5.　求核置換反応への基質構造の効果 ………………………………………… 32

反応 6.　ハロゲン化反応と分子内求核置換反応 —— S_Ni 機構 ……………… 34

反応 7.　酸素求核剤の反応 …………………………………………………………… 36

反応 8.　エーテルの反応 ……………………………………………………………… 38

反応 9.　アミンの反応 ………………………………………………………………… 40

反応 10.　ジアゾニウムイオンの生成と反応 ……………………………………… 42

反応 11.　求核置換反応の隣接基関与 ……………………………………………… 44

Ⅲ. 脱離反応

反応 12.　脱離反応 —— E1 機構 …………………………………………………… 48

反応 13.　脱離反応 —— E2 機構 …………………………………………………… 50

反応 14.　E2 反応の立体化学 —— アンチ脱離 …………………………………… 52

反応 15.　シクロヘキサン上の脱離と配座効果 …………………………………… 54

反応 16. カルボアニオン型一分子脱離反応 —— E1cB 機構 ………………… 56
反応 17. 脱離の方向 —— Saytzeff 則と Hofmann 則 …………………………… 58
反応 18. Hofmann 分解反応とシン脱離 ……………………………………………… 60

Ⅳ. アルケンへの付加反応
反応 19. ハロゲン化水素の付加反応 ………………………………………………… 64
反応 20. ハロゲンの付加反応 …………………………………………………………… 67
反応 21. ハロヒドリン生成反応 ……………………………………………………… 69
反応 22. 共役二重結合への 1,2-付加と 1,4-付加反応 ……………………… 71
反応 23. エポキシ化反応 ………………………………………………………………… 75
反応 24. オキシ水銀化-還元反応 …………………………………………………… 78
反応 25. ヒドロホウ素化-酸化反応 ……………………………………………… 80

Ⅴ. カルボニルの反応
反応 26. カルボニル基への求核付加反応 (1) …………………………………… 84
反応 27. カルボニル基への求核付加反応 (2) …………………………………… 87
反応 28. カルボニル基と第一級アミンとの反応 …………………………… 89
反応 29. カルボニル基と第二級アミンとの反応 …………………………… 92
反応 30. エナミンの反応（マスクされたカルボニル化合物）…………… 94
反応 31. エノール，エノラートの生成 ………………………………………… 96
反応 32. アルドール反応と交差アルドール反応 …………………………… 99
反応 33. Mannich 反応 …………………………………………………………………… 103
反応 34. Mannich 反応の応用例 …………………………………………………… 105
反応 35. Wittig 反応 ……………………………………………………………………… 107
反応 36. エノール，エノラートの共役付加反応 …………………………… 110
反応 37. Reformatsky 反応 …………………………………………………………… 113
反応 38. 極性転換（Umpolung）…………………………………………………… 116
反応 39. ピナコールカップリング ………………………………………………… 119

Ⅵ. カルボン酸およびカルボン酸誘導体
反応 40. カルボン酸誘導体の求核付加-脱離反応 ………………………… 124
反応 41. Fischer のエステル化反応とエステル交換反応とラクトン ………… 126
反応 42. アミド合成とラクタム …………………………………………………… 128
反応 43. 酸塩化物および酸無水物の合成と反応 …………………………… 130
反応 44. Claisen 縮合 …………………………………………………………………… 132
反応 45. マロン酸エステルおよびアセト酢酸エステル合成と脱炭酸反応 … 134

反応 46. Grignard 反応剤とカルボン酸誘導体または
カルボニル化合物の反応 ················ 136
反応 47. ニトリルの加水分解反応 ················ 138
反応 48. ケテン・イソシアナートの反応 ················ 140
反応 49. スルホンアミドの生成と Hinsberg 試験 ················ 142

Ⅶ. 芳香族求電子置換反応
反応 50. ハロゲン化反応 ················ 146
反応 51. ニトロ化反応 ················ 149
反応 52. スルホン化反応 ················ 151
反応 53. Friedel-Crafts アルキル化反応 ················ 153
反応 54. Friedel-Crafts アシル化反応 ················ 155
反応 55. ジアゾカップリング反応 ················ 158
反応 56. Kolbe 反応と Reimer-Tiemann 反応 ················ 160

Ⅷ. 芳香族求核置換反応
反応 57. ニトロベンゼン誘導体の求核置換反応 ················ 164
反応 58. ジアゾニウム塩の求核置換反応 ················ 166
反応 59. ベンザインを経由する反応 ················ 169

Ⅸ. 複素環式芳香族化合物の合成と反応
反応 60. 5 員環複素環式芳香族化合物 ················ 172
反応 61. 6 員環複素環式芳香族化合物 ················ 175
反応 62. 縮合複素環式芳香族化合物 ················ 177
反応 63. 芳香族アミン N-オキシドの生成，反応と脱酸素 ················ 179
反応 64. Hantzsch のピリジン合成と Nash 法 ················ 181
反応 65. Fischer のインドール合成 ················ 183
反応 66. Skraup のキノリン合成 ················ 185
反応 67. イソキノリンの合成 ················ 187

Ⅹ. 中性な活性中間体の関与する反応
反応 68. ラジカル環化反応 ················ 190
反応 69. アルケンへのラジカル付加反応 ················ 192
反応 70. ベンジル位とアリル位のハロゲン化反応 ················ 194
反応 71. アルカンの光ハロゲン化反応 ················ 196
反応 72. カルベンの反応 ················ 197

ix

XI. ペリ環状反応

反応 73. 電子環状反応 ……………………………………………… 202

反応 74. Diels-Alder 反応 …………………………………………… 204

反応 75. 1,3-双極付加反応 …………………………………………… 206

XII. 酸化反応

反応 76. クロム酸による酸化 ………………………………………… 210

反応 77. Swern 酸化 ………………………………………………… 212

反応 78. マンガンによる酸化 ………………………………………… 214

反応 79. 過酸による酸化 …………………………………………… 217

反応 80. その他の酸化反応（1） …………………………………… 220

反応 81. その他の酸化反応（2） …………………………………… 222

反応 82. その他の酸化反応（3） …………………………………… 225

XIII. 還元反応

反応 83. 接触還元 …………………………………………………… 228

反応 84. ヒドリド還元剤による還元 ………………………………… 231

反応 85. アルカリ金属・アルカリ土類金属による還元 …………… 235

反応 86. カルボニルからメチレンへの還元 ………………………… 237

反応 87. その他の還元反応 ………………………………………… 239

XIV. 転位反応

反応 88. Claisen 転位反応 …………………………………………… 244

反応 89. Cope 転位反応 ……………………………………………… 246

反応 90. Beckmann 転位反応 ……………………………………… 248

反応 91. Baeyer-Villiger 転位反応 ………………………………… 250

反応 92. Curtius 転位反応 …………………………………………… 252

反応 93. Wagner-Meerwein 転位反応 ……………………………… 255

反応 94. ベンジジン転位反応 ……………………………………… 257

反応 95. ピナコール-ピナコロン転位反応 ………………………… 259

XV. 遷移金属触媒反応

反応 96. 有機金属反応剤を用いたクロスカップリング ………… 262

反応 97. 溝呂木-Heck 反応 ………………………………………… 269

反応 98. パラジウム触媒によるアリル位置換反応 —— 辻-Trost 反応 ·········· 272

反応 99. Buchwald-Hartwig クロスカップリング ····························· 274

反応 100. メタセシス反応 ··· 276

参 考 図 書 ······································· 283
索　　引 ····································· 285

I. 反応を考える基礎

基礎 1　電 子 効 果

基礎 2　電子効果と酸性度，塩基性度

基礎 3　電子効果と反応性

基礎 4　立体化学と立体効果

基礎 5　芳香族求電子置換反応における置換基効果

基礎 6　電子供与性の共鳴効果を示す置換基の効果

基礎 7　電子求引性の電子効果を示す置換基の効果

基礎 8　置換基効果の加成性 —— 二置換
　　　　　　　　　　　ベンゼンへの求電子置換反応

基礎 9　置換基の電子効果のまとめ

基礎 10　酸化還元電位の考え方

基礎1 電子効果

　有機化学を学ぶ醍醐味は，数学のようにルールに基づいて自分で反応を考えられることである．そのルールとは，たとえば，1) 電子は偏在する（電子密度の偏り：δ+，δ−），2) 電子が多いところから少ないところへ移動する（電子対の移動による化学結合の新生），3) 電子は孤立すると不安定だが隣にも同僚がいると肩を組み合って（二重結合）少し安定になり，二重結合が隣りうとさらに安定になる（共役・共鳴），4) 孤立した電子でも行ったり来たりできる場所（電子が欠乏している原子）が隣にあると少し安定になる（芳香族アニオン）などである．ここでは，まず電子が偏在する理由から考えることにする．

1・1 誘起効果

　有機化合物を形成する化学結合は，おもに，共有結合（炭素や窒素，水素などの原子間で価電子を共有することで成り立つ結合）であり，その様式からσ結合とπ結合に分類される．σ結合は主となる結合であり，電子がs軌道にしかない水素原子ではs軌道の電子が結合形成に関与しているが，炭素原子や窒素原子ではs軌道とp軌道の電子からなる混成軌道（sp, sp^2, sp^3）が関与している．σ結合を形成する電子(雲)は，各原子に均等に分布しているのではなく，**電気陰性度**など，それぞれの原子に固有の性質により多少の偏りが生じている．そのため，官能基というグループ単位で分子の部分を眺めると電子求引性あるいは電子供与性の**誘起効果**が観察される．たとえば，メチル基では，炭素原子の電気陰性度（Paulingの定義）が2.5であり水素原子の電気陰性度は2.1であることから，電子(雲)は炭素側に多く偏在し，炭素原子の電子密度は本来の値より多少高くなり電気的に少し陰性になる．その結果として，メチル基は電子供与性の誘起効果を示す．しかし，トリフルオロメチル基ではフッ素原子の電気陰性度が4.0と炭素原子の2.5に比べて著しく大きいため，炭素原子上の電子密度が本来の値より低下し，電気的に少し陽性になる．その結果として，トリフルオロメチル基は電子求引性の誘起効果を示す．

1・2 共鳴効果

　一方，π結合は分子の性質（反応性や酸性度など）に大きな影響を与えるが，こちらはp軌道の電子に基づく化学結合である．ブタ-1,3-ジエンおよびアクロレインを例とすると，σ結合を形成するために各炭素原子が利用する原子軌道は，s軌道と二つのp軌道であり，したがって分子軌道はsp^2混成軌道となる．σ結合形成に参加しない電子はp軌道にあり，ブタ-1,3-ジエンの場合，炭素原子ごとに一つのp軌道の電子がπ結合形成に参加することになる．これら炭素原子の三つのσ結合の軌道は，平面性をもっており，互いの角度は約120°である．p軌道の軸はσ結合の面に対して垂直方向をとり，ブタ-1,3-ジエンのように同一平面上にσ結合を挟ん

で複数のπ結合が存在する場合には，p軌道の電子はその軌道間を自由に移動できることになる．これを**共役（共鳴）**という．また，カルボニル基の酸素原子もsp^2軌道にある2組の非共有電子対のほかに一つのp軌道の電子をもっているので，アクロレインの酸素原子も共鳴に参加できる．さらに，酸素原子の電気陰性度は3.5と炭素の2.5に比べて大きいので，カルボニル基では酸素側に電子がいくらか偏在する（"δ−"と表記）ため，炭素原子が電気的に多少陽性（"δ＋"と表記）になる．この電荷の偏りはπ結合を通じてβ位（カルボニル基から二つ目）の炭素にも及ぶ（共鳴効果，*1a*〜*1c*）．

ブタ-1,3-ジエン

アクロレイン

1a *1b* *1c*

　このようにπ電子系では電子の移動が容易であり，電子を失った状態の正電荷や電子過剰状態の負電荷および電子単独の状態である**ラジカル**などの不安定な電子状態を共鳴構造中に分散（非局在化）して分子をある程度安定化（**共鳴安定化**）することができる．これは**Michael付加反応（反応36）**やアリル位やベンジル位の炭素の反応性などを理解するうえで重要な概念である．

2a *2b* *2c* *2d* *2e*

3a *3b*

*は ＋, ・, −

　また，ヒドロキシ基（−OH）やメトキシ基（−OCH₃），アミノ基（−NH₂）のような非共有電子対あるいはニトロ基（−NO₂）やカルボニル基（−COR）のようなπ結合をもつ原子が直接芳香環に結合する場合，その置換基の電荷や電子が環内の電子状態に影響し，共鳴効果が観察されるが（*4a*〜*4d*，*5a*〜*5e*），これについては**基礎**

4a *4b* *4c* *4d*

5 "芳香族求電子置換反応における置換基効果"(p.13)で述べる.

なお,共鳴構造における二重結合表記は便宜的なもので,たとえばベンゼンなどは以下の共鳴式で表されるが,どの p 軌道の電子と電子をつないで二重結合を描き始めるかにより変化したように見えるのであり,実際に二重結合が移動しているものではない.

代表的な置換基としては,メチル基などのアルキル基,メトキシ基,ヒドロキシ基,アミノ基,塩素などのハロゲン,アセチル基などのカルボニル基を含んだ置換基,シアノ基,ニトロ基などがあげられる.それぞれの置換基の影響を表1・1にまとめた.これら置換基は,アルキル基を除いて基本的な誘起効果に加えてベンゼンなどに結合すると共鳴効果も発現し,化合物の電子密度に及ぼすこれら置換基の影響は複雑になる.誘起効果と共鳴効果の両者をもつ官能基は,ハロゲンを除いて,共鳴効果による電子密度の変化が強く現れる.

表1・1 置換基の構造と効果

置 換 基	構 造	誘起効果	共鳴効果
アルキル基	-CH$_3$ など	電子供与(弱い)	な し
メトキシ基	-OCH$_3$	電子求引(弱い)	電子供与(強い)
ヒドロキシ基	-OH		
アミノ基	-NH$_2$		
ハロゲン	-F, -Cl, -Br, -I	電子求引(強い)	電子供与(弱い)
アンモニウム	-N$^+$(CH$_3$)$_3$ など	電子求引(強い)	な し
トリハロゲン化メチル基	-CF$_3$ など		
カルボニル基	-COCH$_3$ など	電子求引(強い)	電子求引(強い)
ホルミル基	-CHO		
エステル基	-COOCH$_3$ など		
カルボキシ基	-COOH		
シアノ基	-CN		
ニトロ基	-NO$_2$		
スルホ基	-SO$_3$H		

基礎 2　電子効果と酸性度，塩基性度

　酸（ブレンステッド酸）はプロトン（H$^+$）供与体であり，以下の反応で平衡が右に偏るものほど強い酸である．すなわち，共役塩基型（A$^-$）が安定（あるいは酸型（AH）が不安定）なほど強酸となる．

$$AH + H_2O \rightleftarrows A^- + H_3O^+$$

　一方，塩基（ブレンステッド塩基）はプロトン（H$^+$）受容体であり，以下の反応で平衡が右に偏るものほど強い塩基である．すなわち，共役酸型（BH$^+$）が安定（あるいは塩基型（B）が不安定）なほど強塩基となる．

$$B + H_3O^+ \rightleftarrows BH^+ + H_2O$$

　A$^-$やBH$^+$の安定性には電子効果が関与する．（立体効果の関与は**基礎 4・2**参照）すなわち電子求引性基により A$^-$ は安定化され AH は強酸となる．

　たとえば，カルボキシラートイオンの安定性を，アルキル基やハロゲンの電子効果で考えると，ギ酸（HCOOH）の pK_a が 3.75 であるのに対して，メチル基の付いた酢酸（CH$_3$COOH）の pK_a が 4.75 と酸性が低くなり，トリフルオロメチル基がついたトリフルオロ酢酸（CF$_3$COOH）の pK_a が 0.23 と酸性が高くなる．カルボン酸の酸性度に対する誘起効果の影響は酢酸のメチル基におけるハロゲン置換体でも観察される．実際，電気陰性度 3.0 の塩素原子を導入したモノクロロ酢酸（ClCH$_2$COOH），ジクロロ酢酸（Cl$_2$CHCOOH），トリクロロ酢酸（Cl$_3$CCOOH）の pK_a はそれぞれ 2.85，1.48，0.64 となり，置換ハロゲン数の増加に伴い酸性度が上昇する．さらに，酪酸（ブタン酸：CH$_3$CH$_2$CH$_2$COOH）の 4 位，3 位，2 位の炭素への塩素の導入により，4.82 だった pK_a が 4-クロロ酪酸（ClCH$_2$CH$_2$CH$_2$COOH）で 4.52，3-クロロ酪酸（CH$_3$CHClCH$_2$COOH）で 4.05，そして 2-クロロ酪酸（CH$_3$CH$_2$CHClCOOH）で 2.86 と置換位置がカルボキシ基に近づくにつれて酸性が段階的に上昇するが，置換位置が 3 位までの変化に比べ 2 位置換時の変化が大きいことがわかる．これは，誘起効果が σ 結合を介した効果であり，その及ぶ範囲は狭く，おもに隣接する原子に限られるためである．

　一方，カルボン酸はアルコールと同様に共役塩基は O$^-$ であるが，酸性度はアルコールより高い．これは *1a* と *1b* のようなカルボニル基の電子求引性共鳴効果により A$^-$ が安定化していることが原因である．なお，カルボン酸自身（AH）も *2a* と *2b* のように共鳴安定化するが，電荷が生じる共鳴のため寄与が低く，安定化が小さい．これに対し *1a* と *1b* の共鳴は等価構造のため特に安定化効果が強い．アルコールではアルキル基の電子供与性誘起効果しかなく O$^-$ の不安定化要因でしかない．

1a　　　　　*1b*　　　　　*2a*　　　　　*2b*

基礎3　電子効果と反応性

　有機化学における化学反応は，既存の化学結合の切断あるいは新たな化学結合の形成であり，機構により，1) 電子密度の低い原子（＋あるいはδ＋，求電子体）と電子密度の高い原子（−あるいはδ−，求核体）が反応する**イオン(的)反応**と，2) 互いに一つの電子を出しあう**ラジカル反応**（**第 X 部**参照）および，3) 環状の遷移状態を形成してすべての結合の変化が協奏的に1段階（その結果，中間体が生成しない）で起こる**ペリ環状反応**（**第 XI 部**参照）の三つに大別される．多くの反応は前二者に含まれ，ペリ環状反応には **Diels-Alder 反応**（**反応 74** 参照）や **Claisen 転位反応**（**反応 88** 参照）などが含まれる．前述のように化学結合は原子軌道の重なりなので，化学反応は電子の配置換えと考えることができる．それゆえ，分子中の電子密度や分布および原子軌道の状態に大きく影響を受ける．

イオン(的)反応

$$A: + B \longrightarrow A \div B$$

ラジカル反応

$$A\cdot + B\cdot \longrightarrow A \div B$$

　イオン的反応において反応性を決める大きな要因は求核性と求電子性である．求核体はより−なほど求核性が高く反応が速く，求電子体ではより＋なほど求電子性が高く反応が速い．前者の例としては置換フェノール類の求核性があげられ，p-メトキシフェノールの求核性は p-ニトロフェノールより高い．

　一方，求核体や求電子体生成速度(量)もイオン的反応の進行しやすさを決める要因である．炭素−炭素結合生成反応において炭素求核体の生成は重要なステップであるが，この炭素求核体（カルボアニオン）生成反応の進行しやすさ（pK_a）はプロトンが遊離した後の**共役塩基**の安定性に大きく依存している．表3・1にあるようにペンタン-2,4-ジオンの pK_a は9であり，きわめて高い酸性度を示す．これは，カルボニル基の隣にあるいわゆる活性メチレンから生成した**カルボアニオン**がエノラートイオンとの間で共鳴構造（**1a〜1c**）をとり，安定化するためである．

　有機合成化学においてカルボキシメチル単位の導入反応剤として繁用されているマロン酸ジエチル（$C_2H_5OCOCH_2COOC_2H_5$）も比較的高い酸性度を示すが，これも同様にカルボアニオンがエステルのカルボニル基により共鳴安定化されているため

である．なお，表3・1のカルボニル化合物のなかで最も大きな pK_a（25）の酢酸エチル（$CH_3COOC_2H_5$）でも活性メチレンを介した **Claisen 縮合反応（反応 44 参照）**などが知られており，同等の酸性度を示すアセチレン（$HC \equiv CH$）は Grignard 反応剤（RMgX）と反応すると，より酸性度の低い Grignard 反応剤のアルキルアニオンをプロトン化して自身がカチオン（^+MgX）との錯体（ハロゲン化有機マグネシウム）を形成する．

$$R^-Mg^+X + HC \equiv CH \longrightarrow R{-}H + HC \equiv C^-Mg^+X$$

表 3・1　有機化合物中の炭素原子の酸性度

構造的特徴	化合物	pK_a
1,3-ジケトン	$CH_3COCH_2COCH_3$	9
1,3-ケトエステル	$CH_3COCH_2CO_2C_2H_5$	11
1,3-ジエステル	$C_2H_5OCOCH_2CO_2C_2H_5$	13
酸塩化物	CH_3COCl	16
アルデヒド	CH_3CHO	17
ケトン	CH_3COCH_3	19
エステル	$CH_3CO_2CH_2CH_3$	25
ニトリル	CH_3CN	25
アルキン	$HC \equiv CH$	25
アルケン	$H_2C = CH_2$	44
アルカン	$H_3C{-}CH_3$	60

基礎4　立体化学と立体効果

4・1　立体化学

医薬品開発において立体異性体間の薬理学的および毒性学的作用の差異が問題になっており，立体選択的あるいは立体特異的合成法の開発は有機合成化学の重要な命題の一つになっている．有機化合物の立体構造の表現には，一つの炭素原子（キラル炭素）に着目した場合には，従来のグリセルアルデヒドの旋光度と各置換基の配置を基準にしたD, L表示やキラル中心における各置換基に順位をつけそれを基に立体配置を表す R, S 表示が用いられているが，有機化学の領域では後者が繁用されている．さらに，複数の炭素原子に着目した場合には，シス-トランス表示に加え二重結合の両側の置換基の関係を表すシン-アンチ表示や E, Z 表示なども用いられている．

R, S 表示を行うには，キラル中心の炭素に直接結合している四つの原子に順位をつけることから始まる．順位は，以下の規則に従う．

> **規則1:** 最も大きな原子番号をもつ置換基を1とし，順次2, 3とし，最も小さな原子番号の置換基を4とする．
> **規則2:** 規則1を用いても順位がつけられない場合，各置換基の2番目以降の原子の原子番号の違いが現れるまで比較して優先順位を決める．
> **規則3:** 二重，三重などの多重結合の場合，同じ数の単結合した原子があると仮定して順位を決める．

この順位を基に，4番目の置換基が最も奥にあるように配置し，1→2→3と置換基を追いかけて右回りなら R 配置，左回りなら S 配置という．なお，ここに示した乳酸のように R 体と S 体は互いに鏡に写した像の関係にあるので，**エナンチオマー**（**鏡像異性体**）の関係にあるという．

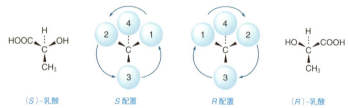

(S)-乳酸　　S配置　　R配置　　(R)-乳酸

また，分子中にキラル中心が複数個存在する場合，すべてのキラル炭素の配置が反対になっているものは，やはり互いに鏡に写した像の関係にあるので，エナンチオマーの関係にあるが，分子内に対称面がある化合物は**メソ化合物**といい，キラル中心があるのに光学的に不活性（旋光性を示さない）でアキラル化合物である．なお，一つでも配置が同じものを含んだ分子は，鏡像関係でもなく重ね合わせること

もできない異性体であり，立体化学的**ジアステレオマー**（一般にジアステレオマーというとこれをさすことが多い）という．ジアステレオマーは，鏡像異性体ではないすべての立体異性体であり，ほかに後述するシス-トランスの関係にある *cis/trans*-ジアステレオマーがある．

この2組以外の組合わせは，ジアステレオマーの関係にある．

分子内に対称面が存在するので，メソ化合物である．

　さらに，ビナフチル誘導体のようにキラル炭素をもたない場合でも，立体障害によりナフタレン環間の結合の自由回転が阻害され，結合軸を中心に**軸性キラリティー**が現れた結果として光学活性を示す化合物も存在する．

　シス-トランス表示法は，二つの置換基間の関係を示すもので，二重結合の炭素に結合した置換基の関係を示す場合と，環状化合物で置換基の方向性が固定されている場合のそれら置換基の関係を示す場合がある．いずれも，それら置換基が同方向の関係にあるものを**シス**（*cis*），逆方向の関係にあるものを**トランス**（*trans*）という．なお，環状化合物の結合は，環の平面に対して垂直方向にあるものを**アキシアル**（axial），おおまかにいうと環の平面方向にあるものを**エクアトリアル**（equatorial）という．

ビナフチル誘導体

trans-ブタ-2-エン　　*cis*-ブタ-2-エン　　*trans*-1,2-ジメチルシクロヘキサン　　*cis*-1,2-ジメチルシクロヘキサン

　一方，二重結合の三置換体および四置換体では *E, Z* 表示法が用いられる．本法は，キラル炭素の *R, S* 表示法のように，二重結合の同じ炭素に結合した二つの置換基に順位をつけ，それぞれの組の順位の高いもの同士が同じ方向にある場合には *Z* と表示し，逆の場合には *E* と表示する．なお，順位を決める規則は前述の *R, S*

(*Z*)-3-ブロモペンタ-2-エン　　*Z* 配置　　*E* 配置　　(*E*)-3-ブロモペンタ-2-エン

9

表示法の場合の規則 1〜3 と同じである.

さらに，炭素–窒素間あるいは窒素–窒素間の二重結合の立体化学的表示も E, Z 表示を用いることで明確に表現できる．このとき非共有電子対は最低位の置換基とみなす．

(E)-アセトアルドキシム (Z)-アセトアルドキシム

4・2 立体効果と酸性度，塩基性度

反応速度や酸性度，塩基性度に及ぼす置換基効果としては電子効果以外に**立体効果**もある．そして，立体効果は置換基の大きさにより直接影響を与える場合と，**立体配座**（コンフォメーション）の固定化による間接的な効果がある．

置換基の大きさが直接影響を与える場合は**反応 5** で述べる．立体障害となる置換基が求核体の攻撃を受ける原子の近傍にあると S_N2 反応は進行しなくなり，逆に S_N1 反応，あるいは脱離反応となる．

立体配座の固定化による反応性の違いは**反応 15** で詳しく述べる．脱離する二つの置換基がアンチとなるシクロヘキサンの立体配座（二つの置換基がアキシアル）を安定化する置換基の立体効果は反応を促進する．

ここではアルコールの酸性度，アミンの塩基性度に及ぼす置換基の立体効果について述べる．

アルコールの酸性度に及ぼす立体効果　アルコールの酸素原子に結合しているアルキル基は電子効果と立体効果の両面からアルコールの共役塩基の安定性に影響し，アルコールの酸性度に変化を与える．

メタノールの pK_a は 15，それに対し t-ブチルアルコールの pK_a は 18 であり，上記二つの酸塩基反応の平衡定数は 1000 倍異なる．これは影響の小さい電子効果のみでは説明するのは難しく，この違いにはそれぞれの共役塩基が水和されることによる安定化の違いが関与している．すなわち，メタノールの共役塩基ではメチル基の立体障害が小さいため，より多くの水分子により水和安定化されるのに対し，

t-ブチルアルコールの共役塩基では t-ブチル基の立体障害により水分子が接近できず，水和安定化が小さくなる．図には模式的に水和による負電荷の安定化を示してある．

アミンの塩基性度　アミンの窒素原子に結合しているアルキル基は電子効果と立体効果の両面からアミンの共役酸の安定性に影響し，塩基性度に変化を与える．アミンの場合も共役酸（BH^+）が水和により安定化されるため，アルキル基の増加は塩基性度を低下させる方向に働く．

しかし，アミンの共役酸は正電荷をもちアルキル基の電子供与性誘起効果は安定化に働く点がアルコールの場合と異なり，電子効果的にはアルキル基の増加は塩基性度を上昇させる方向に働く．さらに，アミンでは正電荷をもつ窒素原子に直接結合するアルキル基の数が変化するため電子効果を受けやすい．

立体効果による安定性　NH_4^+　$>$　$CH_3\text{-}NH_3^+$　$>$　$(CH_3)_2NH_2^+$　$>$　$(CH_3)_3NH^+$

電子効果による安定性　NH_4^+　$<$　$CH_3\text{-}NH_3^+$　$<$　$(CH_3)_2NH_2^+$　$<$　$(CH_3)_3NH^+$

これら立体効果と電子効果の総和として塩基性の順は $(CH_3)_2NH$（10.8）$>$ $CH_3\text{-}NH_2$（10.6）$>$ $(CH_3)_3N$（9.8）$>$ NH_3（9.2）となる．（ ）内はそれぞれの共役酸の pK_a 値である．

また，ジエチルアミン（10.5）に比べて同じ炭素数の第二級アミンであるピロリジン（11.3）の塩基性度が高いのは，環化の影響でアルキル基の立体障害が小さくなったためと考えることができる．

4・3　立体分子のひずみと反応性

立体的ひずみをもつ化合物の反応性（ひずみを解消する）が高いことも広い意味での立体効果と考えられる．多くの場合，小さな環を形成する際に結合角が通常より小さくなることがひずみの原因である．すなわち，sp^3 原子の結合角は通常 109.5° であるが 3 員環や 4 員環を形成する際には結合角はそれぞれ 60°，90° とみなすことができ，また，sp^2 原子では本来 120° であるものが 4 員環形成で 90° とみなせるまでに縮められるため不安定化している．この場合，環開裂反応により結合角は通常と同じになり安定化できるので，この反応は促進される．たとえばエーテル結合の求核置換反応による開裂は強酸性条件下でないと進行しないが，ゆがみのかかったエーテルであるエポキシドは比較的容易に開裂する（**反応 8** 参照）．同様にナイトロジェンマスタードから生成する 3 員環中間体は核酸塩基による求核置換反応が進行しやすい（**反応 11** 参照）．ここでは，ペニシリン系抗生物質と細胞壁合成酵素との反応，さらにフラーレンの反応性を紹介する．

ペニシリン系抗生物質と細胞壁合成酵素との反応　β-ラクタム環をもつペニシリン系抗生物質は菌類の細胞壁合成酵素の活性部位であるセリン残基のアルコールと反応して共有結合する．このようにペニシリンが酵素活性部位と結合すると，酵素は基質と結合できなくなり反応が阻害される．β-ラクタム環とセリンの反応

を下図に示すが，カルボン酸誘導体として安定なアミドから不安定なエステルへの変換であり，見かけ上吸熱反応である．

しかし，β-ラクタム環では窒素とカルボニル炭素の結合角が120°から90°に，他の二つの炭素では109.5°が90°にゆがめられているとみなせるため大きなひずみがかかっている．*2*の中間体ではこのひずみが一部解消され（sp^2のカルボニル炭素がsp^3となるため），反応後の*3*ではほぼ完全にひずみは解消されるため発熱反応となる．

フラーレンの反応性とゆがみ

代表的フラーレンであるC_{60}はsp^2炭素60個からなる炭素同素体であり芳香族性をもつが，球状構造である．sp^2原子は，本来平面構造をとるがC_{60}では球状構造のため炭素にはゆがみのためのひずみがある．C_{60}は6員環と5員環の組合わせで構成され，6員環と6員環の間の結合に付加反応が芳香族化合物としては比較的容易に進行する．これは付加反応によりsp^2炭素がsp^3炭素に変換されゆがみが解消されるのが一つの要因である．

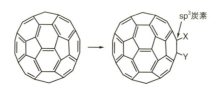

基礎5 芳香族求電子置換反応における置換基効果

　代表的な芳香族化合物であるベンゼンを例として芳香族求電子置換反応における置換基の影響を述べる．ベンゼンに置換基が付くと分子全体の電子密度に偏りが生じ，ベンゼンの各構成炭素原子の反応性が変化する．

　電子供与性の誘起効果を示す置換基の効果　　アルキル基は，電子供与性の誘起効果によりベンゼン環の電子密度を高めるため，たとえば，図に示したGattermann-Koch 反応で生成する塩化ホルミル-塩化アルミニウム錯体などの求電子剤の反応を受けやすくなる．すなわち，反応速度が速くなる．このように反応速度を高める置換基を**活性化基**という．次に，反応剤の導入位置であるが，より安定な遷移状態中間体を形成できる部位が導入位置になる．トルエン **1** を例に反応中間体の共鳴式を示した．

　図のごとく，オルト位およびパラ位にホルミル基が付加した場合にメチル基の結合している炭素原子がカチオンになるような共鳴中間体（**2a, 4b**）を描くことができる．この場合にはメチル基から若干の電子の供与を受けることが可能になり正電荷が中和されるため，その中間体は安定化する．その結果として，オルト位およびパラ位にホルミル基が導入された生成物（**5, 7**）が多く生成することになる．これを置換基の**配向性**といい，アルキル基は**オルト-パラ配向性**の置換基である．

　　：メチル基の電子供与性誘起効果により多少電荷が中和されるために最も安定な中間体になる

　なお，カチオン性の求電子剤を用いる芳香族求電子置換反応については，本書中，**Friedel-Crafts アルキル化反応**（反応 **53**）/**アシル化反応**（反応 **54**），**ニトロ化反応**（反応 **51**），**スルホン化反応**（反応 **52**），**ハロゲン化反応**（反応 **50**）などで述べる．

13

基礎6　電子供与性の共鳴効果を示す置換基の効果

　電子供与性の共鳴効果が電子求引性の誘起効果に優先する置換基の効果　　非共有電子対をもつ酸素原子あるいは窒素原子が直接ベンゼンに結合するような置換基（ヒドロキシ基，メトキシ基，アミノ基）の場合には，これら原子は炭素に比べて電気陰性度が大きいので誘起効果は電子求引性を示すが，非共有電子対がベンゼンの共鳴構造中に非局在化することによりベンゼン環の電子密度を高めるため，求電子置換反応の反応速度は向上する．したがって，これら置換基は本反応においては活性化基である．アニソール **1** を例に非共有電子対の共鳴構造への寄与および反応中間体の共鳴式を示す．

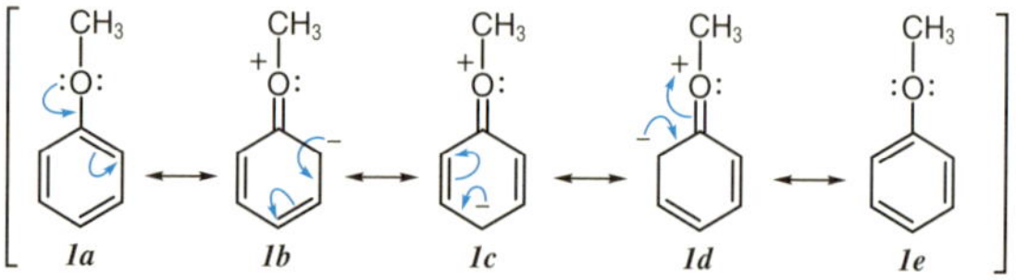

　図のように，共鳴効果によりメトキシ基のオルト位およびパラ位に電子密度の高い領域ができることがわかる．以下に，アニソール **1** のニトロ化を例に中間体の共鳴式を示した．

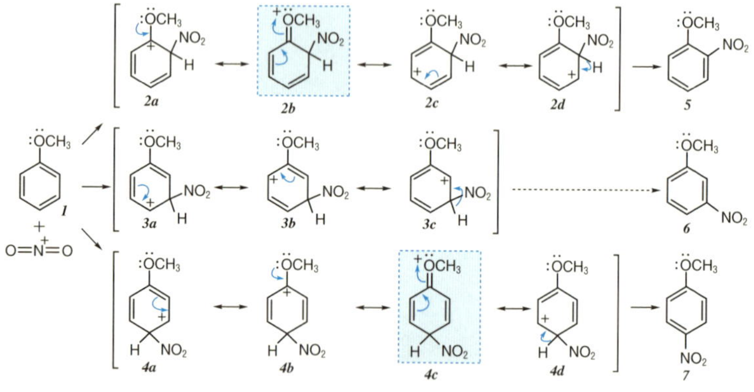

　[_____]：メトキシ基の電子供与性共鳴効果により電荷が中和されるために最も安定な中間体になる

　最も安定な中間体は，酸素原子が非共有電子対を提供してベンゼン環内の正電荷を中和し，酸素原子自身が正電荷を帯びること（**2b**，**4c**）になるが，この状態でも酸素原子は 8 個の電子を共有しており比較的安定な状態を保っている．また，オルト位およびパラ位にニトロ基が入った場合はメタ位に入った場合に比べて共鳴構造を一つ多く描くことができ，前二者の中間体がより安定である．したがって，本反応の場合，メタ置換体 **6** はほとんど生成しない．

電子求引性の誘起効果が電子供与性の共鳴効果に優先する置換基の効果　　ハロゲンの場合，共鳴効果より電子求引性の誘起効果が強く現れる．したがって，ハロゲンが結合するとベンゼン環内の電子密度は減少する．その結果，求電子置換反応の反応速度は低下するので，ハロゲンは本反応においては**不活性化基**である．一方，ハロゲンは，ニトロニウムイオン（ニトロイルイオン）などの求電子剤が付加してしまうと，非共有電子対が中間体の安定化に寄与するため，オルト-パラ配向性を示す．クロロベンゼン **8** を例に中間体の共鳴式を示す．

▭┈┈：クロロ基の電子供与性共鳴効果により電荷が中和されるために最も安定な中間体になる

　　ハロゲンの場合も，先のメトキシ基と同様に自ら正電荷を帯びた共鳴中間体（**9b**, **11c**）を描くことができ，やはり Cl$^+$ が 8 個の電子を共有しているため，それが最も安定な中間体になる．また，同様にオルト位およびパラ位に求電子剤が付加した中間体の共鳴式の数はメタ位に付加した場合に比べて一つ多いことから，生成物はほとんどがオルトおよびパラ置換体であり，メタ置換体 **13** はほとんど生成しない．

基礎7　電子求引性の電子効果を示す置換基の効果

電子求引性の誘起効果を示す置換基の効果　前述のトリフルオロメチル基やアンモニウムイオンは強い電子求引性の誘起効果を示す置換基である．したがって，これら置換基がベンゼンに結合するとベンゼン環の電子密度は減少し，求電子置換反応の反応速度は低下する．トリフルオロメチルベンゼン **1** のニトロ化反応を例に中間体の共鳴式を示した．オルト位およびパラ位に求電子剤が付加するとトリフルオロメチル基の結合している炭素原子がカチオンになる中間体（**2a**, **4b**）も生成することになり，置換基の求電子性誘起効果と反発するために中間体が不安定になる．そのため，メタ位にニトロ基が導入された **6** が主生成物になる．したがって，<mark>トリフルオロメチル基やアンモニウム基は芳香族求電子置換反応においては，**メタ配向性の不活性化基**である．</mark>

:::: トリフルオロメチル基には電子求引性誘起効果があるため，トリフルオロメチル基の結合している炭素原子が正電荷を帯びると最も不安定な中間体になる．

電子求引性の誘起効果および共鳴効果を示す置換基の効果　ベンゼンにアセチル基などの電子求引性置換基が導入されると，ベンゼン環の電子密度は低下するため，求電子置換反応の反応速度は低下する．したがって，ニトロ基，シアノ基，ホルミル基，アシル基，カルボキシ基，エステル基などは本反応においては不活性化基である．アセトフェノンを例にカルボニル基のベンゼン環の電子密度に対する影響および反応中間体の共鳴式を示す．

図のように，共鳴効果によりアセチル基のオルト位およびパラ位に電子密度の低い領域ができることがわかる.

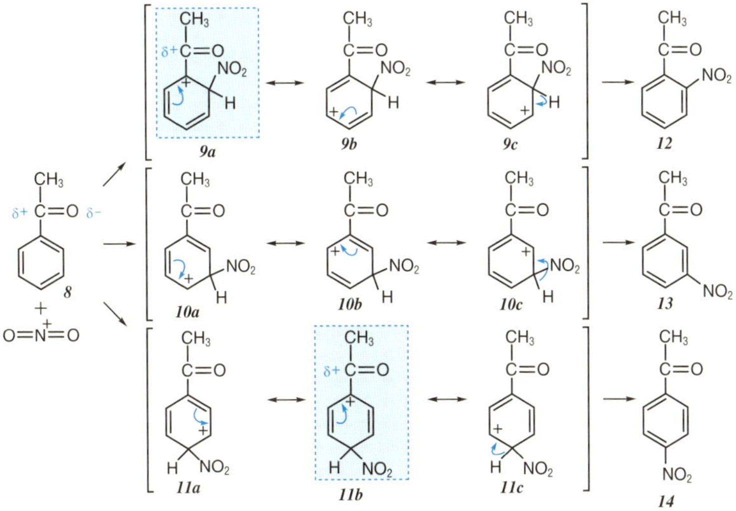

┈┈ ：アセチル基の炭素のδ＋とベンゼン環内の正電荷が反発しあうために最も不安定な中間体になる

　アセチル基のオルト位およびパラ位に求電子剤が付加すると，カルボニル基のδ＋とベンゼン環内の正電荷が炭素-炭素結合を挟んで隣り合う状態の中間体（**9a, 11b**）ができ，電気的反発により不安定になる．したがって，生成物はメタ置換体**13**が主である.

基礎8　置換基効果の加成性 —— 二置換ベンゼンへの求電子置換反応

　二置換ベンゼンの求電子置換反応においても，これら置換基の効果は一置換ベンゼンの場合と同様に観察されるが，二つの置換基の効果は加成的であり，以下の三つのパターンに大別される．

パターン1：二つの置換基の配向効果の位置が，同一の炭素原子上に一致する場合　二置換ベンゼンで，パラ位に異なる配向性を示す置換基をもつ場合である．たとえば，4-メチルアセトフェノンの求電子置換反応では，メチル基は活性化基でオルト-パラ配向性を示すので，その配向効果は3位および5位に現れる．一方，アセチル基は不活性化基でメタ配向性なので，こちらの配向効果も3位および5位に現れる．したがって，4-メチルアセトフェノンをニトロ化すると，4-メチル-3-ニトロアセトフェノンが主生成物として得られることになる．

4-メチルアセトフェノン　　4-メチル-3-ニトロアセトフェノン

パターン2：二つの置換基の配向効果の位置が相反する炭素原子上にある場合
　二置換ベンゼンで，パラ位に同じ配向性を示す置換基をもつ場合で，それらの効果の強さにより主生成物が決まる．たとえば，4-メチルフェノールの求電子置換反応では，メチル基は電子供与性の誘起効果に基づいた活性化基でオルト-パラ配向性を示すので，その配向効果は3位および5位に現れる．一方，ヒドロキシ基は電子供与性の共鳴効果に基づいた活性化基でオルト-パラ配向性なので，その配向効果は2位および6位に現れる．前述のごとく共鳴効果が誘起効果に対して優先するので，この場合はヒドロキシ基の効果が強く現れる．したがって，4-メチルフェノールをニトロ化すると4-メチル-2-ニトロフェノールが主生成物として得られることになる．

4-メチルフェノール　　4-メチル-2-ニトロフェノール

パターン3：二つの置換基がメタ位の関係にある場合　二置換ベンゼンで，メタ位に同じ配向性を示す置換基をもつ場合である．たとえば，3-クロロトルエ

ンの求電子置換反応では，メチル基は活性化基でオルト-パラ配向性示すので，その配向効果は 2 位，4 位および 6 位に現れる．一方，クロロ基は不活性化基でオルト-パラ配向性なので，その配向効果は同様に 2 位，4 位および 6 位に現れ，二つの置換基の配向効果の現れる炭素原子は一致する．しかし，本化合物は 1 位と 3 位に置換基をもっているため，それらの立体障害により 2 位には求電子剤が接近できない．そのため，4 位および 6 位に新たな置換基が導入される．したがって，3-クロロトルエンをニトロ化すると 3-クロロ-4-ニトロトルエンおよび 5-クロロ-2-ニトロトルエン（IUPAC 命名法において，置換基の位置を示す番号の総和が最も少なくなるように命名することになっているので，3-クロロ-6-ニトロトルエンとはいわない）が主生成物として得られることになる．

3-クロロトルエン   3-クロロ-4-ニトロトルエン   5-クロロ-2-ニトロトルエン

なお，オルト位に二つの置換基がある場合は p-二置換ベンゼン（パターン 1, 2）と同じに考える．

基礎9　置換基の電子効果のまとめ

以上，大きく5群に大別した置換基の芳香族求電子置換反応に対する影響を述べてきた．これをまとめると，表9・1，表9・2のようになる．一般に，活性化基はオルト-パラ (o-p) 配向性であり，不活性化基はメタ (m) 配向性である．ハロゲンは例外的に不活性化基ではあるものの，非共有電子対の関与により反応中間体が安定化するため，オルト-パラ配向性を示す．

しかし，この章で述べたこれら置換基が活性化基あるいは不活性化基であるという表現は，芳香族求電子置換反応においてのみ成り立つものである．当然，他の反応，たとえば芳香族求核置換反応では逆の電子効果となる．さらに，安息香酸の酸性度やアニリンの塩基性度に及ぼすパラ位置換基の影響などを論じるときは表現に注意が必要である．基本的にアニオン性の中間体，あるいは遷移状態を経て進行する反応では，電子求引性基がそれらを安定化する方向に働くので，反応が促進される．逆にカチオン性の中間体，あるいは遷移状態を経て進行する反応では，電子供与性基が反応を促進する．

表9・1　芳香族求電子置換反応における置換基と配向性

置換基	構　造	配向性	置換基	構　造	配向性
アルキル基	-CH₃ など		カルボニル基	-COCH₃ など	
メトキシ基	-OCH₃		ホルミル基	-CHO	
ヒドロキシ基	-OH	o-p	エステル基	-COOCH₃ など	
アミノ基	-NH₂		カルボキシ基	-COOH	m
ハロゲン	-F, -Cl, -Br, -I	o-p	シアノ基	-CN	
アンモニウム	-N⁺(CH₃)₃ など		ニトロ基	-NO₂	
トリハロゲン化メチル基	-CF₃ など	m	スルホ基	-SO₃H	

表9・2　置換基の構造と効果

置換基	構　造	ベンゼン環の電子密度	求電子置換反応の速度	安息香酸の酸性度[†]	アニリンの塩基性度[†]
アルキル基	-CH₃ など	上昇(弱い)	上昇(活性化)	低下	上昇
メトキシ基 ヒドロキシ基 アミノ基	-OCH₃ -OH -NH₂	上昇(強い)	上昇(活性化)	低下	上昇
ハロゲン	-F, -Cl, -Br, -I	低下(強い)	低下(不活性化)	上昇	低下
アンモニウム トリハロゲン化メチル基	-N⁺(CH₃)₃ など -CF₃ など	低下(強い)	低下(不活性化)	上昇	低下
カルボニル基 ホルミル基 エステル基 カルボキシ基 シアノ基 ニトロ基 スルホ基	-COCH₃ など -CHO -COOCH₃ など -COOH -CN -NO₂ -SO₃H	低下(強い)	低下(不活性化)	上昇	低下

†　置換基の導入位置はパラ位

基礎10　酸化還元電位の考え方

　有機合成化学において，酸化反応や還元反応は重要な反応である．酸化反応や還元反応は基本的には還元電位の低い（よりマイナス側のもの）ものほど電子を放出して酸化されやすい．たとえば，酢酸（CH_3COOH）/ アセトアルデヒド（CH_3CHO）は標準還元電位が -0.581 V であるのに対してアセトアルデヒド（CH_3CHO）/ エタノール（CH_3CH_2OH）やアセトン（CH_3COCH_3）/2-プロパノール〔$CH_3CH(OH)$-CH_3〕の標準還元電位は -0.197 V および -0.296 V であることから，銀イオン（Ag^+）の酸化力を利用した弱い酸化剤である Tollens 試薬を用いた場合，ヒドロキシ基やケトン基が分子中に存在していてもそれらは酸化されずにアルデヒド基のみが特異的に酸化されてカルボキシ基になる．なお，**標準還元電位**とはそれぞれの左側にある化合物を電気的に還元したとき，ちょうど50%の化合物が還元される電位である．

　一般的な酸化剤としては，過マンガン酸カリウム（$KMnO_4$）や二クロム酸ナトリウム（$Na_2Cr_2O_7$），クロム酸（CrO_3）がよく知られている．これらは非常に強力な酸化作用を示すので，第一級および第二級アルコール（**3** および **5**）のみならず，トルエン **8** などアルキル側鎖をもつ芳香族誘導体も酸化してカルボン酸あるいはケトンを生成する．なお，**3**，**5**，**8** で酸化される炭素原子に対応する炭素原子が水素原子をもたない第三級アルコール **7** や t-ブチルベンゼン **10** などは酸化されない．

21

一方，たとえばカルボニル基（$R_2C=O$）やイミノ基（$R_2C=NR'$）の還元剤としては，ヒドリド（H^-）還元を反応機構とするテトラヒドリドアルミン酸リチウム（水素化アルミニウムリチウム，$LiAlH_4$），テトラヒドリドホウ酸ナトリウム（水素化ホウ素ナトリウム，$NaBH_4$）およびシアノトリヒドリドホウ酸ナトリウム（シアノ水素化ホウ素ナトリウム，$NaBH_3CN$）などが繁用されている．しかし，これら三者の還元力は大きく異なっており，適宜還元剤を選択することで目的の官能基のみの還元も可能になる．なお，$LiAlH_4$ は，ケトン **11**，エステル **13**，カルボン酸 **15**，イミン **17** やニトリル **19** に対して還元作用を示すが，$NaBH_4$ の還元力はケトンとイミンに限定され，$NaBH_3CN$ はさらに弱い還元剤とされ，イミンのみを還元する．

Ⅱ. 求核置換反応

反応 1　求核置換反応と反応機構

反応 2　求核置換反応 — S_N1 機構

反応 3　求核置換反応 — S_N2 機構

反応 4　求核置換反応の立体化学

反応 5　求核置換反応への基質構造の効果

反応 6　ハロゲン化反応と分子内求核
　　　　　　　　　　置換反応 — $S_N i$ 機構

反応 7　酸素求核剤の反応

反応 8　エーテルの反応

反応 9　アミンの反応

反応 10　ジアゾニウムイオンの生成と反応

反応 11　求核置換反応の隣接基関与

1 求核置換反応と反応機構

概略 求核置換反応では各種の**求核剤**（求核試薬）Nu^- が**基質**を攻撃する.
基質は異なる炭素骨格と各種の**脱離基** L をもっている.

$$Nu^- + \quad C-L \longrightarrow Nu-C + L^-$$

反応機構 求核置換反応においては，求核剤と基質の炭素骨格との間で結合
が形成され，基質の炭素骨格と脱離基との間の結合が開裂する. この結合の開裂と
形成のタイミングによって，求核置換反応の機構はその可能性としては以下のよう
に分類できる.

1) 求核剤の結合と脱離が同時に起こる …… 後述 S_N2 反応（反応 3 参照）

$$Nu^- \quad C-L \longrightarrow Nu-C + L^-$$

2) ① 脱離基が脱離する → ② 求核剤が結合する …… 後述 S_N1 反応（反応 2 参照）

$$C-L \xrightarrow{-L^-} C^+ \quad Nu \longrightarrow Nu-C + C-Nu$$

3) ① 求核剤が結合する → ② 脱離基が脱離する …… 起こらない

$$Nu^- \quad C-L \longrightarrow Nu-C-L \longrightarrow Nu-C$$
$$\text{10 電子}$$

1) 反応中心炭素と求核剤との結合の形成と，反応中心炭素と脱離基との結合開裂
   が同時に起こる. むしろ求核剤の電子が脱離基を追出するような形で進行する. こ
   の場合は中間体ではなく，一見，5 本の結合をもつ遷移状態を形成する. しかし，
   この遷移状態では 3 本の共有結合のほかの 2 本は部分的な結合，すなわち，で
   きつつある結合と切れつつある結合であるので，遷移状態としては存在できる.
2) 一方，はじめに反応中心と脱離基との結合が開裂し，ついで反応中心と求核剤
   とが結合を形成するときには，中間体としてカルボカチオンを生じる. この中間
   体は炭素のまわりに 6 個の電子しか存在しないので不安定ではあるが，中間体
   として存在できる.
3) もう一つの可能性は，はじめに反応中心と求核剤とが結合を形成し，ついで反
   応中心と脱離基との結合が開裂する. このときの中間体には結合が 5 本，すなわ
   ちオクテット以上の電子が炭素に存在する. したがってこのような中間体を形成
   することはありえない.

表1・1におもな求核置換反応の求核剤と生成物の組合わせをまとめた.

表1・1　おもな求核置換反応（求核剤＋RCH_2-L →生成物＋L^-）

	求　核　剤		生　成　物	
水　素	H	ヒドリド等価物	RCH_3	アルカン
炭　素	NC⁻	シアン化物イオン	RCH_2CN	ニトリル
	$R'-C≡C^-$	アセチリド	$R'-C≡C-CH_2R$	アルキン
窒　素	NH_3	アンモニア	RCH_2NH_2	第一級アミン
	$R'NH_2$	第一級アミン	$R'NHCH_2R$	第二級アミン
	R'_2NH	第二級アミン	R'_2NCH_2R	第三級アミン
酸　素	HO^-	水酸化物イオン	RCH_2OH	アルコール
	$R'O^-$	アルコキシドイオン	$R'OCH_2R$	エーテル
	HOH	水	RCH_2OH	アルコール
	$R'OH$	アルコール	$R'OCH_2R$	エーテル
	$R'COO^-$	カルボキシラートイオン	$R'COOCH_2R$	エステル
リ　ン	Ph_3P	ホスフィン	$RCH_2P^+Ph_3$	ホスホニウムイオン
硫　黄	HS^-	硫化水素イオン	RCH_2SH	チオール
	$R'S^-$	メルカプチドイオン	RCH_2SR'	スルフィド
ハロゲン	X^-	ハロゲン化物イオン	RCH_2X	ハロゲン化アルキル

脱離能の反応への効果　　脱離基の役割は反応中心との結合の電子を収容し，塩基として負電荷を安定に保持するものである．電子を保持して安定になれるのは弱塩基であることから，よい脱離基とは脱離した後に弱塩基となる基，すなわち強酸の共役塩基となる基である（表1・2）．当然ながら，酸を強くするような電子効果はその共役塩基を弱くし，脱離基の脱離能をも強める．

表1・2　よい脱離基は弱塩基，すなわち強酸の共役塩基となる

	脱離基	塩　基	共役酸	pK_a
低	R-OH	OH^-	H_2O	15.7
	$R-OCOCH_3$	CH_3COO^-	CH_3COOH	4.56
脱離能	$R-OSO_2Ph$	$PhSO_2O^-$	$PhSO_2OH$	0.7
	$R-OH_2^+$	H_2O	H_3O^+	−1.7
	R-Cl	Cl^-	HCl	−8
	R-Br	Br^-	HBr	−9
高	R-I	I^-	HI	−10

　脱離能の低い脱離基であるヒドロキシ基をよい脱離基にすることが必要になることが多い．アルコールを無水酢酸などでアセチル化すると，よい脱離基であるアセトキシ基に変わる．脱離した後の塩基である水酸化物イオンに比較してアセタートイオンは1000億倍以上，塩基性が弱くなる．さらに，塩化ベンゼンスルホニルでスルホナートにすればさらに10,000倍近く弱い塩基ができ，脱離能が上昇する．一般的でさらに簡単な方法としては強酸で処理することで，生じたアルコールオキソニウムイオンはさらに100倍以上の弱塩基である水を生成するためによい脱離基に変換できる．酸触媒反応の一つの目的はよい脱離基をつくることである．

2 求核置換反応 —— S_N1 機構

概略 はじめに反応中心と脱離基との結合が開裂する反応では,律速段階は一般的に不安定中間体であるカルボカチオンを形成する過程で,この遷移状態においては基質 1 分子を含むだけである.このような反応は単分子(**1**分子)求核(**N**ucleophilic)置換(**S**ubstitution)反応で S_N1 **機構**とよぶ.

塩化 *t*-ブチルの加溶媒分解(ソルボリシス) 一例として溶媒がメタノールのときの**メタノリシス**は S_N1 機構の典型で,中間体の *t*-ブチルカルボカチオン *1* にメタノールが付加し,ついで酸塩基反応により *t*-ブチルメチルエーテル *2* が生成する.反応律速段階は中間体カルボカチオンを生成する第一段階である(図 2・1).

$(CH_3)_3C-Cl \longrightarrow (CH_3)_3C^+ + Cl^-$
一分子開裂反応　　　　　*1*

$(CH_3)_3C^+ + HOCH_3 \longrightarrow (CH_3)_3C-\overset{+}{O}CH_3$
1　求核反応　　　　　　　　　　　　　　$\underset{H}{|}$

$(CH_3)_3C-\underset{H}{\overset{+}{O}}CH_3 + HOCH_3 \rightleftharpoons (CH_3)_3C-OCH_3 + H_2\overset{+}{O}CH_3$
　　　　　　　　　　　　　　　　　　　　　　　2
酸塩基反応

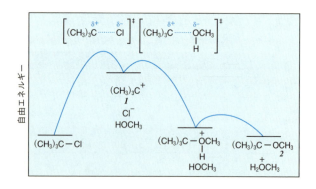

図 2・1 S_N1 機構のエネルギー図

解説 **求核剤** 求核置換反応には当然ながら求核剤と脱離基が大きく影響を及ぼす.しかし,その度合いは反応機構によって大きく異なる.S_N1,S_N2 いずれの機構でも脱離基の脱離能が大きいほど,反応には有利である.求核剤の**求核性**の効果は機構によって異なる.

S_N1 機構では求核性は反応の速さには影響せずに，中間体との反応性，すなわち生成物の比率にのみかかわり，求核性が高く，かつ，濃度の高いものほど中間体との反応がより多くなるが，反応速度には差がでない（図 2・2）．

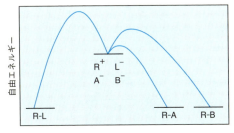

図 2・2 求核性と S_N1 機構反応速度

溶媒の反応への効果 求核置換反応は一般に溶媒の極性の効果を大きく受ける．実験室での反応においても十分にその効果を考えないと良好な結果は得られない．

S_N1 反応では中間体にカルボカチオンを生じるために**カチオン**（**陽イオン**）と**アニオン**（**陰イオン**）を安定化させる極性溶媒，特に水やアルコールなどの**プロトン性極性溶媒**が遷移状態を安定化して，反応を加速する（図 2・3）．原系は δ+ と δ− を含む双極体であるので極性溶媒による安定化は受けるが，その大きさは中間体であるカチオンの溶媒和による安定化よりははるかに小さい．その結果，中間体に類似した構造の遷移状態では，相対的にはるかに大きな安定化が得られ，活性化エネルギーが小さくなり，反応は速くなる．

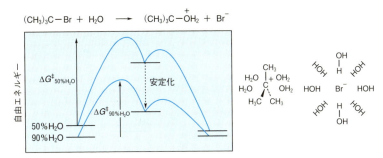

図 2・3 求核置換の溶媒効果

3 求核置換反応 —— S_N2 機構

概略 結合の開裂と形成が同時に起こる場合には求核剤と基質の両方が衝突し，遷移状態を迎える．律速段階で **2**分子が関与する求核（**N**ucleophilic）置換（**S**ubstitution）反応で **S_N2 機構**とよぶ．臭化エチルのアルカリ性加水分解の例のように，遷移状態では求核剤と反応中心炭素と脱離基の間に部分的結合が形成される（図 3・1）．

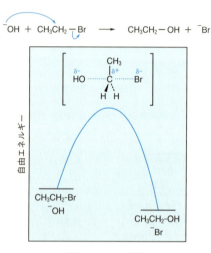

図 3・1 S_N2 機構

解説 求核置換反応には求核剤と脱離基が大きく影響を及ぼす．しかし，その度合いは反応機構によって大きく異なる．いずれの機構でも脱離基の脱離能が大きいほど，反応には有利である．S_N2 反応ではさらに求核剤の求核性が高いほど反応は速くなる（図 3・2）．

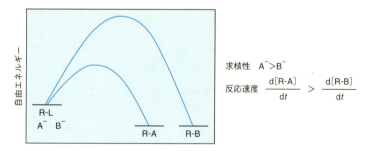

図 3・2 求核性と S_N2 機構反応速度

求核性の反応への効果　求核剤の求核性はS_N2反応では反応の速さに大きく影響する．求核性と**塩基性**の強さは同一周期の原子同士ではまったく同一の順序となる．求核剤には負に荷電した求核剤と荷電していない求核剤があり，同種であれば当然ながら荷電している方が電子は豊富であり，求核性は強い．しかし，同一族で異なる周期の原子を比較すると，周期表では下にくる，半径の大きな原子ではより求核性が大きくなり塩基性とは逆の順になる．大きい原子ほど最外殻の電子に対する核の引力が弱まり，外部の電場である求電子剤（求電子試薬）などに電子は容易に引きつけられる．この度合いを**分極率**とよぶ．求核性は以上の結果，^-OHよりも^-SHの方が大きく，Cl^-よりもBr^-，さらにI^-の方が大きくなる（表3・1）．

表3・1　求核剤の求核性[a]

求核剤	求核性	求核剤	求核性
SH^-	5.1	Br^-	3.5
CN^-	5.1	PhO^-	3.5
I^-	5.0	AcO^-	2.7
$PhNH_2$	4.5	Cl^-	2.7
OH^-	4.2	F^-	2.0
N_3^-	4.0	NO_3^-	1.0
ピリジン	3.6	H_2O	0.0

a) M.B.Smith, J. March, "March's Advanced Organic Chemistry", 5th ed, John Wiley & Sons, Inc, New York (2001).

溶媒の反応への効果　求核置換反応は一般に溶媒の極性の効果を大きく受ける．実験室での反応においても十分にその効果を考えないと良好な結果は得られない．

S_N2反応でアニオンが求核体である場合には，極性プロトン性溶媒は原系を遷移状態よりも大きく安定化させるために相対的に活性化自由エネルギーが大きくなり，反応は減速する．水素結合をするプロトンをもたないため，アニオンを溶媒和で安定化しないジメチルスルホキシド（DMSO）やN,N-ジメチルホルムアミド（DMF）などの**非プロトン性極性溶媒**が好んで用いられる（図3・3）．

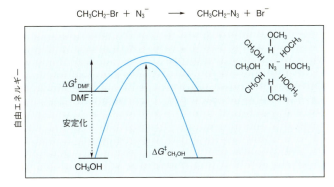

図3・3　求核置換の溶媒効果

4 求核置換反応の立体化学 ラセミ化と Walden 反転

概略 キラルな基質を求核置換したときの立体化学は反応機構によって大いに異なる．S_N1 反応では平面のカルボカチオン中間体 *2* を経由し，求核剤による攻撃は両側から等しく起こるために生成物は一般にラセミ体（*3*，*4*）となる．これに対して S_N2 反応では脱離基の反対側から脱離基を押出すように求核剤が攻撃するために立体化学は常に**反転**する（*6*）．

S_N1

S_N2

解説 反転は反応中心の立体配置が反対になることで，必ずしも S が R に，また R が S になることではない．図の例で CH_3 基が CH_3S 基であったときの反応を考えるとよくわかる（*7*→*8*）．

立体配置を決定する際の順位規則を考えた場合に，基質で順位則第1位の臭素が，生成物の順位則第2位となるヒドロキシ基に変わるため，反転はしていても立体配置の名称は変化が起こらない．

S_N2 反応での立体化学の反転は **Walden 反転**ともよばれ，反応による立体化学の証明などにも利用できる．次の例では（S）-ブタン-2-オール *9* を塩化 p-トルエンスルホニルとピリジンでアルコール酸素を p-トルエンスルホニル化，すなわち**トシル化**（*10*）し，キラル中心には影響を与えずに，アルコールをよい脱離基をもつ**トシラート** *10*（C-OTs）に変換した．次に求核剤の水酸化物イオンによる S_N2 反

応で反転させて(R)-ブタン-2-オール **11** に変換した．ついで同様にトシル化 **12** の後に反転させると，元の(S)-ブタン-2-オール **9** が生成し，S_N2 反応は反転を伴うことを説明した（図 4・1）．

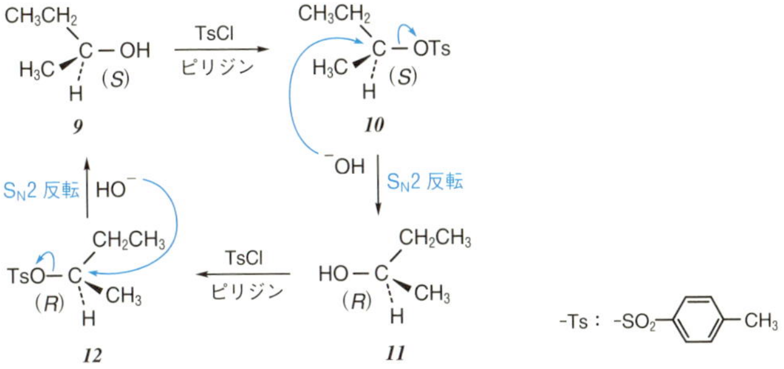

図 4・1　ワルデン反転

S_N1 反応における詳しい立体化学を下図で説明する．

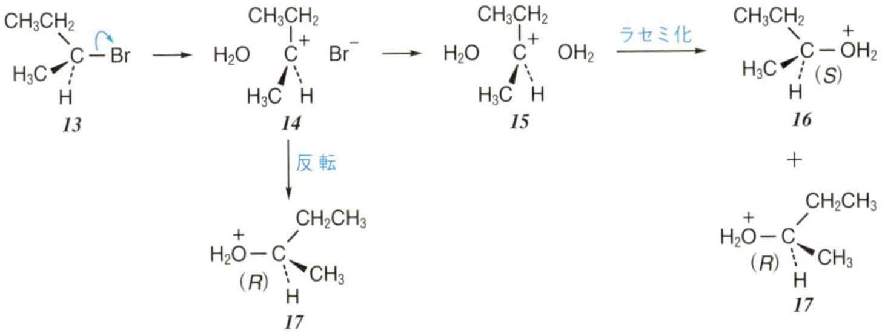

S_N1 機構において常に**ラセミ化**するかは基質の構造などに大きく依存する．加溶媒分解を例とすると，遷移状態から脱離基が脱離する際には反対側には求核体としての溶媒が存在し，中間体が不安定でこの段階 **14** で反応すると S_N2 反応に類似した反応となり，立体化学は反転する．一方，中間体が安定なとき，脱離基が脱離した後にはカルボカチオンの両側とも溶媒が占め **15**，求核体として攻撃する確率は 50% ずつとなり，ラセミ化が起こる．したがって，一般には全体的に立体配置の**反転**（**17**）の方が立体配置の**保持**（**16**）よりもやや多くなる．

31

5 求核置換反応への基質構造の効果

概略 基質の構造は求核置換反応に大きく影響を及ぼすが、その大きさは反応機構によりまったく異なる。S_N1機構においては、中間体のカルボカチオンの安定性が最も大きい因子である。中間体が安定化する基質では遷移状態も安定化し、反応は速くなる。

脱離基の結合している反応中心の炭素原子に、より多くのメチル基が結合しているほど、中間体の安定性は増し、反応は有利になる（図5・1）。これはメチル基の電子供与性誘起効果でもその一部は説明できるが、さらに的確に説明するために超共役を利用する。

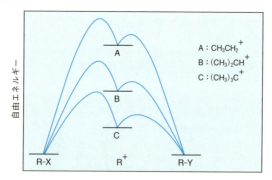

図5・1 S_N1機構における基質構造の効果

解説 S_N1と基質構造　　メチルカルボカチオン（$^+CH_3$）には空のp軌道がある。これにはまったく安定化はない。ところがメチルカルボカチオンの中心炭素に、さらにメチル基がついてエチルカルボカチオンになると、空のp軌道の隣に電子がつまったσ軌道があり、同一平面上に並んだときには、σ軌道から空のp軌道に電子が流れ込むことが考えられる。これが**超共役**である。置換基の数が多いほど、この超共役に関与できる（図5・2）σ結合の数が増えて、C^+に結合するメチル基の数が多くなるほど安定性が大きい。

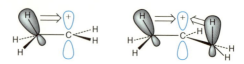

図5・2 超共役によるカルボカチオンの安定化

$CH_3OCH_2^+$や$C_6H_5CH_2^+$のように共鳴系が結合している場合は超共役ではなく、実際の共鳴により、さらに大きい安定化が得られる。加水分解では反応速度が塩化 t-ブチルの10^7倍以上である塩化メトキシメチル **1** の高い反応性はメトキシメチルカルボカチオン（**2a, 2b**）の共鳴安定化による（図5・3）。

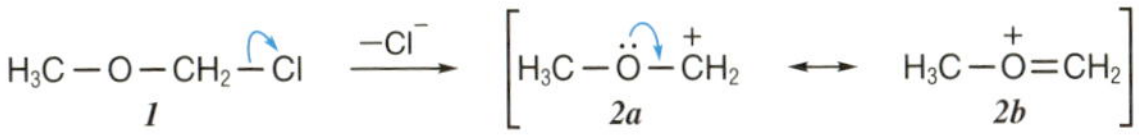

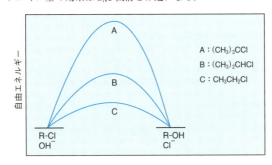

図5・3 共鳴効果によるカルボカチオンの安定化

S_N2と基質構造　S_N2機構ではアルキル基の効果は電子効果よりも立体効果が大きく効いてくる．求核剤が反応中心の炭素原子を直接攻撃して，脱離基を飛び出させるためには中心炭素のまわりが混み合っていない方が有利になる（図5・4）．この結果，アルキル基の効果はS_N1機構とは逆になる．

図5・4　S_N2機構における基質構造の効果

ただし，遷移状態での中心原子は負に荷電した求核体と脱離基による電子求引性効果により普通は部分的な正電荷を帯びている．この結果，電子効果によりこの部分的正電荷を分散するような電子供与性の置換基は反応を加速できる．塩化メトキシメチルは求核置換に対して常に反応性が高く，S_N2機構（アセトン中のNaI）では反応速度は塩化メチルの5000倍となる．これはα-アルコキシハロゲン化アルキルに共通で，アルキル炭素上に生じる部分的正電荷をエーテル酸素が安定化することに基づく．

基質の構造が求核置換の反応性へ及ぼす効果を表5・1にまとめた．S_N2機構で第一級アルキルでもβ位炭素が立体障害をもつネオペンチル基は反応性がないことに注意を要する〔$(CH_3)_3CCH_2$-Xの例〕．また，ハロゲン化ビニルとハロゲン化アリールはいずれの機構でも求核置換反応を起こさない（**反応6末尾参照**）．

表5・1　求核置換における基質構造の反応性への効果

S_N1 機構	CH_3OCH_2-X　>>　$(CH_3)_3C$-X　>>　$(CH_3)_2CH$-X　>　PhCH_2-X　>　$CH_2=CH-CH_2$-X　>>　CH_3CH_2-X, CH_3-X　>>>　$CH_2=CH$-X, Ph-X = 反応しない
S_N2 機構	CH_3OCH_2-X　>　PhCH_2-X　>　$CH_2=CH-CH_2$-X　>　CH_3-X　>　CH_3CH_2-X　>>　$(CH_3)_2CH$-X　>>>　$(CH_3)_3CCH_2$-X, $(CH_3)_3C$-X　>>>　$CH_2=CH$-X, Ph-X = 反応しない

6 ハロゲン化反応と分子内求核置換反応 —— S_Ni 機構

概略 ハロゲン化アルキルはアルコールとハロゲン化水素（HCl, HBr, HI）との反応で生成する．第一級アルコールのときは，最初にヒドロキシ基のプロトン化により，よい脱離基ができて，S_N2 機構で置換が起こる．反応は，一般に加熱する必要がある．

$$RCH_2OH + H-Br \longrightarrow Br^- + RCH_2-\overset{+}{O}H_2 \longrightarrow RCH_2Br + H_2O$$

第三級アルコールでは反応は容易で，室温で混合するだけで S_N1 機構によって第三級ハロゲン化アルキルとなる．

解説 ハロゲン化リン（PBr$_3$, PCl$_3$, PCl$_5$）を用いた反応も一般的で，ハロゲン化水素との反応が遅い第一級および第二級アルコールのハロゲン化に使用される．一般に，ハロゲン化段階では S_N2 機構で反応するためキラルな基質では立体化学は反転する．

$$RCH_2OH + P-Br \longrightarrow Br^- + RCH_2-\overset{+}{O}PBr_2 \longrightarrow RCH_2Br + HOPBr_2$$

$$2\,RCH_2OH + HOPBr_2 \longrightarrow \longrightarrow 2\,RCH_2Br + (HO)_3P$$

塩化チオニル（SOCl$_2$）を用いたアルコールからハロゲン化アルキルへの変換反応において，エーテル中での反応とピリジン中での反応は生成物の立体化学が互いに逆になる．この反応機構は (S)-ブタン-2-オール 9 を例とすると 11 のようになる．最初の段階ではヒドロキシ基の酸素が硫黄を攻撃し，塩化物イオンが脱離する．

ピリジン中の反応では，ピリジンが 11 よりプロトンを引抜き，ピリジニウムイオンとなって塩化物イオンをイオン結合によって反応系中に保持する．この

34

OSOCl 基はよい脱離基で，脱離後は二酸化硫黄（亜硫酸ガス）と塩化物イオンを生じる．ピリジニウムに保持された塩化物イオンが S_N2 機構で求核置換するために，*13* のように立体は反転する．

S_Ni 機構　　一方，エーテル中の反応では，塩化物イオンが塩基として働いてプロトンを取るため，生じた塩化水素は系外に出てしまい，S_N2 機構で背面攻撃するのに十分な求核剤が得られない．そのため，脱離した基が溶媒かご中のイオン対として存在し，ついで塩化物イオンが脱離した同じ方向から求核置換するため，分子内求核置換で反応が進行し，立体は保持される *16*（図6・1）．この反応は分子内求核置換反応（internal **N**ucleophilic **S**ubstitution）で **S_Ni 機構**とよぶ．

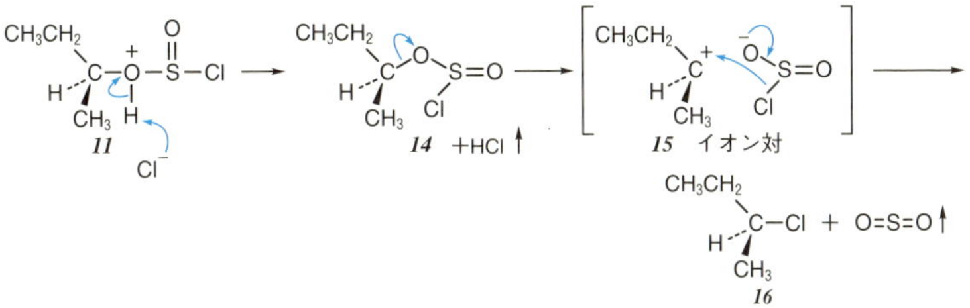

図6・1　S_Ni 機構求核置換による立体化学の保持

sp^2 炭素のハロゲン化物　　ハロゲン化ビニル *17* は π 電子があるために脱離基の反対側から電子豊富な求核剤が近づけず，ハロゲン化アリール *18* では電子雲のために求核剤が近づくことができない．これらの結果，S_N2 機構の求核置換は起こらない．

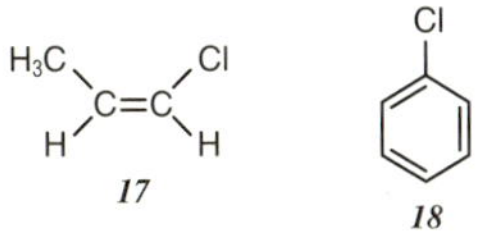

一方，*17* と *18* のハロゲンとの結合は炭素の sp^2 軌道電子との結合であるので，sp^3 軌道との結合であるハロゲン化アルキルより，はるかに強く切れにくい結合である．さらに，切れたとしても生成するビニルカチオン *19* とアリールカチオン *20* は sp^2 炭素上に正電荷が存在する形となり，第一級カルボカチオンよりもさらに不安定である．この結果，いずれも S_N1 機構での求核置換反応は起こらない．

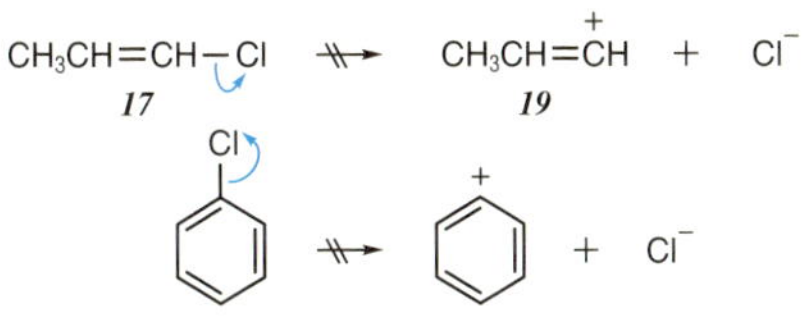

7　酸素求核剤の反応

Williamson エーテル合成　ジアゾメタン

概略　酸素は求核体としては一般的で，アルコール，エーテル，エステルの合成の際に有用である.

解説　**水の反応**　求核体としての水はアルコールの生成に関与する. 第一級ハロゲン化アルキル *1* との反応は非常に遅い S_N2 機構で，ついで酸塩基反応が続く. これに対してアルカリ性条件では速い S_N2 機構で起こるが，この求核体は**強塩基** ($^-$OH) であるので脱離反応と競争する. 第三級ハロゲン化アルキル *5* との反応は中性または弱酸性における S_N1 機構の条件では H_2O との反応によるアルコール *6* が主生成物となるが，強塩基性の条件では $NaOH/H_2O$ との S_N2 機構は立体的に不利なため，置換によるアルコールを生成せず，脱離反応によるアルケンが主生成物となる.

$$CH_3CH_2CH_2Br + H_2O \longrightarrow CH_3CH_2CH_2OH_2^+ + Br^- \rightleftharpoons CH_3CH_2CH_2OH + HBr$$

1　　　　　　　　　　　　　*2*　　　　　　　　　　　*3*

$$CH_3CH_2CH_2Br + H_2O \xrightarrow{NaOH} CH_3CH_2CH_2OH + CH_3CH=CH_2$$

1　　　　　　　　　　　　　*3*　　　　　　*4*

$$(CH_3)_3CBr + H_2O \rightleftharpoons (CH_3)_3COH + HBr$$

5　　　　　　　　　　*6*

アルコールの反応　アルコールによるハロゲン化アルキルの求核置換はエーテルを生成する. 第三級ハロゲン化アルキル *7* との反応は**加溶媒分解**の一種で**アルコール分解**ともよばれ，S_N1 機構によりエーテル *9* が生成する.

$$(CH_3)_3CCl \longrightarrow (CH_3)_3C^+Cl^- + CH_3OH \longrightarrow (CH_3)_3COCH_3 + HCl$$

7　　　　　　　　　*8*　　　　　　　　　　　　　　*9*

よりよい脱離基をもつアルキル化剤と第一級アルコール *10* との S_N2 反応でもエーテル *13* が生じる. **硫酸ジメチル** (*11*) との反応はこの例である.

$$RCH_2-OH + CH_3-O-\overset{O}{\underset{O}{\overset{\|}{\underset{\|}{S}}}}-OCH_3 \longrightarrow RCH_2-\overset{+}{\underset{H}{O}}-CH_3 \quad {}^-OSO_2OCH_3$$

10　　　　　　　　　　　*11*　　　　　　　　　　　*12*

$$\longrightarrow RCH_2-O-CH_3 + HOSO_2OCH_3$$

13

また，**酸触媒反応**による**脱水縮合**は対称エーテルの合成法である (*15→19*). これに対して，塩基性条件での反応は **Williamson エーテル合成**とよばれ，非対称エーテルを生成する (*15→22*). 非対称エーテルの合成では基質の構造に注意しないと目的化合物が得られない場合がある. たとえば $(CH_3)_3C-OCH_3$ の合成においては求核体を $(CH_3)_3CO^-$ とすると S_N2 反応で目的物を生じるが (*23→24*)，基質を第三級ハロゲン化アルキルとすると CH_3O^- は求核体としてよりも，強塩基として働くので脱離反応が進行する (*25→26*).

$$CH_3CH_2OH + H-OSO_3H \longrightarrow CH_3CH_2\overset{+}{O}H_2 \quad {}^-OSO_3H$$

15   **16**   **17**

$$CH_3CH_2OH + CH_3CH_2-\overset{+}{O}H_2 \longrightarrow CH_3CH_2\overset{\underset{|}{H}}{O}-CH_2CH_2 \quad {}^-OSO_3H$$

15   **17**   **18**

$$\longrightarrow CH_3CH_2OCH_2CH_3 + HOSO_3H$$

19

$$CH_3CH_2OH + Na \longrightarrow CH_3CH_2\overset{-}{O}\overset{+}{Na} + \frac{1}{2}H_2$$

15   **20**

$$CH_3CH_2O^- + CH_3-I \longrightarrow CH_3CH_2OCH_3 + I^-$$

21   **22**

$$(CH_3)_3C-O^- + CH_3-Br \overset{S_N2}{\longrightarrow} (CH_3)_3C-O-CH_3 + Br^-$$

23   **24**

$$CH_3-O^- + H-CH_2-\overset{\overset{\displaystyle CH_3}{|}}{\underset{\underset{\displaystyle CH_3}{|}}{C}}-Br \overset{E2}{\longrightarrow} CH_3OH + CH_2=C\overset{\displaystyle CH_3}{\underset{\displaystyle CH_3}{}} + Br^-$$

25   **26**

カルボン酸の反応 　　カルボキシラート（RCOO⁻）が求核体としてハロゲン化アルキルと反応するとエステルが生成する．また，硫酸ジメチルのようなアルキル化剤，**ジアゾメタン（31）**のようなメチル化剤との反応でも効率よくエステルを生じる．ジアゾメタンは遊離のカルボン酸と反応してメチルエステル **32** を生成する．酸塩基反応でよい求核体であるカルボキシラートと，よい求電子体であるメチルジアゾニウムが生じ，求核置換でメチルエステルを生じる．カルボン酸は一般に高沸点であるが，メチルエステルにすることにより沸点を低下させ，**クロマトグラフィー**による分離などによく用いられる．

$$RCOO^-K^+ + CH_3-I \overset{S_N2}{\longrightarrow} RCOOCH_3 + KI$$

27   **28**

$$RCOO^-K^+ + CH_3-O-\overset{\overset{\displaystyle O}{\|}}{\underset{\underset{\displaystyle O}{\|}}{S}}-OCH_3 \longrightarrow RCOOCH_3 + KOSO_2OCH_3$$

27   **28**   **29**

$$RCOO-H + \left[CH_2=\overset{+}{N}=N^- \longleftrightarrow {}^-CH_2-\overset{+}{N}\equiv N\right]$$

30   **31a**   **31b**

$$\longrightarrow RCOO^- \quad CH_3-\overset{+}{N}\equiv N \longrightarrow RCOOCH_3 + N_2$$

                               32

求核置換

8 エーテルの反応　　酸触媒開裂　エポキシドの開裂

求核置換

概略　一般にエーテルは塩基に対しては安定であるが，HBr などの強酸では容易に酸触媒反応で分解する．非対称エーテルのハロゲン化水素酸による分解は安定なカルボカチオンを生じる方向に起こる．一般に，ハロゲン化アルキル **4** とアルコール **3** を生じるが，過剰の酸のもとではアルコールが酸塩基反応でオキソニウムイオンとなり，生じたオキソニウムイオン **5** の置換によりハロゲン化物 **6** を生じる．

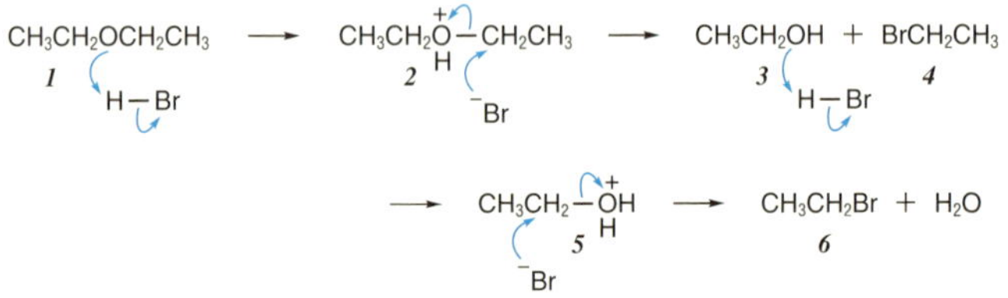

$$CH_3CH_2OCH_2CH_3 \longrightarrow CH_3CH_2\overset{+}{\underset{H}{O}}-CH_2CH_3 \longrightarrow CH_3CH_2OH + BrCH_2CH_3$$

1　　H—Br　　　　　　　　　　*2*　　　　　　　*3*　H—Br　　*4*

$$\longrightarrow CH_3CH_2-\overset{+}{\underset{H}{O}}H \longrightarrow CH_3CH_2Br + H_2O$$

　　　　　　　　　　5　　　　　　　　*6*

解説　アルキルアリールエーテル **7** と HBr との反応では S_N2 機構によりフェノールと臭化アルキル **9** が生成する．

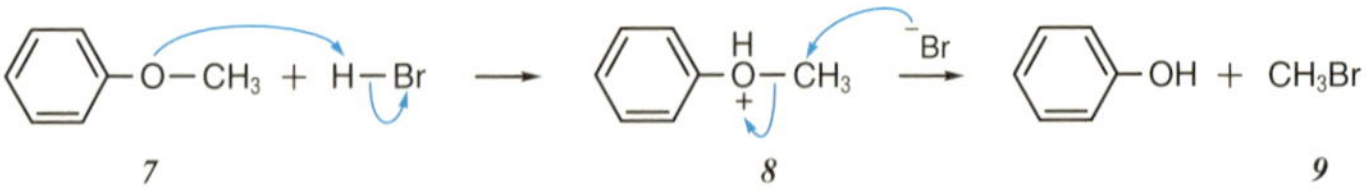

7 + H—Br $\longrightarrow$ *8* $\longrightarrow$ フェノール—OH + CH$_3$Br (*9*)

ベンジルメチルエーテル **10** の酸素原子にプロトンが付加した後，ヨウ化物イオンが攻撃する S_N2 機構は a と b の経路が考えられる．しかし，ベンジルカチオンが生成すると共鳴構造によって大きく安定化するために，この反応は S_N1 機構で進む．安定なカチオンが生成するときは S_N1 機構が有利となる（図8・1）．

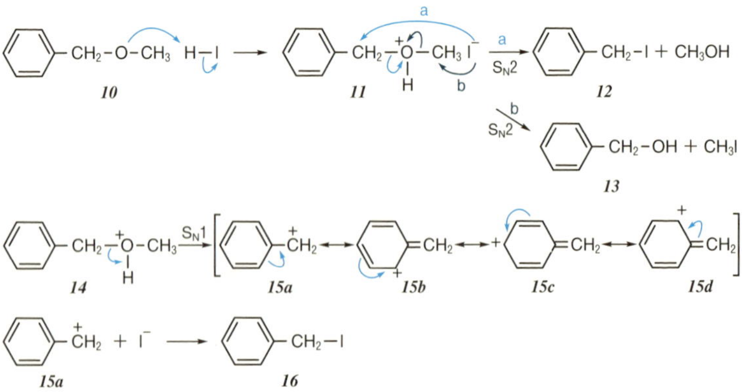

10 + H—I $\longrightarrow$ *11*

$\overset{a}{\underset{S_N2}{\longrightarrow}}$ —CH$_2$—I + CH$_3$OH　*12*

$\overset{b}{\underset{S_N2}{\longrightarrow}}$ —CH$_2$—OH + CH$_3$I　*13*

14 $\overset{S_N1}{\longrightarrow}$ [*15a* ↔ *15b* ↔ *15c* ↔ *15d*]

15a —$\overset{+}{C}H_2$ + I⁻ $\longrightarrow$ —CH$_2$—I　*16*

38

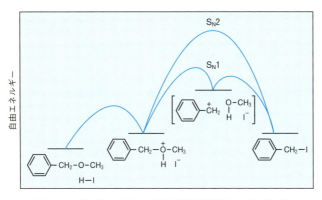

図8・1 ベンジルメチルエーテルの酸触媒開裂のエネルギー図

求核置換

エポキシドの開裂反応　エポキシド（*17*）はエーテルの一種ではあるが，普通は塩基には安定であるエーテルも，ひずみがあるため塩基で開裂する．酸触媒では，エポキシドの酸素がプロトン化され，かなり分極した炭素-酸素結合をもつアルキルオキソニウムイオン *18* が生成する．この分極によって環炭素上に部分的な正電荷δ+が生じる．アルキル基は電子供与体として作用するので，第一級炭素よりも第三級炭素上の正電荷がより大きく安定化を受け，遷移状態としてのエネルギーが低くなり，反応性が大きくなる．中間体の環状オキソニウムの部分的な正電荷を分散する炭素，つまりアルキル基が2個置換した炭素の方向に求核攻撃が進む．モノアルキル置換体の場合にはもう一つの因子である立体障害の小さい方向に反応して生じた異性体との混合物を与えることが多い．

塩基触媒では立体的に空いている方向に反応が進む．**イソブチレンオキシド（2,2-ジメチルオキシラン）** *17* の反応を以下に示した．

9 アミンの反応

ガブリエル
Gabriel 合成

概略 求核体としてのアミンとアンモニアはハロゲン化アルキルと容易に反応し，アルキルアミンを生成する．

解説 アンモニアのアルキル化では生じた第一級アミン **3** の求核性がアンモニアよりも高まるため，第一級アミンでさらに反応が進み各種化合物の混合物を与える．

第一級アミンはアルキル化で第二級アミン **7** となり，ついでアルキル化で第三級アミン **11** となる．さらに第三級アミンをアルキル化すると，第四級アンモニウム塩 **13** が生成する．

$$NH_3 + CH_3CH_2I \longrightarrow CH_3CH_2\overset{+}{N}H_3I^-$$
$$\textbf{1} \qquad\qquad\qquad\qquad \textbf{2}$$

$$NH_3 + CH_3CH_2\overset{+}{N}H_3I^- \rightleftharpoons CH_3CH_2NH_2 + {}^+NH_4I^-$$
$$\textbf{2} \qquad\qquad\qquad \textbf{3} \qquad\qquad \textbf{4}$$

$$CH_3CH_2NH_2 + CH_3CH_2I \longrightarrow (CH_3CH_2)_2\overset{+}{N}H_2I^-$$
$$\textbf{3} \qquad\qquad \textbf{5} \qquad\qquad\qquad \textbf{6}$$

$$NH_3 + (CH_3CH_2)_2\overset{+}{N}H_2I^- \rightleftharpoons (CH_3CH_2)_2NH + {}^+NH_4I^-$$
$$\textbf{6} \qquad\qquad\qquad\qquad \textbf{7} \qquad\qquad \textbf{8}$$

$$(CH_3CH_2)_2NH + CH_3CH_2I \longrightarrow (CH_3CH_2)_3\overset{+}{N}HI^-$$
$$\textbf{7} \qquad\qquad \textbf{9} \qquad\qquad\qquad \textbf{10}$$

$$NH_3 + (CH_3CH_2)_3\overset{+}{N}HI^- \rightleftharpoons (CH_3CH_2)_3N + {}^+NH_4I^-$$
$$\textbf{10} \qquad\qquad\qquad\qquad \textbf{11} \qquad\qquad \textbf{4}$$

$$(CH_3CH_2)_3N + CH_3CH_2I \longrightarrow (CH_3CH_2)_4\overset{+}{N}I^-$$
$$\textbf{11} \qquad\qquad \textbf{12} \qquad\qquad\qquad \textbf{13}$$

第一級アミンの選択的合成法としては **Gabriel 合成**がある．無水フタル酸とアンモニアから生成するフタルイミド **14** は酸性のプロトンをもつためアルカリ条件で容易にアニオン **15** となる．アニオンはハロゲン化アルキルと S_N2 機構の求核置換を起こし *N*-アルキルフタルイミド **16** を生成する．ついで，強アルカリ条件で加水分解することにより第一級アミン **17** だけを合成することができる．

Gabriel 合成に代わる第一級アミンの合成法に，**アジド合成**がある．この方法では，アジドイオンを用いて第一級または第二級ハロゲン化アルキルのハロゲン化物

イオンを置換してアルキルアジド *19* とする．アルキルアジドは求核性がないので，アルキル化がさらに進行することはない．LiAlH$_4$ との反応によってアルキルアジドを還元すると目的の第一級アミン *20* が得られる．

アミン（たとえば *21*）はハロゲン化アルキルとの反応で第四級アンモニウム塩 *22* を生じ，また，**過酸化水素**や**過酸**で処理するとアミン *N*-オキシド *23* が生成する．

そのほかの窒素求核剤としてはアジド，**ヒドラジン**などがあり，イソシアナートの生成にも窒素求核剤が関与する．

$$RCH_2Br + NaN_3 \longrightarrow RCH_2N_3 + NaBr$$

$$RCH_2Br + NH_2NH_2 \longrightarrow RCH_2NHNH_2 + HBr$$

$$RCH_2Br + RCH_2NHNH_2 \longrightarrow (RCH_2)_2NNH_2 + HBr$$

$$RCH_2Br + NaN{=}C{=}O \longrightarrow RCH_2NCO + NaBr$$

10　ジアゾニウムイオンの生成と反応　*N*-ニトロソ化合物

概略　脂肪族アミン類を**亜硝酸**と酸性条件で反応させると特異な反応が起こる．脂肪族第一級アミンと亜硝酸の酸性条件での反応では不安定な**アルキルジアゾニウム塩**（**14**）が生成し，アルキルカルボカチオン **15** を経由するか，またはそのままただちに反応して水溶液中ではアルコールおよびアルケンなどを生じる．脂肪族第二級アミンとの反応では安定な ***N*-ニトロソジアルキルアミン**（**7**）を生じる．ニトロソアミンは発がん物質である場合が多いので注意を要する．脂肪族第三級アミンは一般には反応しにくい．

$$2 \; HONO \;\; \rightleftharpoons \;\; O=N-O-N=O \;\; + \;\; H_2O$$

一方，芳香族第一級アミン **16** から生じる**アリールジアゾニウム塩**は冷却時には安定であり，各種の置換反応により多くの芳香族化合物の合成に利用できる．芳香族第二級アミン **17** は脂肪族と同様にニトロソ化される．芳香族第三級アミン **18** は求電子的置換反応により芳香環がニトロソ化される．

発がん性ニトロソアミン

発がん性の *N*-ニトロソジメチルアミン *19* の生成と代謝活性化経路は次の通りである．土壌，野菜や水に存在する硝酸イオンは口腔内細菌によって亜硝酸イオンに還元された後に，胃内の酸性条件によってニトロソ化剤である N_2O_3 *2* を生成する．この N_2O_3 が，食品や医薬品に含まれる第二級アミン（ジメチルアミンなど）と反応し，発がん物質である *N*-ニトロソジメチルアミンを生成する（図 10・1）．

$$NO_3^- \text{（土壌, 野菜, 水）} \longrightarrow NO_3^- \text{（唾液）} \xrightarrow{\text{口腔内細菌}} NO_2^-$$

$$\xrightarrow{\text{胃液}} HNO_2 \longrightarrow \underset{\text{ニトロソ化剤}\ \mathit{2}}{ONONO} + \underset{\text{（食品, 医薬品）}}{HN(CH_3)_2} \longrightarrow \underset{\mathit{19}}{ON\text{-}N(CH_3)_2}$$

図 10・1 *N*-ニトロソジアルキルアミンの生体内での生成

N-ニトロソジメチルアミン *19* は生体内の酸化酵素（シトクロム P450）により，ニトロソ基に隣接した炭素がヒドロキシ化され，α-ヒドロキシ体を生成する．α-ヒドロキシ体は自動的にアルデヒドを放出して分解し，アルキル化活性種であるメチルジアゾニウムイオン *22* を生成する．メチルジアゾニウムイオンは，DNA をアルキル化 *23* する（図 10・2）．動物の体に必須な作用をしているがん遺伝子を活性化し，また，がん抑制遺伝子をアルキル化で傷害し，いずれも修復が間に合わなくなることで発がんへと導く．

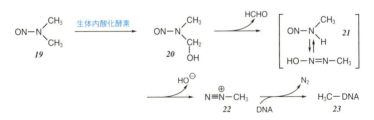

図 10・2 *N*-ニトロソジアルキルアミンの活性化機構

発がん性ニトロソアルキルアミンの特徴として，アルキル基を変えることにより臓器特異性があることで，ほとんどすべての臓器に発がんさせることができる．また，用いた実験動物種のほとんどすべてに発がんさせ，人のがんに大きくかかわっていると考えられている．

11 求核置換反応の隣接基関与

DNA 架橋反応

概略 **隣接基関与**とは反応中心の近接基が反応の速さおよび反応の方向に影響する効果である．一般の反応は**分子間反応**であるが，多くの隣接基関与では律速段階が**分子内反応**になる．分子内反応は反応中に反応分子数が変化しないのでエントロピーの減少はなく，それだけ活性化自由エネルギーの増大（$\Delta G^{\ddagger} = \Delta H^{\ddagger} - T\Delta S^{\ddagger}$）が避けられる．さらに，分子内反応では常に求核剤が分子内にあるので求核剤は最も有利で濃度は求電子体と同一となる．

解説 反応における立体化学の異常から隣接基関与が考えられるのは，ハロヒドリンのアルカリ性加水分解で，直接求核置換したのでは得られない生成物を与え，中間にエポキシド体 **4** を経由する隣接基関与で説明される．通常の反応では S_N2 機構の求核置換でメソ体 **2** が予想できる反応においてラセミ体（**5, 6**）が生成している．これは隣接するヒドロキシ基が反応に関与しているためである．

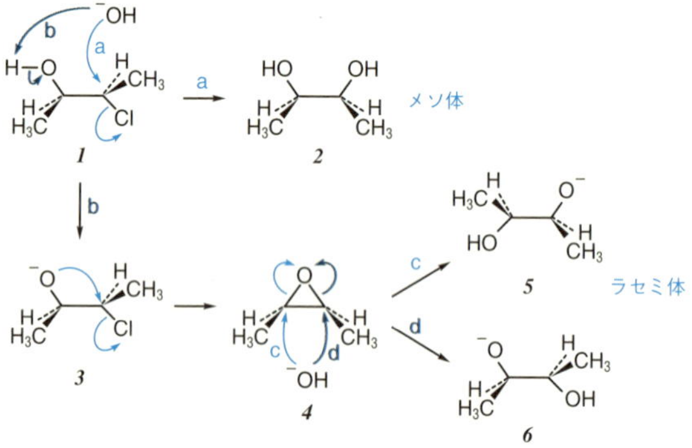

上図に示すように脱離基の反対側に求核体が位置する，遷移状態と同じ立体配座が最も安定な立体配座でもあるため，容易に S_N2 機構による分子内攻撃が起こり，ひずみのかかったエポキシドを生じる．次の段階でエポキシドが S_N2 機構で開裂してラセミ体を生じる．

反応の加速の例としてはクロロエチル基をもつ化合物 **7** の特異な反応性があげられ，中間体としてひずみのかかった三員環状**オニウム化合物**（**9**）を経由する機構で説明できる．

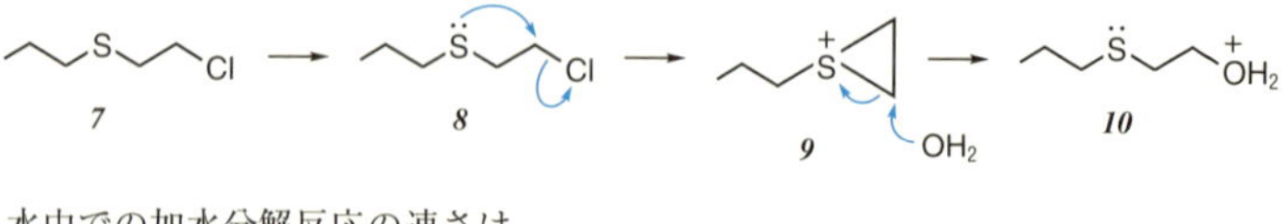

水中での加水分解反応の速さは，

$$CH_3CH_2SCH_2CH_2Cl > CH_3CH_2OCH_2CH_2Cl > CH_3CH_2CH_2CH_2CH_2Cl$$

の順になる．最初の 2 種は隣接基関与のため加速される．比較する原子は S, O で

あり，それぞれの求核性の強さに依存する．求核体の硫黄が脱離基の後ろ側に位置し，遷移状態と同じ配座が最も安定な配座となり，分子内 S_N2 機構で求核置換が起こることが律速段階である．求核性の強さは S ＞ O の順なので，反応性の高さも求核性に比例する．また，炭素のみの化合物は分子間 S_N2 機構でしか反応できないので，最も反応性が低い．

医薬品合成への応用　この反応を医療として初めて利用したのが世界で最初のがんの**化学療法薬**で，日本で開発され，ごく最近まで用いられていた**ナイトロジェンマスタード N-オキシド**（商品名：ナイトロミン）**11** である．生体の酵素系で脱酸素された後，分子内 S_N2 機構求核置換で活性体の 3 員環アンモニウム塩 **13** となり，核酸塩基と反応を繰返して DNA の**架橋**をひき起こして制がん作用を示す．N-オキシド化は副作用が大きいことに対する処置で，容易に N-オキシド化することで窒素の求核性を消失させ，生体内では酵素による脱酸素で活性体に変換するマスク化合物の例でもある．

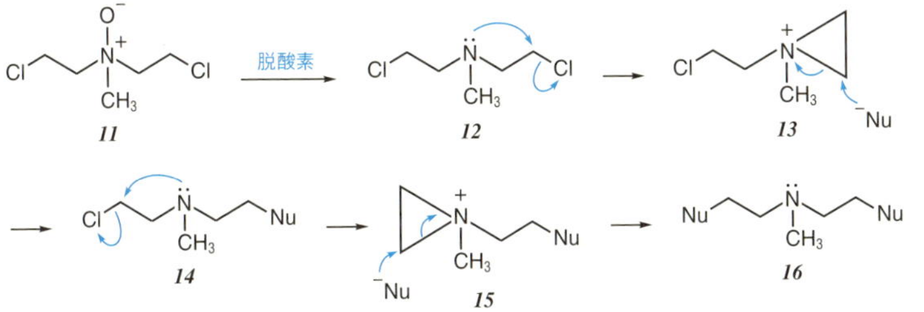

求核置換

このマスク化合物の考えをさらに展開させたのが，シクロホスファミド **17** であり，ドイツでつくられた．シクロホスファミドは図のように生体内で分解して，アルキル化剤を生成し，制がん効果を示す．

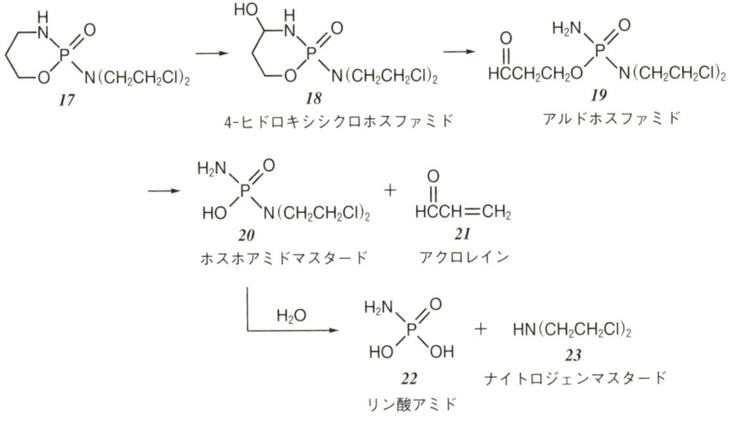

45

Ⅲ. 脱 離 反 応

反応 12 脱離反応 —— E1 機構

反応 13 脱離反応 —— E2 機構

反応 14 E2 反応の立体化学 —— アンチ脱離

反応 15 シクロヘキサン上の脱離と配座効果

反応 16 カルボアニオン型一分子脱離
反応 —— E1cB 機構

反応 17 脱離の方向 —— Saytzeff 則と Hofmann 則

反応 18 Hofmann 分解反応とシン脱離

12 脱離反応——E1機構　カルボカチオンを経由する脱離反応

概略　一つの分子から分子の一部である複数の原子あるいは原子団が脱離して多重結合が導入される反応を**脱離反応**という．ハロアルカンは炭素-ハロゲン結合が電気陰性度の違いから炭素が δ+，ハロゲンが δ− に分極しているので，第三級ハロアルカン *1* のハロゲンはアニオンとして脱離し，**カルボカチオン** (*2*) を生じる．カルボカチオンに求核剤が反応すれば S_N1 反応となるが，ハロゲンが結合していた炭素 (α 炭素) に隣接する炭素 (β 炭素) 上に水素 (**β 水素**) が存在すると，その水素が H^+ として脱離して多重結合を形成することによっても安定な生成物 *3* が得られる．脱離反応のなかで，反応速度が基質濃度にのみ比例する一次反応であり，S_N1 反応と同様にカルボカチオンを中間体とする機構が **E1** (**E**limination **1** 分子) **機構**である．

解説　求核置換反応 S_N1 機構と脱離反応 E1 機構は共通の中間体カルボカチオン *2* を経由して進行する（図 12・1）．E1 反応の反応機構は S_N1 反応と同様に反応速度は，基質濃度のみに比例する一分子反応であり，反応は 2 段階で進行し，律速段階はカルボカチオンを生成する段階である．したがって，E1 反応も安定なカルボカチオンを生成する基質（第三級ハロアルカンと一部の第二級ハロアルカン）で有利となる．

図 12・1　E1 反応と S_N1 反応の共通の中間体

一般には第三級ハロアルカンを水やメタノールなどの電荷をもたない弱い求核剤（溶媒）中で反応させると低温では S_N1 反応の生成物 *5* が主として生成し，E1 反応

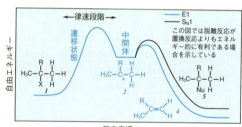

の生成物 **4** が副生する．この反応では，カルボカチオン **2** に対して求核剤が反応するか，プロトンが脱離するかで，置換（S$_N$1）か脱離（E1）反応のどちらが進行するかが決定されるが，この段階は律速段階ではない（活性化エネルギーが小さい）ので制御は難しい．

脱離反応 E1 機構のもう一つの特徴は，中間体であるカルボカチオンの安定性に基づく転位反応が進行する可能性があることである．E1 反応はハロアルカンに限らず，カルボカチオンを中間体とし，β 水素が存在する基質で進行する．その一つである 3,3-ジメチルブタン-2-オール **6** の酸による水の脱離反応では，反応は E1 機構で進行する．しかし，**6** のプロトン化により生成した **7** から水が脱離したカルボカチオン **8** から予想されるアルケン **9** は生成せず，生成物は **11** と **12** である．これは次のように説明できる．カルボカチオン **8** は，第二級カルボカチオンであり，**より安定な第三級カルボカチオン（10）に転位する．**この転位は形式的にはメチル基がアニオンとして転位することによって，元の炭素上の正電荷は中和され，隣接炭素に第三級カルボカチオンが生じる炭素骨格の転位反応とみなせる（Wagner-Meerwein 転位，**反応 93** 参照）．安定な第三級カルボカチオンから隣接炭素上のプロトンが脱離してアルケン **11** と **12** が生成する．

転位を伴う置換反応と脱離反応が共存する例としてネオペンチル基の場合をあげる．1-ブロモ-2,2-ジメチルプロパン（臭化ネオペンチル）**13** は第一級ハロアルカンであるが，立体障害のために S$_N$2 反応が進行しにくく，水のような弱い求核剤の存在下では S$_N$1 機構で加水分解が進行する．臭素アニオンの脱離により生じた第一級カルボカチオン **14** は，より安定な第三級カルボカチオン **15** に転位し，水の求核攻撃を受け，第三級アルコール **16** を生成する．また，カルボカチオン **15** から隣接炭素上のプロトンが脱離してアルケン **17** が生成する．

13 脱離反応 ── E2 機構
塩基性条件下での脱離反応

概略 脱離反応のなかで,反応速度が二次の機構であるものを **E2**(**E**limination **2** 分子)**機構**という.この場合の二次とは,反応速度が基質濃度と塩基濃度の両者に比例することである.E2 機構では,反応は隣接する炭素(β 炭素)上の水素が塩基によって引抜かれると同時にハロアルカンの炭素-ハロゲン結合が切れ,ハロゲンのアニオンとなって脱離する**協奏反応**である.そのため,反応は1段階で進行する.この過程で,炭素-水素結合を形成していた電子対は炭素-炭素多重結合の形成に使われる.

解説 求核置換反応(S_N2 機構)と脱離反応(E2 機構)は両者とも協奏反応であり,しばしば競合する.すなわち,求核剤(塩基)が,脱離基の結合している炭素(α 炭素)を攻撃すれば求核置換反応となり,β 水素を攻撃すれば脱離反応となる.図 13・1 では,求核剤(Nu:)と塩基(B:)を区別しているが,多くの場合には同一物質である.**求核剤**とは非共有電子対をもち,炭素求電子体と反応しうるものをいい,**塩基**とは求電子体であるプロトンと反応できるものをいう.したがって,塩基性と求核性は反応する対象が異なるだけである.負電荷をもっていれば,

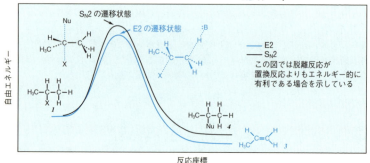

図 13・1 E2 の遷移状態

強い求核剤であるとともに，強い塩基ともなる．たとえば，アルコキシドがその例である．S_N2，E2 のいずれが優先するかは，反応部位の違いによる遷移状態の立体的効果により決まる．遷移状態に影響を与える因子の一つは基質の構造である．求核剤が炭素を攻撃する S_N2 は反応中心炭素周辺の立体障害の影響を大きく受ける．一方，E2 反応では，塩基により引抜かれるプロトンは β 炭素上にあり，この β 水素は炭素骨格より分子の外側に存在するため，脱離基が結合する炭素上の立体障害による影響は少ない．遷移状態に影響を与える因子のもう一つは塩基の構造である．中心炭素上の立体障害の小さい第一級ハロアルカン **5** と立体障害が小さく，強塩基であるエトキシドイオン **6** との反応では，S_N2 生成物 **7** が主生成物となり，E2 生成物 **8** は少ない．しかし，同様の反応を立体障害の大きい強塩基である *t*-ブトキシドイオン **9** で行うと，E2 生成物 **8** が主生成物となり，S_N2 生成物 **10** は少なくなる．

中心炭素上の立体障害がやや大きい第二級ハロアルカンでは，立体障害の小さいエトキシドイオンとの反応においても E2 生成物が優先されることが多い．

第三級ハロアルカン **11** は，大きな立体障害があるため，S_N2 機構では反応は進行しない．その代わり第三級カルボカチオンの安定性により，アルコールや水のように塩基性の弱い求核剤との反応は S_N1/E1 機構で反応が進行する．しかし，強塩基であるエトキシドイオン **6** との反応では，S_N1/E1 機構から E2 機構への反応機構の変化が起こり，E2 生成物 **13** が優先される．これは，E2 機構が立体的な障害を受けにくいことに起因している．

関連事項 実際の合成で，脱離反応を目的とする場合にはアルコキシドのような強塩基を用いるか，第三級アミンなど，求核性が低く塩基性の高い塩基を用いることが多い．

14 E2反応の立体化学 ── アンチ脱離

アンチペリプラナー遷移状態

概略　E2反応は α炭素と β炭素間が自由に回転できる場合には、**1** のように脱離基Xと塩基により引抜かれるプロトンが同一平面上のアンチの位置にある立体配座（**アンチペリプラナー**）から、**2** のように同時に H^+ と X^- が離れていく遷移状態を経てアルケン **3** を生成する。

解説　E2反応では、基質 **4**, **7** のように脱離基とプロトンが sp^3 炭素に共有結合した状態から、遷移状態 **5**, **8** を経て離れていき、両炭素の 2p 軌道は互いに平行になって、π結合形成のための重なり合いが最大になることが有利な条件である。

これは、脱離基X、α炭素、β炭素、プロトンが同一平面上（ペリプラナー）にあることが重要であることを意味する。これらの原子が同一平面を形成する配座は二つあり、その一つ、炭素-炭素結合を中心として、脱離基-α炭素結合と β炭素-β水素結合のねじれ角（torsion angle）が 180°（アンチ）に配列する **4** のような配座を**アンチペリプラナー**（anti-periplanar）という。また、脱離基-α炭素結合と β炭素-β水素結合のねじれ角が 0°（シン）に配列する **7** のような配座を**シンペリプラナー**（syn-periplanar）という。

　一般に E2反応では、プロトンを引抜く塩基が脱離基と反対方向から近づき、プロトンの脱離によって β炭素上に生じつつある電子対が、電子対をもって離れていく脱離基の反対方向から近づくという立体電子的効果からアンチ脱離が有利となる。また、アンチ脱離が基質の立体配座として、よりエネルギーの低いアンチ形配座 **4** から始まることも有利な点である。ただし、脱離基が分子内でプロトン引抜き

の役割も果たし，環状遷移状態を経て反応が進行する場合には，シン脱離が優位となる（**反応 18** 参照）．

E2 反応のアンチ脱離の優位性は α 炭素，β 炭素がともにキラルである場合の生成物の選択性で証明できる．化合物 **10** は脱離基とプロトンがアンチペリプラナー配座をとっており，遷移状態 **11** を経て（Z）-アルケン **12** を主生成物として生成する．化合物 **10** は α 炭素，β 炭素間の結合の回転により，シンペリプラナー配座 **13** になることは可能であるが，遷移状態 **14** を経た（E）-アルケン **15** の生成は少ない．

関連事項　ハロゲンは最も一般的な脱離基であり，脱離反応においてもハロアルカンが基質として用いられるが，ほかの脱離基も用いられている．代表的な例はメタンスルホン酸エステル（**メシラート**，-OMs），p-トルエンスルホン酸エステル（**トシラート**，-OTs），トリフルオロメタンスルホン酸エステル（**トリフラート**，-OTf）などのスルホン酸エステルである．スルホン酸エステル基質の脱離基となるのはスルホン酸イオンであり，きわめて弱い塩基（共役酸が強い酸）であるため，高い脱離能をもつ．また，これらのスルホン酸エステル **18** はアルコール **16** に，対応する塩化スルホニル（この場合塩化トシル **17**）を反応させることにより容易に得られるため，合成上，ハロゲン化合物と同様に脱離反応，置換反応に用いられる．一般には，スルホン酸エステル類は対応するハロゲン化合物よりも置換反応/脱離反応比は置換反応に有利である．

15 シクロヘキサン上の脱離と配座効果
環状化合物の脱離反応の特徴

概略　環状化合物は結合の回転に制約を受け，安定な配座が制限される．したがって E2 反応によるアンチ脱離の進行には脱離基と引抜かれるプロトンの位置関係で大きな影響を受ける．たとえば，ブロモシクロヘキサン *1* の立体配座を考えると，臭素と水素がアンチペリプラナーの配座をとって脱離が進行するためには，脱離基がアキシアル位にあり，それとアンチの位置，すなわちアキシアル位にある二つの水素のいずれかが引抜かれる機構が有利となる．

解説　シクロヘキサン環の安定な立体配座であるいす形は，構成する sp^3 炭素の構造にほとんどひずみのかからない立体構造である．安定ないす形配座では，結合は垂直方向のアキシアル位とほぼ水平方向のエクアトリアル位にあり，立体的に大きな置換基がエクアトリアル位に存在する配座 *4* が，アキシアル位に存在する配座 *3* よりもやや安定であるが，配座 *3* と *4* は室温で**配座反転**が可能である．

3 いす形　　舟 形　　*4* いす形

E2 反応によるアンチ脱離は脱離基をアキシアル位に位置させたときに，隣接する炭素上のアキシアル位に水素が存在する場合に，効率的に進行する．もし，相当する水素がない場合には脱離はきわめて進行しにくくなる．たとえば，ヘキサクロロシクロヘキサンの異性体のなかで異性体 *5* だけが HCl の脱離が数千倍以上遅い．これは脱離基となる塩素をアキシアル位にしても，アンチの位置であるアキシアル位の水素が存在しないからである．

5

基質の脱離基の立体配置が異なることによって生成物の分布が変わる場合もある．塩化ネオメンチル *6* は脱離基がアキシアル位になる配座 *6b* において，両隣の炭素上にアキシアル水素が存在するので，2 種のアルケン *8*, *9* を生成する．*8* が主

生成物となるのは，熱力学的に安定な多置換のアルケンの生成が優先するからである（Saytzeff 則，**反応 17** 参照）．一方，**6** とは塩素の配置のみが異なる異性体である塩化メンチル **7** の最安定立体配座は，すべての置換基がエクアトリアル位にある **7a** であるが，一部，配座が反転した **7b** が存在する．配座 **7b** では脱離基と隣接する炭素上のアキシアル水素は一つのみなので，得られる脱離生成物はアルケン **9** のみとなる．

アンチ脱離が構造上不可能である場合，次に優先されるのはシン脱離である．たとえば，重水素 D で置換した *p*-トルエンスルホン酸ノルボルニル **10** は脱離基である OTs 基と隣接炭素上の H は 180°の完全なアンチではなく，120°であり，π 結合形成の軌道の重なりが非常に悪い．一方，脱離基と隣接炭素上の D は 0°であり，TsOD が脱離することが可能である．この場合，シン脱離が進行し，得られるアルケンは **11** である．ただし，反応速度は一般のシクロヘキサン環の脱離よりもかなり遅くなる．

このような 6 員環のビシクロ環系では橋頭位のプロトンが脱離した生成物 **13** は環のひずみによる著しいエネルギー的不安定化のため，得られない（Bredt 則）．

55

16 カルボアニオン型一分子脱離反応 —— E1cB 機構
プロトンの脱離が優先する脱離反応

概略 脱離基が最初に脱離する E1 反応とは異なり，まず脱離基に隣接する炭素上のプロトン（β 水素）が塩基により引抜かれ，カルボアニオン **2** が生成した後に，脱離基 X がアニオンとして抜けてアルケン **3** を生成する脱離反応の機構を **E1cB**（E1 conjugate base）**機構**という．この反応は 2 段階で進行し，律速段階は第二段階である脱離基 X の脱離である．

解説 E1cB 機構が進行するために都合のよい基質の条件は，反応機構から考えて次のような性質をもつものである．1) β 水素の酸性度が高い，すなわち β 炭素上に電子求引性基が存在し，第一段階の β 水素の引抜きが容易であること．すなわち中間体であるカルボアニオン炭素上に電子求引性基が存在すれば，中間体をエネルギー的に安定化することが可能となる．2) 脱離基 X の脱離能が低いことである．この二つにより，プロトンの引抜きにより生じたカルボアニオンが中間体となる．ハロアルカンの中で E1cB 機構を含んでいると考えられている例は次のようなフッ化アルキルの場合である．化合物 **4** は β 炭素上に電子求引性基であるハ

ロゲンが置換しているとともに，α 炭素上の置換を考えても，炭素-フッ素の結合は分極が大きいので α 炭素は δ＋ となり CF₃ 全体としても電子求引性基として働く．したがって，β 水素の塩基による引抜きが容易である．一方，炭素-フッ素結合は分極は大きいが，結合エネルギーが高く開裂は遅い，つまりフッ素の脱離能は低い．また，カルボアニオン **5** は電子求引性の二つの塩素と CF₃ 基により安定化されている．ほかの例として，スルホニウムヒドロキシド **7** は，正電荷をもつ脱離

基であるスルホニウム基とβ炭素上に強い電子求引性基であるフェニルスルホニル基が置換しており，通常のスルホニウムヒドロキシドよりも緩和な条件，すなわち水溶液中，室温で容易に脱離が進行し，E1cB機構の関与が考えられている．

実際には厳密な意味でのE1cB機構が進行する反応はきわめてまれである．一般の脱離反応で考えなければならないのは基本的にはE2機構で進行する反応におけるE1cB機構の部分的な関与である．純粋なE2反応では遷移状態 11 のようにプロトンと脱離基がβ炭素，α炭素から均等に開裂しつつあり，β炭素，α炭素上には電荷は生じない．しかし，遷移状態 12 のように炭素-脱離基の開裂がやや速ければα炭素上にδ+が生じ，E1的な反応となる．反対に，遷移状態 10 のように炭素-プロトン間の開裂がやや速ければβ炭素上にδ−が生じ，E1cB的な反応となる．

10	11	12
E1cB的	E2	E1的
炭素上にδ−が生じる	炭素上に電荷が生じない	炭素上にδ+が生じる

E1cB機構が進行しやすい条件，β水素の引抜きが容易であること，脱離能の低い脱離基の存在，β炭素上に生じたδ−を安定化する要因があるなどが，このようなE1cB的な反応となる条件となる．このような例は多く，フッ化アルキル 13，スルホニウム塩 14，アンモニウム塩 15 のE2反応の遷移状態はE1cB的である．

関連事項　アルコールの脱水反応は一般には酸性条件下でE1機構，あるいはE2機構で進行し，アルケンを与えるが，塩基性条件下では⁻OHの脱離能が低いために進行しにくい．しかし，β位にカルボニル基をもつβ-ヒドロキシカルボニル化合物 16 は塩基により脱水反応し，α,β-不飽和カルボニル化合物 18 が生成する．これは，ヒドロキシ基に隣接する炭素がカルボニル基のα位でもあるため，プロトンが容易に引抜かれ，17 に示す共鳴で強く安定化されるという点からE1cB機構が関与していると考えられている．

57

17 脱離の方向 —— Saytzeff 則と Hofmann 則

脱離の方向性

概略 脱離基の置換した α 炭素から見て非対称の基質からは脱離反応により，複数の脱離生成物が生じる可能性がある．たとえば 2-ハロ-2-メチルブタン *1* を脱ハロゲン化水素すると 2-メチルブタ-2-エン *2* と 2-メチルブタ-1-エン *3* を与える．置換の多いアルケン（*2* の場合三置換アルケン）を **Saytzeff** 則（Zaitsev 則ともいう）に従った生成物，置換の少ないアルケン（*3* の場合二置換アルケン）を **Hofmann** 則に従った生成物という．

解説 はじめにアルケンの相対的安定性について考えると，アルケンは無置換＜一置換＜二置換＜三置換＜四置換とアルキル置換基の数が増えるほど，熱力学的に安定である．これは π 結合の空の p 軌道（π*）が隣接する C–H の超共役（**反応 5 参照**）により安定化されるからである．脱離反応の機構が E1 である場合，たとえば 2-ブロモ-2-メチルブタン *4* を中性条件で加熱すると，置換の多いアルケン *6* が優先して生成する．これは共通の中間体カルボカチオン *5* から熱力学的に安定な（脱プロトンの遷移状態のエネルギーが低い）アルケン *6* が生成する方が有利だからである．

脱離反応の機構が E2 である場合には，もう少し複雑である．まず，2-ブロモ-2-メチルブタン *4* と，立体障害が小さく，強塩基であるメトキシドイオンとの

反応のような典型的な E2 機構では，アルケン **6** と **7** が生成し，それぞれの遷移状態 **8** と **9** が関与している．遷移状態 **8** と **9** の構造は生成物 **6** と **7** の構造にそれぞれ類似しているので，熱力学的に安定な多置換アルケンの遷移状態の活性化エネルギーも低い．したがって，Saytzeff 則に従う多置換アルケン **6** が優先して生成する．E2 機構の配向性は塩基や脱離基を変えることで変化させることができる．その一つはかさ高い塩基を用いることによる生成物の分布の変化である．2-ブロモ-2-メチルブタン **4** と立体障害の大きい強塩基である *t*-ブトキシドイオンの反応では，Hofmann 則に従う置換の少ないアルケン **7** が優先して生成する．これは，大きな *t*-ブトキシドイオンは鎖中の第二級水素を引抜くこと（経路 a）が困難となり，かわりに末端にある第一級水素を引抜く方（経路 b）が有利になるものと考えられる．

脱

離

Hofmann 脱離を優先させるもう一つの方法は脱離基の変換である．**反応 16** で述べたように，フッ化アルキル，スルホニウム塩，アンモニウム塩の E2 反応の遷移状態は E1cB 的であり，完全なアニオンが生じることはないが，遷移状態のエネルギー的安定化にはアニオンの安定性が関与できる．カルボアニオンは一般にカルボカチオンとは逆に第三級，第二級，第一級，メチルの順に安定性が増す．したがって，δ− が置換の少ない炭素上に生じるような遷移状態が有利となり，Hofmann 則に従ったアルケンの生成が優先される．

59

18 Hofmann 分解反応とシン脱離

第四級アンモニウム塩の脱離と分子内脱離

概略 本節では，アルケンの合成法として置換反応が共存しない特徴ある脱離反応について二つの例をあげる．**Hofmann 分解反応は反応 17** で述べた生成物の選択性において，置換の少ないアルケン **3**（Hofmann 則に従う生成物）を選択的に得る方法であり，第四級アンモニウムイオン（アンモニウムヒドロキシド **1**）を基質として用いる脱離反応であり，E1cB 的な E2 機構で進行する．シン脱離に分類される反応が進行する代表的な基質はキサントゲン酸エステル **4** あるいは第三級アミンオキシド **6** であり，熱分解により分子内で 6 員環あるいは 5 員環遷移状態をとってプロトンと脱離基が同じ方向に脱離する反応である．これは E2 反応がアンチ脱離（**反応 14** 参照）であるのと対照的な反応である．

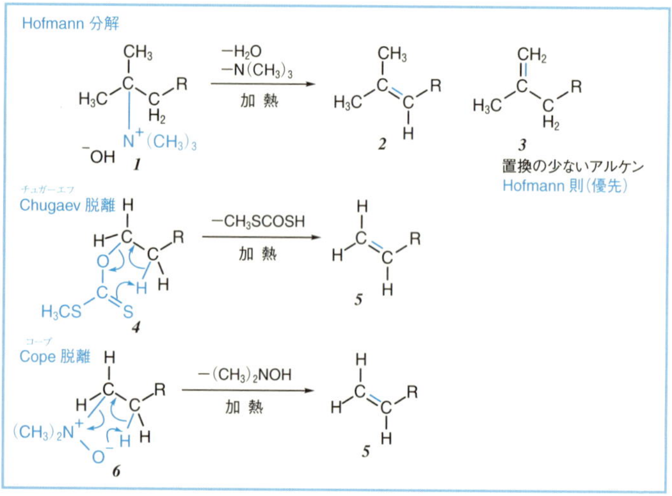

解説 Hofmann 分解反応はもともとアミノ化合物の構造決定法として見いだされた反応である．アミンをヨードメタンで徹底的にメチル化すると第四級アンモニウム塩 **8** が生成する．アニオンをヒドロキシドに交換後，アンモニウムヒドロキシド **9** を加熱すると置換の少ないアルケン **10** が収率よく得られる．第四級アンモ

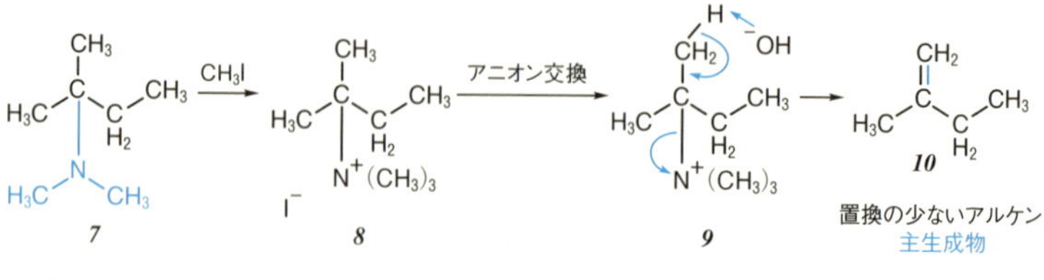

脱

離

60

ニウム塩は Hofmann 脱離を進行させるための最もよい脱離基である．また，環内にアミノ基を含む化合物の Hofmann 分解反応ではアミノアルケンを得ることができる．

脱離反応では遷移状態から生成物であるアルケンへの経路では，アルケンのπ結合となる 2p 軌道が重なり合うように形成され始め，分子は平面構造に近づいていく．したがって，脱離基と抜けていくプロトンはアンチペリプラナー（角度 180°）か，シンペリプラナー（角度 0°）のときに効率的に脱離が進行する．一般には E2 機構のようにアンチ脱離で進行するのが有利であるが，特に分子内で有利な遷移状態，すなわち環状の遷移状態が形成できる場合に，シン脱離が進行しやすくなる．キサントゲン酸エステル **4** は，対応するハロアルカンとキサントゲン酸カリウム〔$CH_3S(C=O)S^- K^+$〕の反応により合成されるが，このエステル **4** は不活性溶媒中で 200 ℃程度の加熱により，**6 員環遷移状態 11**，すなわち分子内で β 水素を引抜くとともに脱離し，アルケン **5** を生成する（**Chugaev 脱離**）．

脱離

第三級アミンオキシドの脱離反応は **Cope 脱離**として知られている．第三級アミンオキシドは第三級アミンの酸化により容易に得られる．第三級アミンオキシド **13** は不活性溶媒中で 100 ℃程度の加熱により，**5 員環遷移状態 14**，すなわち分子内で β 水素を引抜くとともに脱離し，アルケン **5** を生成する．Cope 脱離は比較的低温で進行する熱分解反応であるので有用な方法である．また，遷移状態が 5 員環であるという立体的特性から β 水素と脱離基が平面上 0°（シンペリプラナー，重なり形）の構造をとるため，シン立体選択性が最も高い脱離反応である．キサントゲン酸の脱離ではより柔軟な 6 員環を遷移状態としているため，脱離反応が少なくとも部分的にはシンペリプラナー以外の配座からも進行するため，立体選択性はやや低下する．

61

IV. アルケンへの付加反応

反応 19　ハロゲン化水素の付加反応
反応 20　ハロゲンの付加反応
反応 21　ハロヒドリン生成反応
反応 22　共役二重結合への 1,2-付加と 1,4-付加反応
反応 23　エポキシ化反応
反応 24　オキシ水銀化-還元反応
反応 25　ヒドロホウ素化-酸化反応

19 ハロゲン化水素の付加反応

概　略　アルケン **1** に対しハロゲン化水素（塩化水素, 臭化水素, ヨウ化水素）が求電子付加し, ハロゲン化アルキル **2** を与える.

解　説　ハロゲン化水素は分極した結合をもち, 水素原子が正電荷を, ハロゲン原子が負電荷を帯びている. 一方でアルケンの炭素-炭素二重結合は, 炭素-炭素単結合よりも電子密度が高く, 求電子剤の接近により π 電子をハロゲン化水素の水素原子へ移動させようとする. その結果, アルケンの π 結合が開裂しハロゲン化水素の水素原子との σ 結合電子対に変換するとともに, ハロゲン化水素の水素-ハロゲン結合が開裂してハロゲン化物イオンを放出する. その際, アルケンから開いた構造の**カルボカチオン中間体**が生成する（第一段階）. カルボカチオン中間体は空の p 軌道をもち, 正電荷を帯びた求電子性の高い炭素原子をもつため, 付近にハロゲン化物イオンが存在すると, その攻撃を受けてハロゲン化アルキルを生成する（第二段階）. 本反応において, 第一段階の反応が遅く（律速段階）, 第二段階の反応は速い. なお, 反応剤の反応性は, HI > HBr > HCl である.

反応の位置選択性（Markovnikov 則, Hammond の仮説）　二重結合を構成する二つの炭素原子に異なる置換基が結合したアルケン（非対称アルケン）にハロゲン化水素が求電子付加する場合, 二つの位置異性体が生じる可能性がある.

どちらの異性体が優先して生成するかは, カルボカチオン中間体の相対的安定性で理解することができる. すなわち, 非対称アルケンに水素イオンが求電子付加すると, 位置異性体の関係にある二つのカルボカチオン中間体が生成する. 反応は, より安定なカルボカチオン中間体, すなわち, アルキル基がより多く置換したカルボカチオン中間体を経る反応経路の方が, より速く進行することが一般的にみられ

る（**Markovnikov 則**）．この選択性は，Hammond の仮説によって説明することができる．**Hammond の仮説**とは，反応性の高い中間体（したがって出発物質よりもポテンシャルエネルギーが大きい）を経路に含む多段階反応において，その中間体に至る過程の遷移状態の構造は，ポテンシャルエネルギーがより小さい出発物質よりも，ポテンシャルエネルギーがより大きい中間体の構造によく似ている，というものである．ここから，複数の経路が考えられる反応において，より安定な中間体を経る反応の遷移状態がより安定となり，そちらの経路がより速く進行するといえる．ハロゲン化水素の求電子付加反応では第一段階のカルボカチオン中間体の生成が律速段階であるので，結果的にこの段階で生成物の異性体の分布が決まることになる．

カルボカチオンの相対的安定性（超共役）　カルボカチオンの安定性は，正電荷を帯びた炭素原子の電子密度によって決まる．アルキル基が正電荷を帯びた炭素原子に結合すると，超共役によってわずかではあるがその炭素原子に電子を供与することができる．**超共役**とは，アルキル基の炭素-水素結合の σ 結合が，隣接する原子の p 軌道や σ* 軌道などの空の軌道と同一平面に並んだときに，これらの軌道間で重なりが生じ，空軌道に電子が流れ込むことができ，そのことにより正電荷が分散されるためにカチオンが安定化される効果をいう．カルボカチオンの場合，アルキル基がより多く結合している方が，超共役による安定化の機会が増えるために，より安定となる（**反応 5** 参照）．

反応の立体選択性　ハロゲン化水素の付加反応では，通常シン付加，アンチ付加ともに進行するため，立体選択性は乏しい．これは，水素イオンが付加した後に，空の p 軌道をもつ開いた形のカルボカチオンを生成するために，ハロゲン化物イオンは水素イオンが付加した側，あるいはその反対側から攻撃できるためである．

カルボカチオン転位　カルボカチオン中間体を経由する反応の特徴に，カルボカチオン中間体の転位があげられる．たとえば，3-メチルブタ-1-エン **3** に対して臭化水素を反応させると，臭化水素が二重結合に付加した 2-ブロモ-3-メチルブタン **4** とともに，2-ブロモ-2-メチルブタン **5** が得られる．**3** に対して水素イオ

付
加

Markovnikov 型生成物　　　転位生成物

1,2-ヒドリドシフト
カルボカチオン転位

65

ンが付加すると第二級カルボカチオン **6** が得られ，これに直接 Br⁻ が攻撃し生じるのが，Markovnikov 則に従った **4** である（経路 a）．一方，**6** の正電荷を帯びた炭素原子に結合したイソプロピル基から，水素原子が結合電子対を伴って転位して，より安定な第三級カルボカチオン **7** が生成する．**7** に Br⁻ が攻撃し生じるのが **5** である（経路 b）．本反応では経路(b)を経て得られる生成物が主生成物となる．このようにヒドリド（H⁻）が転位することによって，より安定なカルボカチオンが生成する反応を 1,2-ヒドリドシフトとよぶ．同種の転位反応が，メチル基が転位することでも起こることがある（1,2-メチルシフト）．これらの反応をまとめて**カルボカチオン転位**（Wagner–Meerwein 転位ともいう．**反応 93** 参照）とよぶ．

20　ハロゲンの付加反応

概略　アルケン **1** に対しハロゲン（塩素，臭素）が求電子付加し，1,2-ジハロアルカン **2** を与える反応．本反応はベンゼンに対するハロゲン化反応の機構とは異なり，触媒がなくても進行する．また本反応を行うには，ジクロロメタンなど不活性な有機溶媒を用いる．

解説　二つのハロゲン原子をつなぐ σ 結合は，非共有電子を 3 対ももつハロゲン原子間の反発によって，比較的弱く開裂しやすい．ハロゲンは求電子剤としてアルケンの π 結合と反応し，**環状ハロニウムイオン中間体**（**3**）が生成する（第一段階）．この環状ハロニウムイオンに対してハロゲン化物イオンが求核的に反応し，1,2-ジハロアルカン **2** を与える（第二段階）．第一段階の環状ハロニウムイオン中間体の生成段階が本反応の律速段階である．

ハロニウムイオンが開いた構造をとらずに環状になるのは，開いたカルボカチオン中間体がもし生成したとしても，その近傍に非共有電子対を備えたハロゲン原子が存在するため分子内求核反応が起こり閉環し，さらに環をなすすべての原子がオクテットを満たし安定化するためである．

反応の立体選択性　環状ハロニウムイオン中間体 **3** に対するハロゲン化物イオンの攻撃は，エポキシドに対する求核置換反応と同様に，ハロニウムイオンのハロゲン原子の背面から，すなわち S$_N$2 反応機構のように起こる．したがって，本反応はアンチ付加にて進行する．たとえば，シクロヘキセン **4** に対して臭素を付加させると，*trans*-1,2-ジブロモシクロヘキサン **5** を立体選択的に与える．このとき **5** はラセミ体である．

67

反応剤の反応性　ハロゲンとしては塩素，臭素がよく用いられる．フッ素は反応性が高すぎるために副反応が進行しやすく，フッ化物を得るには実用的ではない．また，ヨウ素はハロゲンのなかで最も反応性が低く，ヨウ素の求電子付加反応は熱力学的に不利な反応である．実際に付加生成物である 1,2-ジヨード体は室温では不安定で，ヨウ素が脱離してアルケンに戻る．

カルボカチオンの転位　ハロゲンの付加では一般に，骨格転位はみられない．これは，環状ハロニウムイオン中間体の生成段階において，ハロゲン化水素の付加でみられるような開いた形のカルボカチオンは生成せず，1,2-ヒドリドシフトや1,2-メチルシフトは進行しないためである．

応用例　**アルケンからアルキンへの変換**　一置換アルケンまたは 1,2-二置換アルケンに対し塩素や臭素を反応させて生じる 1,2-ジハロアルカンに対し，KOt-Bu や NaNH$_2$ などの強塩基を作用させると，二重に脱ハロゲン化水素反応が進行し，アルキンを合成することができる．反応は E2 機構で進行し，ハロゲン化アルケニル中間体を経るため，アルキンの生成に 2 当量の塩基が必要となる．

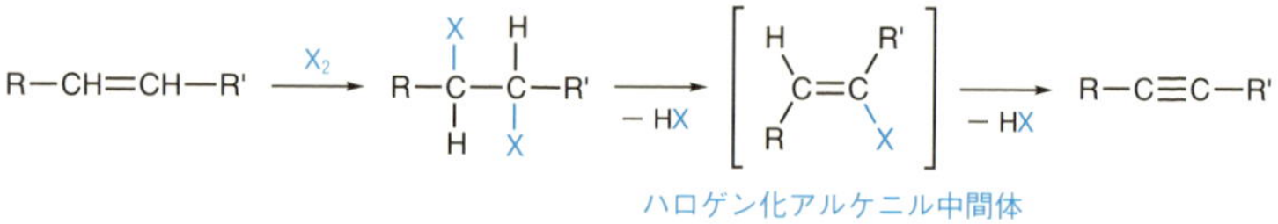

ハロゲン化アルケニル中間体

6

21 ハロヒドリン生成反応

概略 アルケン *1* に対するハロゲンの付加反応（**反応 20**）を水やアルコールなど求核性をもつ溶媒中で行うと，溶媒分子が取込まれた生成物が得られる．すなわち，含水溶媒中でアルケンのハロゲン化反応を行うと，隣合った炭素原子にハロゲン原子とヒドロキシ基が結合した**ハロヒドリン 2**が得られる．

$$\text{C=C} + X-X \xrightarrow{H_2O} -\underset{OH}{\overset{X}{C-C}}- \quad X = Cl, Br$$

1 → *2*

解説 アルケンに対するハロゲンの求電子付加反応において，中間体として**環状ハロニウムイオン**(*3*)が生成する（第一段階）．ジクロロメタンなどの不活性溶媒中ではハロゲン化物イオンの背面攻撃によって，1,2-ジハロアルカン *4* を与える（第二段階 b）が，求核性をもつ H_2O が存在する水溶液中では，環状ハロニウムイオンを取囲む H_2O が求核剤として機能し，背面攻撃を起こすことによって，ヒドロキシ化された中間体 *5* が生成する（第二段階 a）．この中間体から水素イオンが速やかに脱離することでハロヒドリン *2* が生成する．H_2O はハロゲン化物イオンよりも求核性が弱いが多量に存在するので，ハロヒドリン *2* が主生成物となる．なお，少量ではあるが 1,2-ジハロアルカン *4* が副生成物として得られることがある．水の代わりにアルコールを反応系に加えると，ハロヒドリン *2* の代わりに 1,2-ハロアルキルエーテルが得られる．

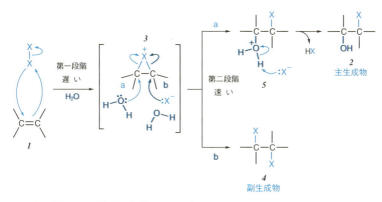

反応の位置および立体選択性 非対称アルケンに対して本反応を行うと，求核剤は環状ハロニウムイオンの二つの炭素原子のうち，よりアルキル置換基の多い炭素原子を攻撃する傾向にある．これは，H_2O による開環反応の遷移状態において，求核剤の接近によって炭素-ハロゲン結合が伸長し，求核剤が接近した炭素原子が部分的にカチオン性を帯びてくる．そのため遷移状態において正電荷をより効率よ

く収容できる構造，すなわちアルキル置換基がより多く置換した炭素原子に正電荷を収容する遷移状態を経由する経路(a)が，活性化エネルギーをより低くできるためと考えることができる．これは，酸性条件でのエポキシドの開環反応に似た経路を経て反応が進行するとみなすこともできる．また，ハロゲンの付加と同様に，本反応はアンチ付加にて進行する．

応用例　本反応にて得られたハロヒドリンに対して，強塩基を作用させると，分子内 S_N2 反応が進行してエポキシドを得ることができる．

22　共役二重結合への 1,2-付加と 1,4-付加反応

概 略　ブタ-1,3-ジエンのような**共役ジエン**(*1*)に対して 1 当量のハロゲン化水素（塩化水素，臭化水素，ヨウ化水素）またはハロゲン（塩素，臭素）が求電子付加すると，ジエンの一方の炭素-炭素二重結合に付加した生成物（**1,2-付加**生成物 *2*）と，二重結合が移動し，1 位と 4 位に求電子剤由来の原子が結合した生成物（**1,4-付加**生成物 *3*）が生成する．どちらの生成物が優先して得られるかは，反応条件と共役ジエンの構造に依存する．

ハロゲン化水素の求電子付加反応

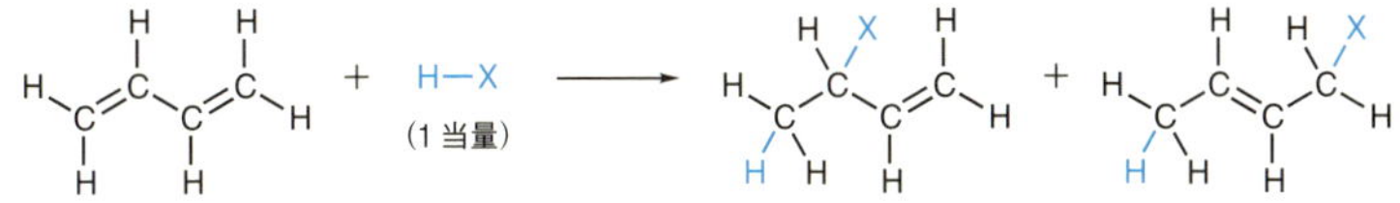

1　　1,2-付加生成物 *2*　　1,4-付加生成物 *3*

ハロゲンの求電子付加反応

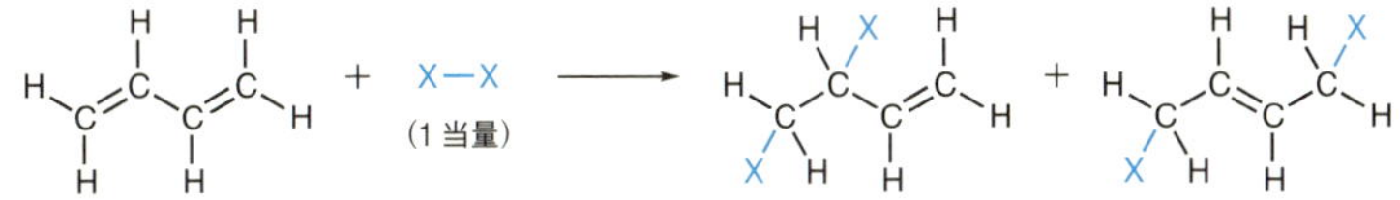

1　　1,2-付加生成物 *4*　　1,4-付加生成物 *5*

解 説　共役二重結合とハロゲン化水素の反応は，単純なアルケンに対する求電子付加と同様に，律速段階である水素イオンの付加によるカルボカチオンの生成

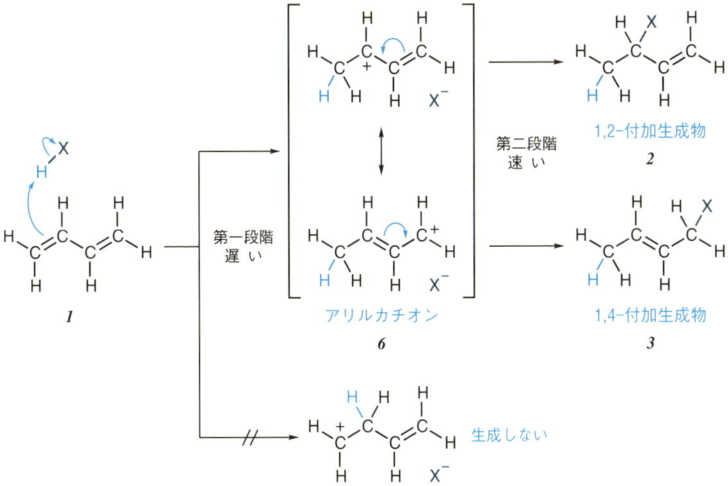

と，それに続くハロゲン化物イオンの攻撃を経て進行する．すなわち，共役ジエンの一方の二重結合にMarkovnikov則に従った付加をし，アリルカチオン中間体 **6** を生成する（第一段階，カルボカチオンは隣接する二重結合で共鳴安定化されている）．2位に正電荷を帯びた第二級カルボカチオン中間体にハロゲン化物イオンが結合すると1,2-付加生成物 **2** が生じ，二重結合が移動した第一級カルボカチオンにハロゲン化物イオンが結合すると1,4-付加生成物 **3** が生じる（第二段階）．

　非対称なアルキル置換基をもつ共役ジエンの場合，C1炭素とC4炭素のどちらか一方に水素イオンが付加したときに，どちらのカルボカチオン中間体がより安定になるかによって，主生成物が決まる．

ハロゲンの付加においても同様に，一方の二重結合にハロゲンが反応して生じた環状ハロニウムイオン中間体 **11** に対し，直接ハロゲン化物イオンが背面攻撃した1,2-付加生成物 **4** と，S_N2'型にハロゲン化物イオンが攻撃した1,4-付加生成物 **5** が

生じる.

反応の速度(論)支配と熱力学支配
ブタ-1,3-ジエンへのハロゲン化水素の付加反応を低温で行うと，1,2-付加生成物が1,4-付加生成物に優先して生成する．反応温度を上昇すると，1,4-付加生成物が優先するようになる．このことを考察するために，本反応のポテンシャルエネルギー図を示す．

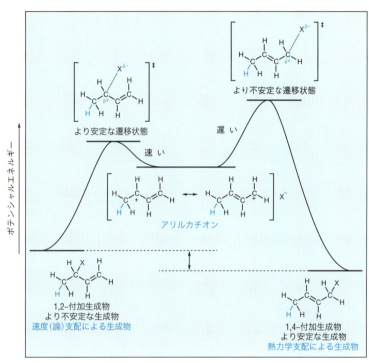

1,2-付加生成物に至る経路の活性化エネルギーは，1,4-付加生成物に至る経路のものよりも小さい傾向にある．一方で生成物の相対的なポテンシャルエネルギーは，より多置換なアルケンである1,4-付加生成物の方がより低い．したがって，反応温度がより低い条件で反応を行うと，活性化エネルギーの低い経路がより有利となる．またそれぞれの経路の逆反応が進行しにくくなるために，実質的にこれらの反応は不可逆となる．そのために1,2-付加生成物がより選択的に生成することになる．一方で，反応温度が高くなると，各付加生成物の炭素-ハロゲン結合がヘテロリシスを起こし，安定なアリルカチオンを生成するようになる．すなわち各経路の逆反応の活性化エネルギーを越えるに充分なエネルギーが，反応温度の上昇によって反応系に与えられることになる．そうなると反応は可逆となり，反応の選択性は

生成物の相対的な安定性で決まる．そのために 1,4-付加生成物がより選択的に生成することになる．前者の反応を**速度(論)支配**の反応，後者を**熱力学支配**の反応とよぶ．

なお，低温条件で 1,2-付加生成物が優先して生成するのは，炭素-炭素二重結合に水素イオンが付加した段階ではハロゲン化物イオンはカルボカチオン炭素の周辺にいるためである（近接効果）．

23 エポキシ化反応

概 略　アルケン **1** に対し**過酸**（ペルオキシカルボン酸）**2** が求電子付加し，エポキシド **3** を与える．本反応は協奏的に進行する．過酸としてはメタンペルオキソ酸（過ギ酸）やエタンペルオキソ酸（過酢酸），*m*-クロロベンゼンカルボペルオキソ酸（*m*CPBA，*m*-クロロ過安息香酸，**反応 79** 参照）などが用いられる．反応は，ジクロロメタンなどの不活性溶媒中で行われる．

解 説　過酸は酸素-酸素単結合をもつカルボン酸誘導体であり，末端の酸素原子は，電子求引性置換基であるアシルオキシ基が結合しているために，電子密度が低下している．そのため，求核剤であるアルケンが接近すると，過酸の末端の酸素原子が炭素-炭素二重結合の π 電子を受取る．その際，3 員環遷移状態 **4** を経てエポキシドと過酸由来のカルボン酸が生成する．この遷移状態において過酸の末端の水素原子は炭素-炭素二重結合の酸素原子に分子内で水素結合していると考えられており，末端酸素原子のアルケンへの移動に伴い酸素原子と共有結合をつくる．すべての結合の生成・開裂は 1 段階で，協奏的に進行する．

反応の立体特異性　本反応において，アルケンのシス-トランス異性は，生成物であるエポキシドにおいても保持される．すなわち，シス体のアルケンからは

cis-アルケン

cis-エポキシド
（メソ体）

trans-アルケン

trans-エポキシド
（ラセミ体）

付

加

75

シス体のエポキシドが，トランス体のアルケンからはトランス体のエポキシドが，立体特異的に生成する．

類似反応　アルケンに対するエポキシ化には過酸によるものだけでなく，遷移金属触媒を用い，過酸化水素などの過酸化物を酸化剤とした反応が開発されている．なかでも過酸化水素を酸化剤として用いる場合には，触媒を固相化した反応系や界面活性剤を添加して反応基質と触媒，酸化剤が馴染むようにした反応系が開発されている．タングステン触媒を用いたエポキシ化反応の例を図23・1(a)に示す．

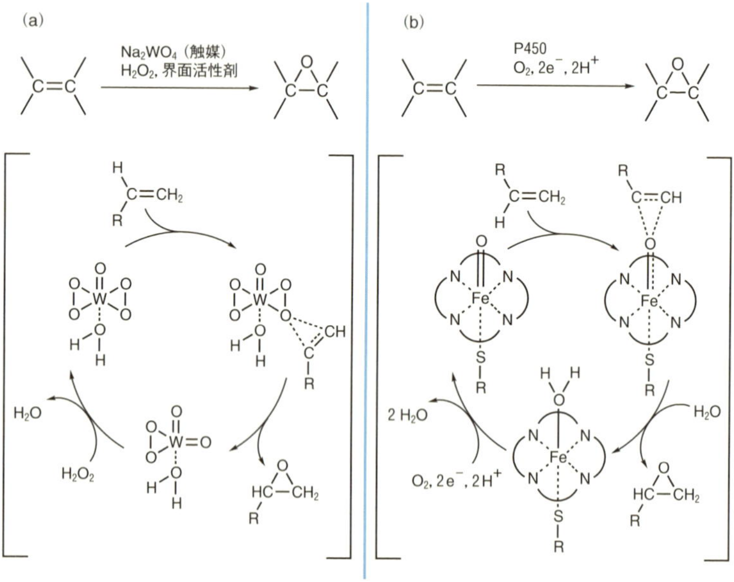

図23・1　(a) タングステン触媒下，過酸化水素を用いたエポキシ化，(b) P450による酸化（エポキシ化）

　この触媒的エポキシ化反応は，厳密には酸化活性種の構造が異なるものの，生体内でのシトクロム P450 による酸化反応の反応機構に類似しているともいえる．P450 は活性部位にヘム鉄をもち，酸素分子を還元的に活性化して酸化活性種を生成する（図23・1b）．

Baeyer-Villiger 転位との相違　本反応と同様に過酸を用いた反応に，**Baeyer-Villiger 転位**がある（反応91参照）．過酸はこれらの反応において酸化剤として機能し，末端酸素原子が生成物に導入されているが，その機構に次のような相違がある点で注意が必要である．エポキシ化では過酸の末端酸素原子は求電子的にアルケンと反応しているのに対し，Baeyer-Villiger 転位では，末端酸素原子が求核的にカルボニル炭素に攻撃することが発端となっている．ただし，カルボニル基に対して求核攻撃した結果得られる四面体中間体からケトン由来の炭素置換基が転

位する際には，この酸素原子は求電子的に作用し，炭素置換基はその結合電子対とともに酸素原子に転位する.

24 オキシ水銀化–還元反応

概略　アルケン **1** に対して，硫酸および水銀塩存在下，水を付加させると，オキシ水銀化体 **2** が位置選択的に生成する．この **2** を NaBH$_4$ で還元すると，Markovnikov 則に従ったアルコール **3** が選択的に生成する．水銀塩非存在下でもアルコールを生成することができるが，アルケンの構造によってはカルボカチオン中間体の転位が起こることがある．水銀塩の存在下では骨格の転位は起こらない．

解説　酢酸水銀(II)といった水銀塩はアルケンに対して求電子的に作用し，エポキシドやハロニウムイオンと同様の 3 員環構造をもつ**環状マーキュリニウムイオン中間体**(**4**)を生成する．この中間体に対して H$_2$O が求核的に背面攻撃してオキシ水銀化体 **2** が得られる．すなわち**オキシ水銀化**は，ハロゲンの付加と同様にアンチ付加の経路をとる．炭素–水銀結合は NaBH$_4$ といった還元剤によって炭素–水素結合に置換され，生成物であるアルコールが得られる．この際，水銀(0)が副生する．なお，炭素–水銀結合の NaBH$_4$ による還元の機構はいまだ判明していない．

反応の位置選択性　非対称アルケンのオキシ水銀化において，水分子はより置換基の多い炭素を攻撃する傾向がある．すなわち，生成するアルコールは Markovnikov 則に従った位置異性体が優先して生成する．これはハロヒドリン生成反応や酸性条件でのエポキシドの開環反応と同様に，環状マーキュリニウムイオン中間体の開環反応の遷移状態において，炭素–水銀結合の伸長に伴い炭素原子が正の部分電荷を帯びるが，アルキル基がより多く置換している炭素原子の方が，正電

荷をより効率的に収容できるため，H_2O はアルキル基がより多く置換した炭素原子を攻撃するためである．

類似反応　オキシ水銀化をアルコール溶媒中で行うと，環状マーキュリニウムイオンにアルコールが攻撃して，エーテル **5** が生成する．

酸触媒存在下での H_2O の求電子付加反応　H_2O はアルケンに付加できるほど酸性が強くないので，アルケンと H_2O とを混合しただけでは求電子付加反応は進行しない．しかし，硫酸などの酸触媒の存在下であれば，H_2O を付加させることができる．すなわち，硫酸由来の水素イオン（オキソニウムイオン H_3O^+ の形で存在している）がアルケンに付加して生成する開いた構造のカルボカチオン中間体が生成し，H_2O がカルボカチオンに対して攻撃してプロトン化されたアルコールを生成する．硫酸水素イオンがプロトン化されたアルコールから水素イオンを奪い，アルコールが生成するとともに，硫酸が再生する．したがって，硫酸は触媒量で反応が進行する．なお，対イオンである硫酸水素イオンがカルボカチオンに攻撃することも考えられるが，硫酸水素イオン上の負電荷は酸素原子3個に非局在化しているために求核性が低い．そのため溶媒分子でありカルボカチオンを取囲んでいる H_2O が優先してカルボカチオンに攻撃する．なお，本反応は平衡反応であり，アルコールに濃硫酸を作用させるとアルケンが生成する．

また，アルケンに対して濃硫酸を作用させると，硫酸が付加した硫酸エステルが得られる．

硫酸エステル

本反応はハロゲン化水素と同様の反応機構をたどるので，Markovnikov 則に従った生成物が生成する傾向にある．また，カルボカチオン中間体が転位を起こす可能性がある場合，酸触媒での H_2O の付加反応においても，骨格が転位した生成物が得られることがある．オキシ水銀化では開いた構造のカルボカチオン中間体が生成しないため，骨格の転位は起こらない．

25 ヒドロホウ素化-酸化反応

概略　アルケン **1** に対し**ボラン 2** が求電子付加し，アルキルホウ素化合物 **3** を与える（ヒドロホウ素化）．**3** に対してアルカリ性過酸化水素水を反応させると，炭素-ホウ素結合が炭素-酸素結合に変換され，アルコール **4** を与える．通常，中間体のアルキルホウ素化合物 **3** を精製することなく，ワンポットでアルケンからアルコールが得られる．

解説　ホウ素は最外殻電子を 3 個もち，3 個の原子と共有結合をつくることで中性のホウ素化合物をつくる．中性のホウ素化合物中のホウ素原子は閉殻構造をとっておらず，1 対の非共有電子対を受入れて閉殻構造をとることができるので，ルイス酸として機能することができる．ボラン（BH_3）は気相で二量体を形成し，隣接するボランのホウ素-水素結合の結合電子対を供与することによって（三中心二電子結合）安定化している〔ジボラン（$BH_3)_2$ **5** の生成〕．ジボランを THF などのエーテル系溶媒に溶解すると，溶媒分子がホウ素原子に配位することによってルイス酸-ルイス塩基複合体 **6** を形成する．この溶液にアルケンを溶解すると，複合体の溶媒分子とアルケンが入替わり，**BH_3-アルケン複合体 7** が生成する．この複合体から結合の組換えを起こし，四中心遷移状態 **8** を経由してホウ素-水素結合が

π結合にシン付加する（ヒドロホウ素化）. ヒドロホウ素化は協奏的に，1段階で進行する反応である. なお，ボランはホウ素-水素結合を三つもつので，1分子のボランは最大3分子のアルケンと反応することができる.

　ヒドロホウ素化によって生成する有機ホウ素化合物に対してアルカリ性過酸化水素水を反応させると，炭素-ホウ素結合を炭素-酸素結合に変換できる. まず，塩基性条件下，過酸化水素がイオン化して過酸化物イオン（⁻OOH）が生成し，これがルイス酸性をもつホウ素原子を攻撃してアート錯体 9 が生成する. アート錯体中のホウ素に結合した炭素置換基は中性有機ホウ素化合物のそれより求核性が高まっており，1,2-転位を起こす. 最終的にはすべてのホウ素-炭素結合が酸素-炭素結合になるまで反応が進み，ホウ酸エステルを与える. ホウ酸エステルは反応系中で加水分解を受け，アルコールとホウ酸に分解する. なお，一連の過程でカルボカチオン中間体を経由しないので，炭素骨格の転位は起こらない.

反応の位置選択性　ヒドロホウ素化-酸化反応において，非対称アルケンを反応させたときの生成物は，逆 Markovnikov 型の生成物を与える. これは四中心遷移状態 8 の安定性を考えればよい. 四中心遷移状態においてホウ素原子は炭素-炭素二重結合の π 電子を求引し，炭素原子と σ 結合を形成しつつあり，その隣の炭素原子の電子密度が減少し正電荷が生じつつある. そのため正電荷が生じつつある炭素原子にアルキル基により多く置換している場合には，その正電荷を効率よく収容するために，その遷移状態は安定化する. また，ボランにおける水素原子の周囲

の立体環境をホウ素原子の周りと比べると，ホウ素原子の周囲の方が立体的にかさ高い環境にある．それらの理由で，ボランの水素原子がより多置換な炭素に結合することになると考えられる．

このようにヒドロホウ素化ではより多置換な炭素原子に水素原子が結合するという位置選択性を示すが，一置換アルケンの場合，若干ではあるが Markovnikov 型のアルコールが副生することがある．そのため下記に示すように，ホウ素原子の周囲の立体的かさ高さを増した反応剤がこれまでに開発されてきている．

9-BBN
(9-ボラビシクロ[3.3.1]ノナン)

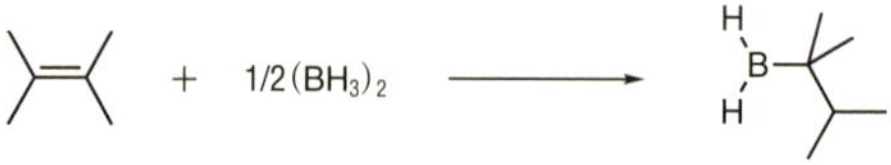

テクシルボラン

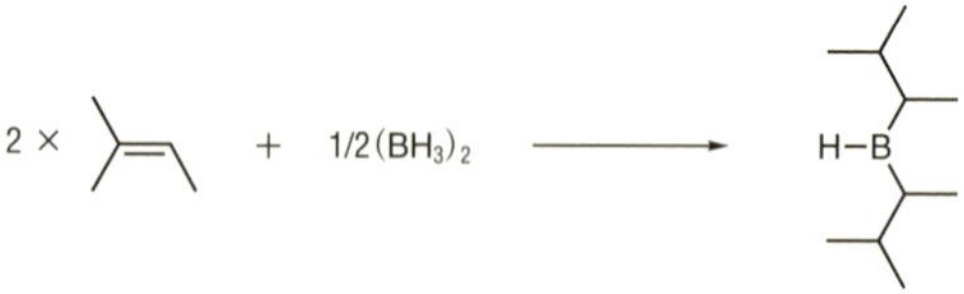

ジシアミルボラン

応用例　ヒドロホウ素化によって得られるアルキルホウ素化合物は，**鈴木–宮浦カップリング**（**反応 96・4**参照）の求核剤として用いることができる．その際，ヒドロホウ素化の反応剤としては，アルキル基の転位の容易さなどの観点から，**9-BBN** が頻用される．

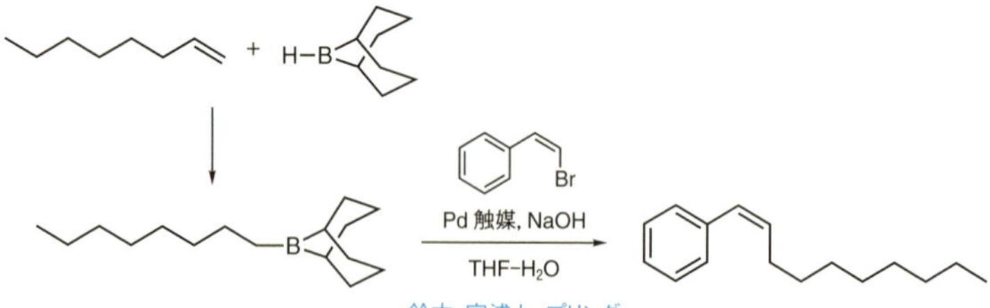

Pd 触媒, NaOH
THF–H$_2$O

鈴木–宮浦カップリング

82

Ⅴ．カルボニルの反応

反応 26 　カルボニル基への求核付加反応（1）

反応 27 　カルボニル基への求核付加反応（2）

反応 28 　カルボニル基と第一級アミンとの反応

反応 29 　カルボニル基と第二級アミンとの反応

反応 30 　エナミンの反応
　　　　　　　　　（マスクされたカルボニル化合物）

反応 31 　エノール，エノラートの生成

反応 32 　アルドール反応と交差アルドール反応

反応 33 　Mannich 反応

反応 34 　Mannich 反応の応用例

反応 35 　Wittig 反応

反応 36 　エノール，エノラートの共役付加反応

反応 37 　Reformatsky 反応

反応 38 　極性転換（Umpolung）

反応 39 　ピナコールカップリング

26 カルボニル基への求核付加反応 (1)
水和物, アセタール, ヘミアセタールの生成

概　略　アルデヒドやケトンのカルボニル炭素は電子不足状態 (δ+) であり, 水やアルコールのような電荷をもたない求核剤の攻撃により**水和物** (2: R^3 = H) あるいは**ヘミアセタール** (2: R^3 =アルキル基) 付加物が生成する. このような反応は平衡反応であり, 平衡の位置はカルボニル化合物の構造により変化する. 一方, アルデヒドやケトンを酸触媒存在下, 過剰のアルコールで処理すると 2 を経て**アセタール** (3) が生成する. なお, 3 を酸触媒存在下, 過剰の水で処理するとカルボニル化合物 1 が再生する.

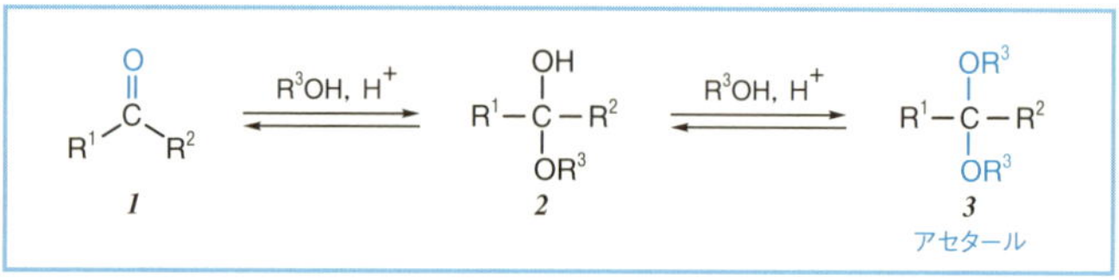

反応機構　アルデヒドやケトン 1 から水和物やヘミアセタール 2 への変換は酸触媒あるいは塩基触媒により促進される. 前者はカルボニル酸素原子へのプロトンの付加によりカルボニル基の求電子性が高まり (図26・1), 後者はアルコールの脱プロトンにより求核性が増大する (図26・2).

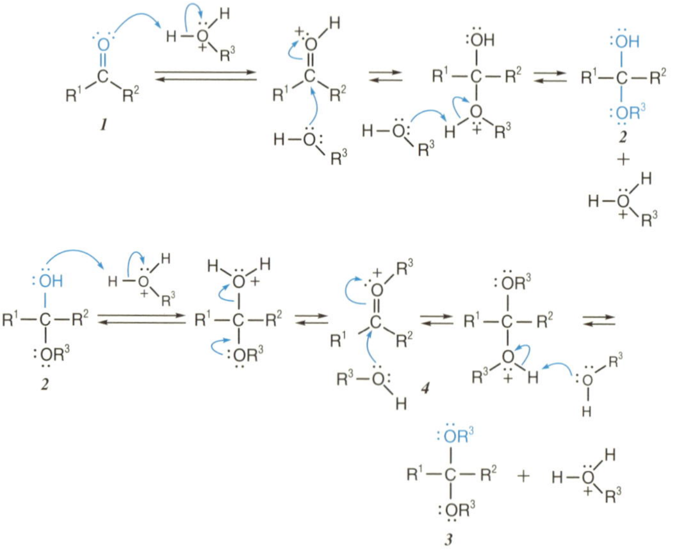

図26・1　酸触媒によるヘミアセタール(2)・アセタール(3)の生成

ヘミアセタール **2** からアセタール **3** への酸触媒反応は，**2** のヒドロキシ基のプロトン化，水分子の脱離，オキソニウムイオン **4** へのアルコールの付加，脱プロトンにより進行する．なお，このような変換は塩基触媒では進行しない．

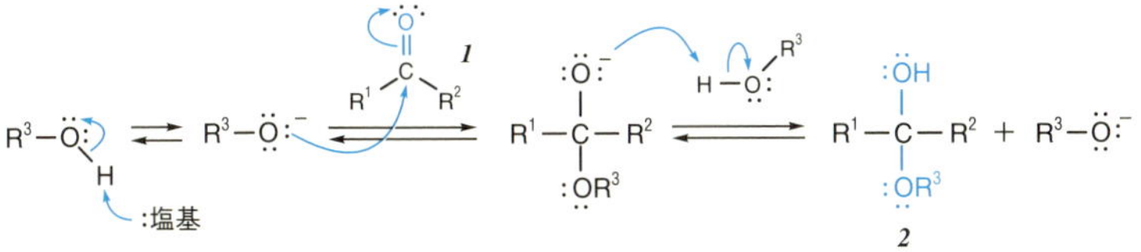

図 26・2　塩基触媒によるヘミアセタール(2)の生成

　解説　一般にアルデヒドやケトンの水和は吸熱的であり，水和物 (**2**: $R^3 =$ H) を単離することは困難である．しかしながら，ホルムアルデヒド **5** など反応性が高い場合やクロラール **6a** のように強力な電子求引性基をもつカルボニル化合物の水和は発熱的であり，抱水クロラール **6b** やニンヒドリン **7** は結晶として単離可能である．一方，ヘミアセタール (**2**: $R^3 =$ アルキル基) は，原則として水和物と同様，単離困難であるが，グルコース **8** やリボース **9** など環ひずみのない 5 員環あるいは 6 員環ヘミアセタールは比較的安定である．

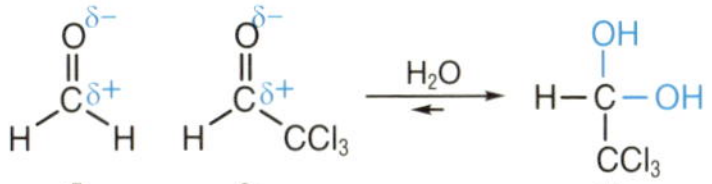

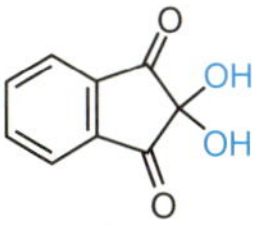

　一般にアセタールは中性あるいは塩基性条件では安定である．同一分子内に存在するいくつかのカルボニル基のうち，残したいカルボニル基をアセタールとして保護してから，有機金属反応剤やヒドリド還元剤など選択的な反応を行い，最後に加水分解によりカルボニル基を再生することができる．このようなアセタールの保護基としての役割は有機合成化学上，大変重要である．特に酸触媒存在下，カルボニル化合物とエチレングリコール（**10**: エタン-1,2-ジオール）で処理した場合に得られる 5 員環アセタール **11** は **1,3-ジオキソラン**とよばれ，カルボニル基の保護に広く使用されている．なお，原則として環状アセタールは鎖状アセタールに比べて加水分解されにくい（**12→13**）．

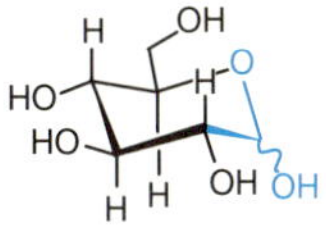

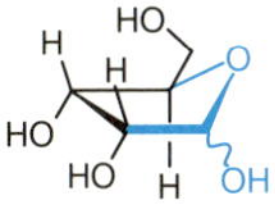

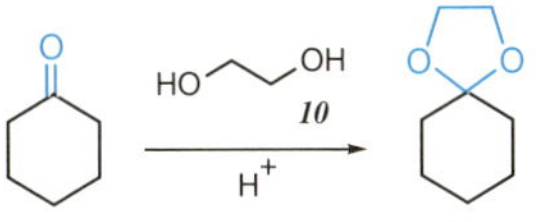

医薬品合成への応用 抗悪性腫瘍薬マイトマイシン C（*16, 17*）の特徴的な三環系骨格の合成においてアセタールが利用されている（*14*→*15*）.

A（*16*）：X = OCH₃
C（*17*）：X = NH₂

関連事項 アセタールはメトキシメチル（MOM）基 *18*，ベンジルオキシメチル（BOM）基 *19*，テトラヒドロピラニル（THP）基 *20* などアルコールのエーテル型保護基や，1,2-ジオールや1,3-ジオールの環状保護基 *22, 23* として利用されている.

$$R^1-OH \longrightarrow R^1-OR^2$$

18： $R^2 = CH_2OCH_3$（MOM）
19： $R^2 = CH_2OCH_2C_6H_5$（BOM）
20： $R^2 = $ （THP）

27 カルボニル基への求核付加反応（2） *シアノヒドリン*

概略 カルボニル基の炭素にシアン化水素（HCN）が可逆的に付加すると，**シアノヒドリン**（**2**）が生成する．この反応において HCN の濃度を高めれば，平衡は付加物の方に偏らせることができるが，有毒な HCN を大量に使用することは非常に危険である．そこで一般的な方法としては，カルボニル化合物とシアン化ナトリウム（NaCN）またはシアン化カリウム（KCN）の混合物に硫酸や塩酸をゆっくりと加え，HCN を発生させる．なお，**2** は塩基性水溶液中，容易に **1** に戻る．

反応機構 まず，カルボニル基の炭素にシアン化物イオン（⁻CN）が求核付加してアルコキシドイオン **3** を生じる．次に **3** がプロトン化されてシアノヒドリン **2** が得られる．

解説 シアノ基は加水分解によりカルボン酸に変換可能であることからシアノヒドリンは α-ヒドロキシカルボン酸に変換可能である．たとえば，ベンズアルデヒド **4** からマンデロニトリル **5** を経てマンデル酸 **6** に変換できる（**反応 38** 参照）．

なお，このような反応をアンモニア存在下で行うと，イミン **7** を経て 2-アミノニトリル **8** が得られる．つづいて **8** を酸または塩基で加水分解すると α-アミノ酸 **9** が得られる．このような手法による α-アミノ酸の合成を **Strecker のアミノ酸合成**とよぶ．（カルボニル化合物とアミンによるイミンの生成は**反応 28** 参照）．

医薬品合成への応用　シアノヒドリンは官能基変換によりさまざまな化合物に誘導可能である．たとえば，**11** から 5-HT$_3$ 受容体に対する拮抗作用を示す化合物 **12** の合成が行われている．

関連事項　α,β-不飽和カルボニル化合物 **13** に対するシアン化物イオンの付加は，低温では速度支配の生成物である 1,2-付加体 **14** を，高温では熱力学支配の生成物である 1,4-付加体 **15** を与える傾向がある．

28 カルボニル基と第一級アミンとの反応
オキシムおよびヒドラゾン，セミカルバゾンなどイミンの生成

概略　アミンの窒素原子は求核性をもち，第一級アミンはカルボニル化合物に付加してヘミアセタール様の不安定な中間体を生成し，続く水の脱離により炭素-窒素二重結合をもつ**シッフ塩基**あるいは**イミン**とよばれる化合物 *2a* が生成する．窒素原子に電子求引性置換基が存在するある種の第一級アミンから誘導できるイミンは比較的安定かつ結晶化しやすいために，古くからアルデヒドやケトンの定性的な確認に用いられてきた．たとえば，ヒドロキシルアミン（*3b*: R^3 = OH）からオキシム（*2b*: R^3 = OH）が，ヒドラジン誘導体（*3c〜e*）からそれぞれ対応するヒドラゾン誘導体（*2c〜e*）が，さらにセミカルバジド *3f* からセミカルバゾン *2f* がそれぞれ生成する．

2a : R^3 = アルキル（イミン）
2b : R^3 = OH（オキシム）
2c : R^3 = NH_2（ヒドラゾン）
2d : R^3 = NHC_6H_5（フェニルヒドラゾン）
2e : R^3 = $NHC_6H_3(NO_2)_2$-2,4（2,4-ジニトロフェニルヒドラゾン）
2f : R^3 = $NHCONH_2$（セミカルバゾン）

反応機構　反応は，アミン求核剤のカルボニル基炭素への付加反応により開始され，続く過剰のアミンが塩基として脱プロトンするとヘミアミナール *4* が生成し，ひき続く *4* のヒドロキシ基のプロトン化と窒素のアシストによる水の脱離によるイミニウムイオン *5* の形成，という脱離反応が含まれている．酸性が強いほど脱離段階は促進されるが，付加段階ではアミンが塩を形成するために求核剤として作用できなくなる．したがって，一般に本反応は pH 4〜6 辺りで最も速くなる．

解説　ほとんどの第一級アミンとアルデヒドやケトンからイミンが生成するが，一般に不安定であり加水分解によりカルボニル化合物とアミンが再生される．そこで，イミンを単離するには系内から水を除去するなどの工夫が必要となる．一方，一連の合成反応において，あらかじめイミン生成の際にさらなる変換をするために必要な反応剤を共存させて反応を行う場合がある．このような例として**還元的アミノ化**が知られている．この反応はカルボニル化合物と第一級アミンを還元剤共存下で反応させる．ここで還元剤はカルボニル基を還元することなくイミンを選択的に還元できなければならない．このような条件を満足する反応剤として**シアノトリヒドリドホウ酸ナトリウム**（シアノ水素化ホウ素ナトリウム，$NaBH_3CN$: 電

カルボニル

89

子求引性であるシアノ基がヒドリドの求核性を減少させている）が使用される（**6→8**）．この反応の中間体はプロトン化されたイミン **7** である．なお，還元的アミノ化は第一級アミンを効率よく第二級アミンに変換する数少ない有用な方法の一つである．

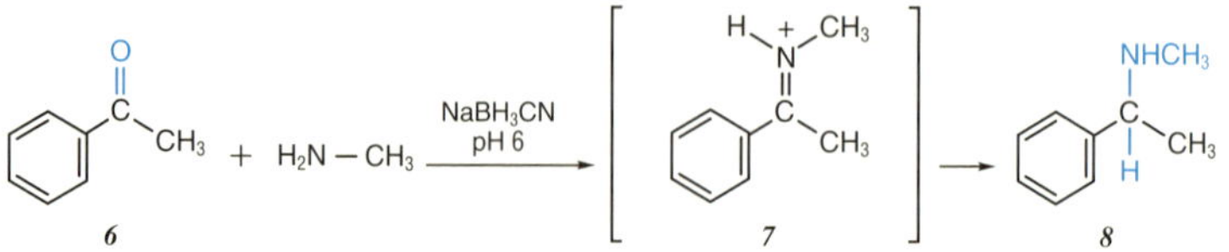

6　**7**　**8**

イミンの形成は生体内で大切な反応の一つである．たとえば，生体内ではピルビン酸 **9** とピリドキサミン **10** から生じるイミン **11** の異性化を経てエナミン **12** の加水分解によりアラニン **13** とピリドキサール **14** に変換される．なお，生体内ではこの逆過程によりアミノ酸が代謝される．

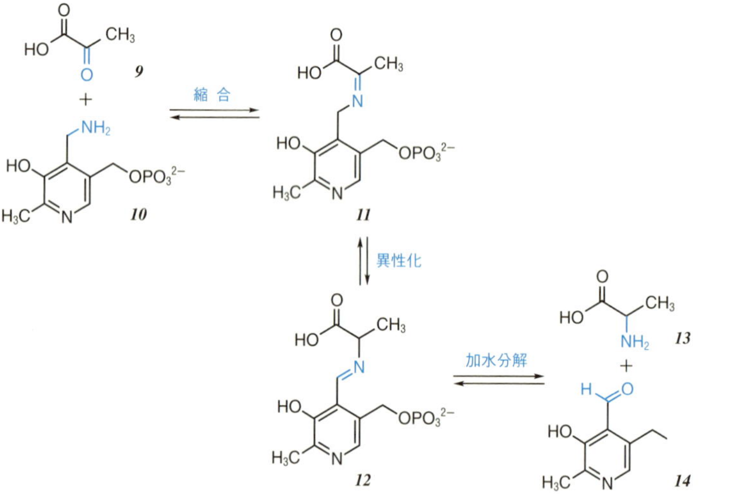

9　**10**　**11**　**12**　**13**　**14**

医薬品合成への応用　イミンの形成は特に多くの医薬品に含まれる含窒素複素環骨格の合成において重要である（図 28・1）．

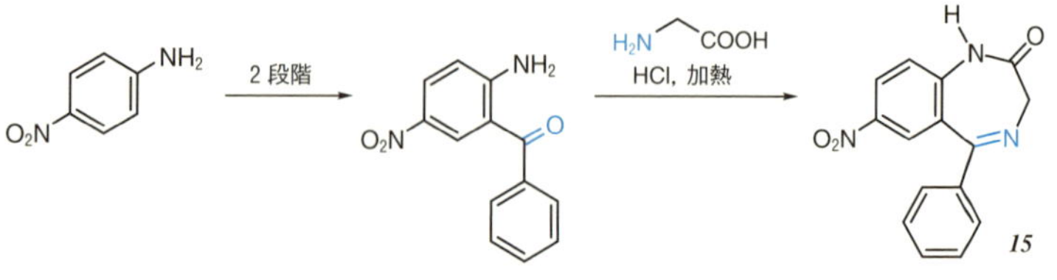

15

図 28・1　睡眠導入薬・抗痙攣薬ニトラゼパム（*15*）の合成

補足事項 アルデヒドや非対称ケトンから合成されるイミンには炭素‒窒素二重結合に起因する幾何異性体が存在するが，いずれも変換の活性化エネルギーが低く通常，室温において容易に相互変換する．しかし，オキシムでは比較的安定であり，両異性体をそれぞれ単離できる場合もある．なお，オキシムは **Beckmann 転位**（*17→18*）（**反応 90** 参照）の原料である．

29　カルボニル基と第二級アミンとの反応

エナミンの生成

概略　第一級アミンと同様，アルデヒドやケトンは第二級アミンと付加に続く水の脱離反応によりイミニウムイオン **3** に変換される．しかしながら，**3** の窒素原子には脱離すべきプロトンが存在しないためにイミンの生成は不可能である．そこで C＝N 結合に隣接する炭素に結合するプロトンを失い，**エナミン**（**4**: ene＋amine，アルケンに結合したアミンの意味）を生成する．

解説　イミニウムイオン **3a** の生成までは第一級アミンと同じようにアミンの付加，水の脱離を経て進行する．**3a** から **4a** への変換はプロトンの脱離を伴う二重結合の移動であり，ケト-エノール互変異性化と同じように進行する．

医薬品合成への応用　アスピドスペルマ型インドールアルカロイド，ミノビン **5** の全合成では化合物 **6** の還元的アルキル化，脱保護に続く分子内環化により得たエナミン **7** とジエン **8** の Diels-Alder 反応（**反応 74** 参照）により付加環化物であるアミン **9** が生成する．最後に **9** を脱ベンジル後，Stork のエナミン法（後述）でアルキル化するとイミニウムイオン **10** を経てエナミン **5** が得られる．

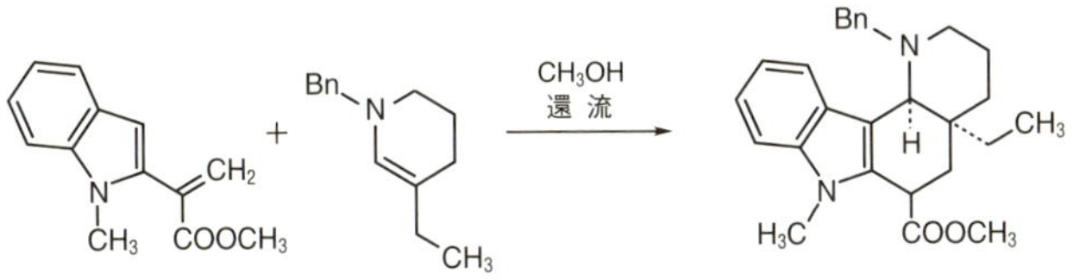

8　7　9

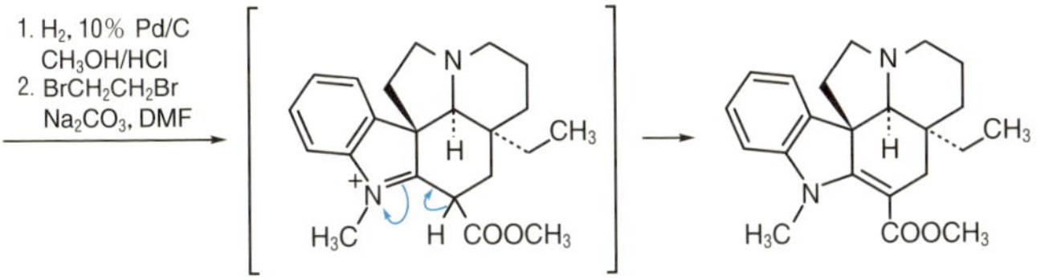

10　5

関連事項　エナミンはそれ自体より，むしろ医薬品や天然物合成における過程において保護されたカルボニル化合物として使用される例が多い．

Robinson 環化（**反応 36** 参照）を利用した Wieland-Miescher ケトン ***11*** の不斉合成は（*S*)-プロリン ***13*** を触媒としてケトン ***12*** から高い光学純度で達成できるが，本反応ではイミニウムイオン ***14*** が中間体である．

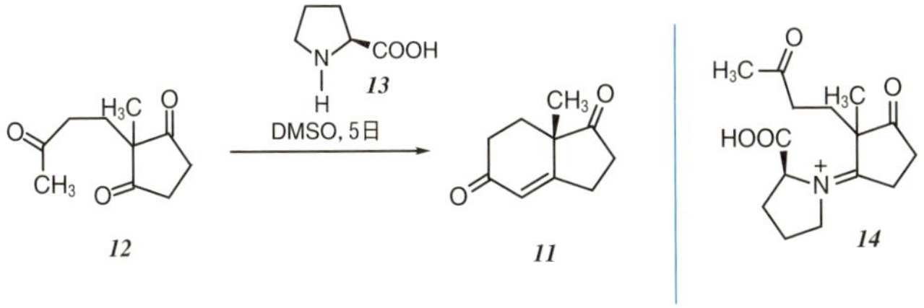

12　11　14

30 エナミンの反応（マスクされたカルボニル化合物）

エナミンのアルキル化，アシル化

概　略　エナミンは電荷のない炭素求核剤のなかでは最も反応性が高い．たとえばエナミン **1** をハロゲン化物 **2** と反応させるとイミニウムイオン **3** を生成する．**3** を加水分解するとカルボニル化合物 **4** が得られる．全体としてカルボニル化合物 **6** のモノアルキル化化合物 **4** への変換を達成したことになる．

反応機構　有機合成化学ではカルボニル基に隣接する炭素上において効率よくモノアルキル化やモノアシル化する必要にせまられる．このような場合，**Stork のエナミン法**とよばれる手法が有効である（**7**→**8**→**9**）．エナミンの β 炭素は電子豊富で求核的であり，S_N2 反応が進行しやすいハロゲン化アルキルを攻撃してイミニウムイオン **9** を生成する．最後に **9** を加水分解するとエナミン形成の逆過程によりカルボニル基が再生できる．エナミンの形成にはピロリジン **11** やモルホリン **12** などの環状第二級アミンがよく使用される．

　非対称ケトン **13** の場合，2種類のエナミンが生成する可能性があるが，おもに二重結合に置換基の少ないエナミン **14** が得られる傾向がある．これは **15** では，立体障害により窒素の非共有電子対と二重結合の共鳴安定化が困難であり，**14** が熱力学的により安定なためである（実際の生成比：**14**：**15** = 85：15）．

　なお，エナミンのアルキル化において単純なハロゲン化アルキル（R = CH_3 など）を使用した場合に炭素のアルキル化でなく，望まない窒素のアルキル化による第四級アンモニウム塩 **16** がかなりの割合で生成する（**16** の加水分解により **8** が再

生する. **8** はさらに加水分解され，ケトンとピロリジンに戻る.）.

医薬品合成への応用　アルキル化と異なり，エナミンに対して酸ハロゲン化物を用いたアシル化は確実に炭素に起こる．この反応を利用してエナミン **17** と酸塩化物 **18** から誘導した化合物 **19** からマツ科植物の樹皮に含まれるロンギホレン **20** が合成されている.

95

31 エノール，エノラートの生成

α-置換ハロゲン化物の生成とハロホルム反応

概略　カルボニル基は極性の大きな二重結合であり，酸素原子 (A) は電子豊富な求核的な状態にあり，炭素原子 (B) は電子が不足した求電子的な状態である．さらに，カルボニル基に隣接する炭素（α 炭素とよばれる）もまた電子不足状態にあるため，結果的にこの炭素に結合した水素原子 (C) が電子不足状態にある．実際，カルボニル基の α 炭素に結合するプロトンは分子内に存在するほかのプロトンに比べて強い酸性を示す．このような性質からアルデヒドやケトンは強塩基により共鳴安定化された**エノラート**（あるいはエノラートイオン **2**）を生成する．さて，**2** が炭素原子上でプロトン化されるとカルボニル化合物が再生され，酸素原子上でプロトン化されると**エノール**（**3**: ene＋ol のこと）が生成する．エノールはカルボニル基と平衡関係にあり（ケト-エノール平衡），相互変換可能である（この変換は**ケト-エノール互変異性化**とよばれる）．一般にエノールはアルデヒドやケトンに比べて熱力学的に不安定である．

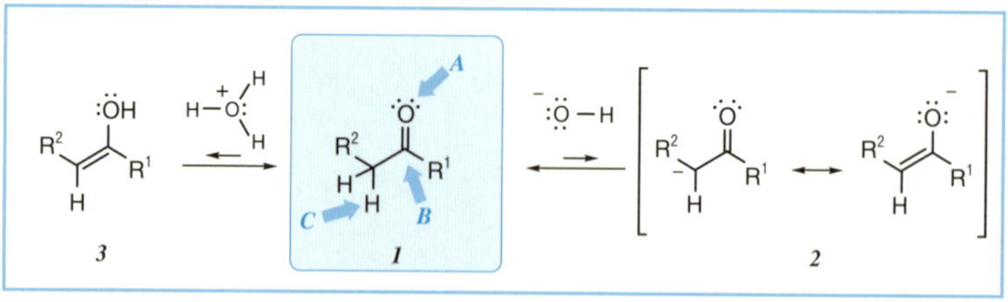

反応機構　ここでは酸触媒あるいは塩基触媒ケト-エノール平衡の機構を示した（図 31・1，図 31・2）．

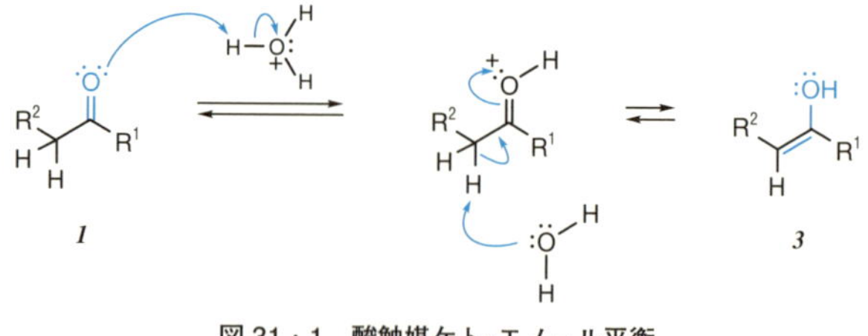

図 31・1　酸触媒ケト-エノール平衡

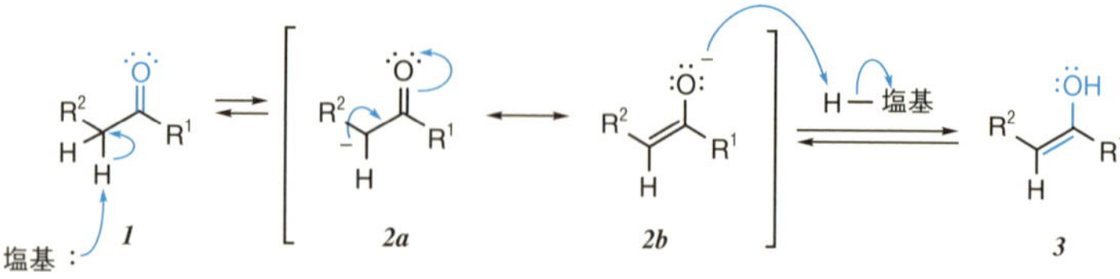

図 31・2　塩基触媒ケト-エノール平衡

解 説 一般にカルボニル化合物は，エノール型よりもケト型で存在しやすい．したがって，中性条件下，カルボニル化合物の中に含まれるエノール型の割合は1％に満たない．しかしながら，以下に示す化合物では，かなりの割合でエノール型が存在している（フェノールはほぼ100％エノール型で存在する）．

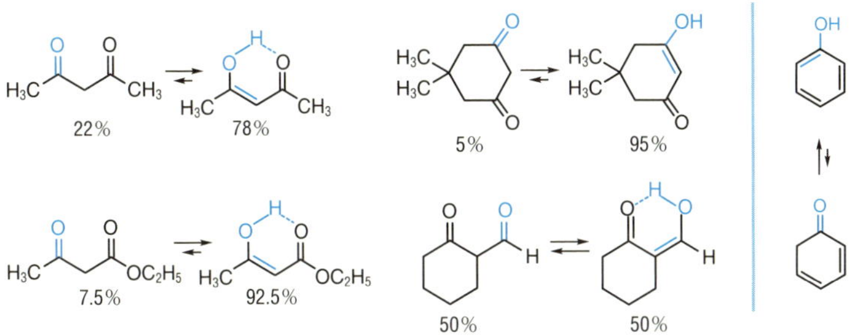

応 用 エノールやエノラートは不安定な，きわめて反応性の高い化学種であり，さまざまな有機合成反応や生体内反応に関与している．ここではハロゲン化について考えてみたい．

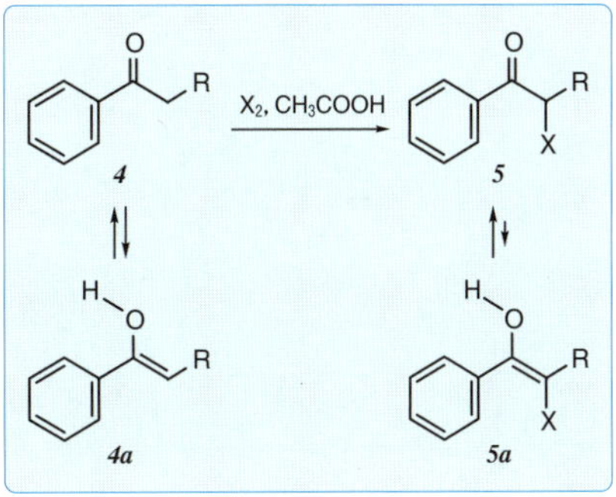

アルデヒドやケトンを酸性条件下，ハロゲン分子で処理するとエノール **4a** を経てカルボニル基の α炭素におけるモノハロゲン化が起こる．ここでは原料に比べて生成物は電子求引性基の導入によりエノール化（**5→5a**）が困難となるために，モノハロゲン化合物 **5** が最終的な生成物となる．

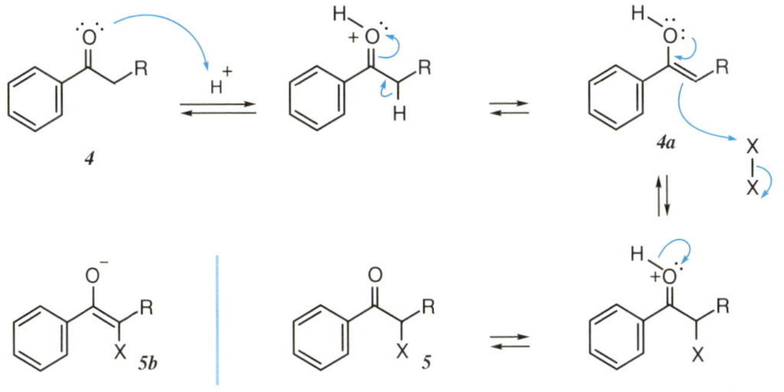

カ
ル
ボ
ニ
ル

97

ところが，塩基性条件下ハロゲン化した場合には，モノハロゲン化で反応を止めることが困難になる．その原因は生成物 **5** の α プロトンの酸性が原料 **4** に比べて強いためにエノラート **5b** が生成しやすいためである．このような性質を利用した**ハロホルム反応**とよばれるメチルケトンの確認試験が知られている．すなわち，メチルケトン（**4**: R = H）を塩基性条件下，過剰のハロゲンと反応させるとトリハロゲン化合物 **7** が生成する．最後にエステルの塩基触媒加水分解と同じような機構により，**7** はカルボン酸 **9a** とトリハロメタン **10** を経て，酸による後処理により **9** と **10** を生成する．

　なお，ハロゲンは第二級アルコールをケトンに酸化するので，エタノールやイソプロパノールなど RCH(OH)CH₃ もハロホルム反応に陽性である．

32 アルドール反応と交差アルドール反応

β-ヒドロキシアルデヒド，β-ヒドロキシケトンの生成

概略　アセトアルデヒド（**1a**: R = H）に低温で希釈した水酸化ナトリウム水溶液を加えると 3-ヒドロキシブタナール（**2a**: R = H）が生成する．一般にこのような生成物は**アルドール**（**aldol**）とよばれる．本反応では，1 分子のアルデヒドが求核性のエノラートとなり，原料であるアルデヒドにおいて求電子的な部位であるカルボニル炭素に付加する．アルドール反応はケトンでも進行する．たとえば，アセトン（**1b**: R^1 = H, R^2 = CH$_3$）から生成する 4-ヒドロキシ-4-メチルペンタン-2-オン（**2b**: R^1 = H, R^2 = CH$_3$）はさまざまな工業製品の合成中間体として重要である．いずれの反応でも塩基の濃度を低くおさえることが望ましい．過剰に塩基が存在するとアルコールからの水の脱離が誘発され，共役不飽和カルボニル化合物 **3** を生じる．このような脱水はアルドール反応を高温で行った場合にも起こりやすい．なお，アルドール反応は酸触媒でも進行するが，この場合にはひき続く水の脱離反応が進行しやすい．

反応機構　塩基触媒アルドール反応は，（1）エノラート **4** の発生により開始され，（2）**4** の求核付加によるアルコキシド **5** の生成，（3）プロトン化，により **2** を与える．

(2)

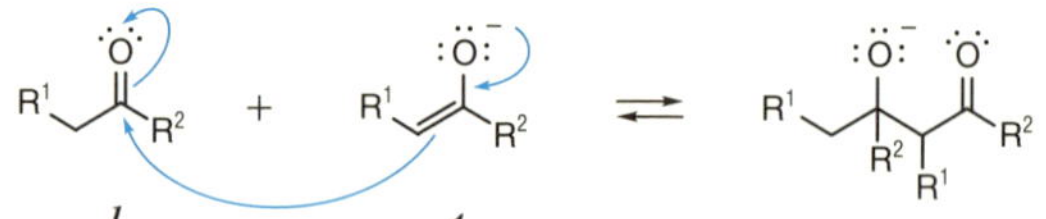

(3)

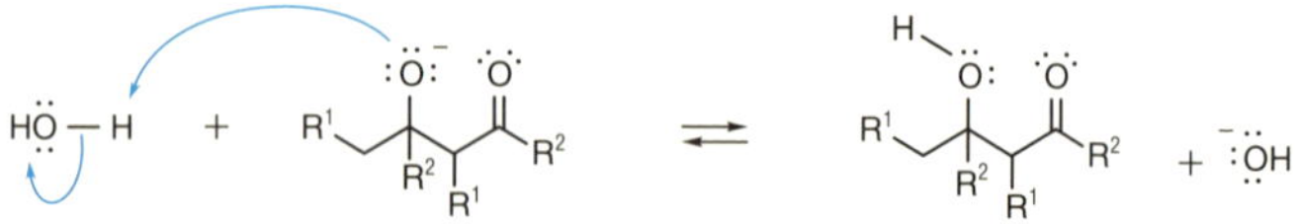

　ケトン **1b** の塩基触媒アルドール反応は，エノラートの生成段階は吸熱反応となるので一般に加熱が必要となる．

　酸触媒アルドール反応の反応機構を以下に示す．

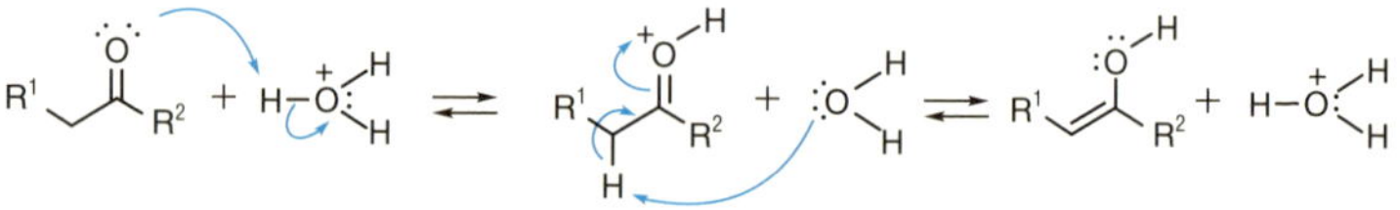

　なお，アルドール **2** の水の脱離反応は塩基性の場合，エノラート **8** を経て進行する（**E1cB** とよばれる）．

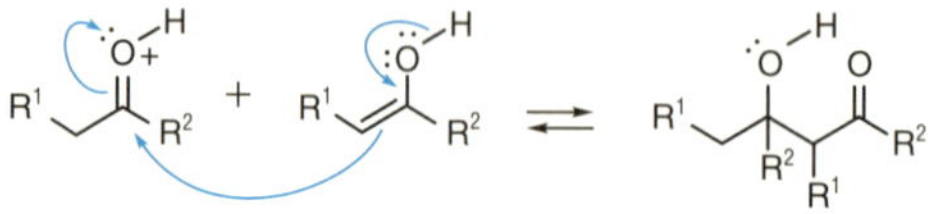

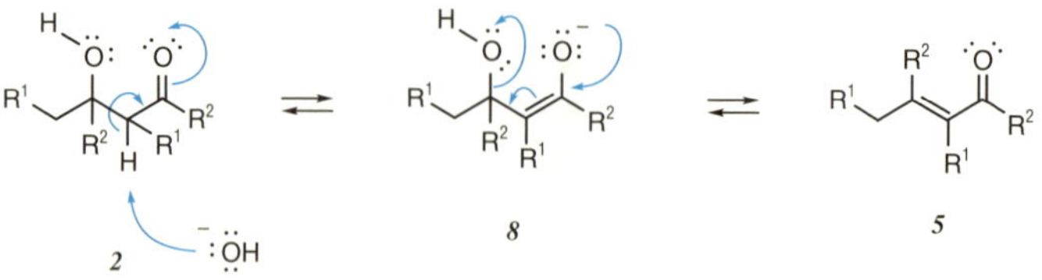

関連事項　二つの異なるカルボニル化合物を用いたアルドール反応は**交差アルドール反応**とよばれる．この場合にはそれぞれのカルボニル化合物から生成するエノールあるいはエノラートが二つのカルボニル基に対して求核付加するために四つのアルドール生成物の混合物が得られるためにほとんど使い道がない反応となっ

100

てしまう（図32・1）.

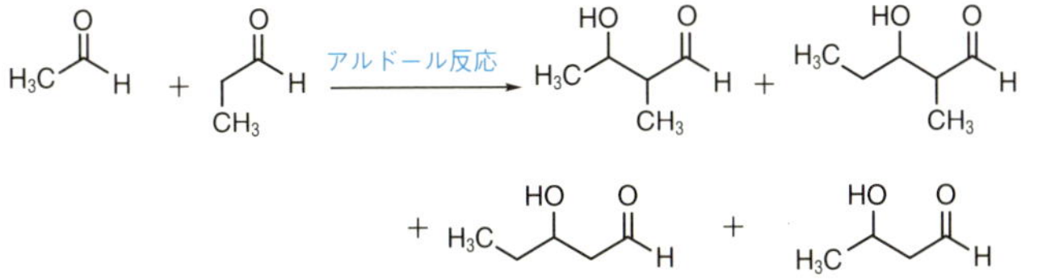

図32・1　エタナールとプロパナールから生成する四つのアルドール生成物の構造

　しかしながら，一方のカルボニル化合物がエノール化できず（すなわち，カルボニル基の α 炭素に水素が存在しないこと），さらにその化合物が，エノール化できるカルボニル化合物に比べて求電子性が高い場合に合成化学的にこの反応は大きな意味をもつようになる．実際，α 水素をもたないカルボニル化合物の希アルカリ水溶液に加熱しながら他方のカルボニル化合物をゆっくりと加えた場合に，効率的な交差アルドール反応が達成できる（この下の例では，アルコールで止まらず水の脱離まで起こる．実際，条件を選定すればそれぞれの目的に応じた生成物を得ることは可能である）.

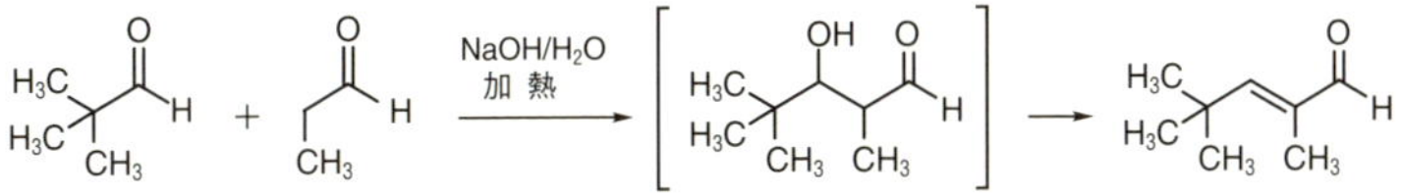

　同一分子内のエノラートとカルボニル基の間でアルドール反応を行うことも可能であり，5員環や6員環を形成する場合，特に進行しやすい．次に示す二つの例ではいずれも青色矢印（↑）の炭素側にエノラートが生成し，白抜き矢印（⇧）の炭素側に生成するエノラート由来の生成物である *11* や *14* はほとんど得られない.

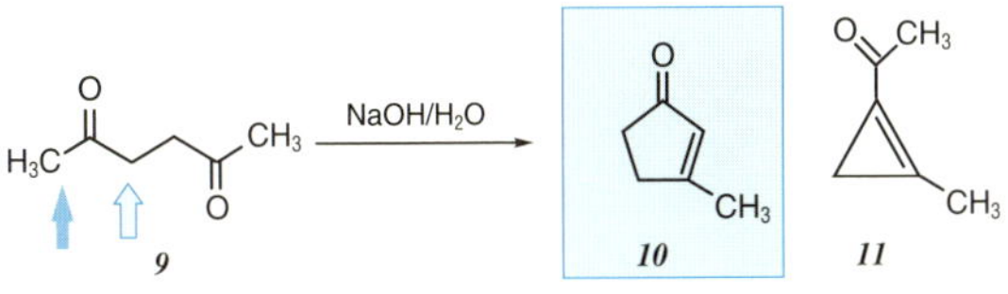

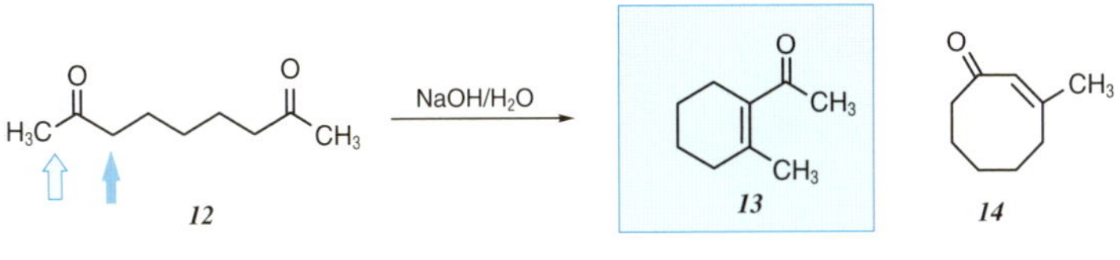

カルボニル

101

補足説明　交差アルドール反応における自己反応（エノラートが元のカルボニル化合物を攻撃する反応）の問題は**リチウムジイソプロピルアミド**〔**LDA**: **LiN(CH(CH₃)₂)₂**〕のように十分に強い塩基を用いてカルボニル化合物を不可逆的に安定なリチウムエノラートに変換することにより解決できる.

一方，交差アルドール反応において一方のカルボニル化合物を**シリルエノールエーテル 16** へ変換後，もう一方のカルボニル化合物と反応させ，自己縮合をほぼ完全に制御する手法が広く利用されており，このような手法を**向山アルドール反応**とよんでいる.

33 Mannich 反応   β-ヒドロキシアミン，エノンの生成

概　略　交差アルドール反応においてホルムアルデヒドはエノールあるいはエノラートに対する優れた求電子剤であるように思われる．しかしながら，反応性があまりにも高いために次の例のようにカルボニル化合物 *1* に対して1分子のホルムアルデヒドが反応した付加物 *2* を収率よく得ることは困難であり，*3* が得られる．

カルボニル化合物に対して1分子のホルムアルデヒドを効率よく導入する手法として **Mannich 反応**が知られている．

本反応は第二級アミンが相対的に反応性の高いホルムアルデヒドと反応して生成するイミニウム塩 *7* に酸触媒存在下，ケトンから生成するエノール *8* が求核付加するものである．

反応機構　ホルムアルデヒドに対する第二級アミンの求核付加に続く水の脱離反応によりイミニウム塩 *7* が生成する．一方，酸触媒でケトンからエノール *8* が生成する．次に *8* が *7* に求核攻撃すると付加物が塩酸塩 *9* として得られる．これを塩基で後処理すると **Mannich 塩基**とよばれる遊離アミン *10* が得られる．なお，*7* は反応中間体にすぎないが，**Eschenmoser 塩**とよばれる比較的安定なヨウ化物塩（*7*：X＝I）が市販されており，これをケトンに直接使用することも可能である．このように本反応は酸触媒アルドール反応に類似した機構で進行する．

103

解 説　多くの医薬品にβ-アミノケトン構造が含まれており，本反応はこのような構造単位の構築法として優れている．また，Mannich 塩基はエノンへの変換（**10**→**13**）が可能であり，その合成化学的な役割は大きい．Mannich 塩基からエノンへの変換は窒素のメチル化に続く E1cB 機構によるアミンの脱離により達成できる．

34 Mannich 反応の応用例

マスクされた α,β-不飽和カルボニル化合物

概略 エキソメチレンをもつケトンは**合成シントン**として有用であるが，その反応性は非常に高く，必要になるまでその等価体としておく必要がある．したがって，Mannich 塩基は二重結合をもつ α,β-不飽和カルボニル化合物（エキソメチレンカルボニル化合物とよぶ）の等価体としての役割が大きい．

たとえば特異な生物活性をもつピロリチジンアルカロイドの生合成に関連してオルニチン **1** からレトロネシン **2** への経路において **3** から **5** への分子内 Mannich 反応が知られている．

医薬品合成への応用 代表的な副交感神経遮断薬であるアトロピンやスコポラミンの基本骨格であるトロピノン **6** は生合成的にピグリノン **7** の酸化により生成するイミニウム塩 **8** の分子内 Mannich 反応により得られる．

Robinson は **6** の生合成経路が解明される以前に，アセトンジカルボン酸 **10a**（カルシウム塩として使用），コハク酸ジアルデヒド **11**，およびメチルアミンによる Mannich 反応とひき続く脱炭酸により **6** の合成を報告した．後に Schöpf はアセトン **10b**，**11** およびメチルアミンを pH 5，室温で 3 日間放置すると **6** が得られることを見いだした．

105

天然物合成への応用　化合物 *13* から誘導されたアミン *14* をパラホルムアルデヒドとともに加熱すると Mannich 塩基 *15* を経てリコポジウムアルカロイド *16* が得られる.

35 Wittig 反応
ウイッティッヒ

アルケンの生成

概略 ハロアルカン *1* を**トリフェニルホスフィン**（**PPh₃**）で処理後，アルキルリチウムのような強塩基で脱プロトンするとホスホニウムイリド *2* が生成する．イリドの炭素原子は求核性をもち，カルボニル基炭素へ付加，トリフェニルホスフィンオキシド *5* の脱離によりアルケン *4* を生成する．これは**アルデヒドやケトンのカルボニル基を炭素-炭素二重結合に 1 段階で変換する最も一般的な方法**である．なお，**イリド**とは隣り合う原子がそれぞれ正と負の電荷をもつ反応剤のことである．

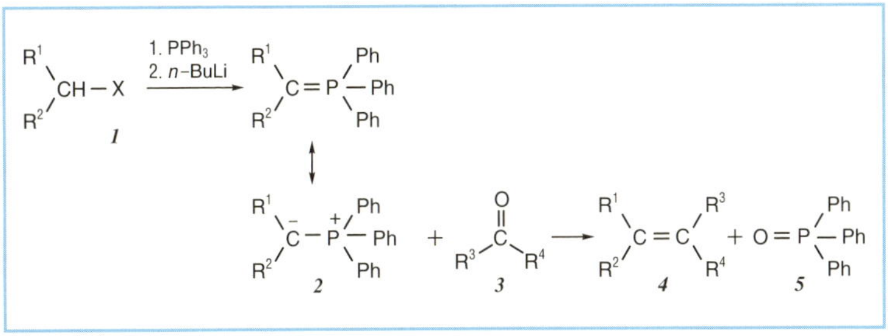

反応機構 ハロアルカン *1* に PPh₃ が求核剤として S$_N$2 反応するとホスホニウム塩 *6* が生成する．*6* は正電荷を帯びたリン原子の影響により隣接する炭素原子に結合した水素が酸性を示すので，強塩基で脱プロトンするとイリド *2* が得られる．

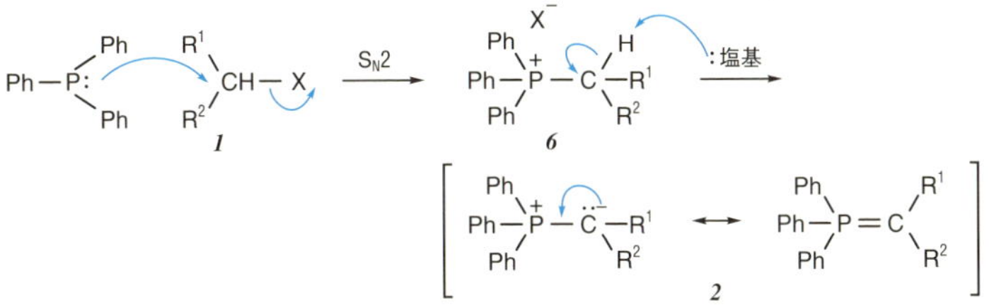

このようにして調製したイリド *2* がカルボニル炭素の求核攻撃に続き 4 員環を形成して**オキサホスフェタン**（*7*）となる．最後に *7* が環ひずみを解消する方向に分

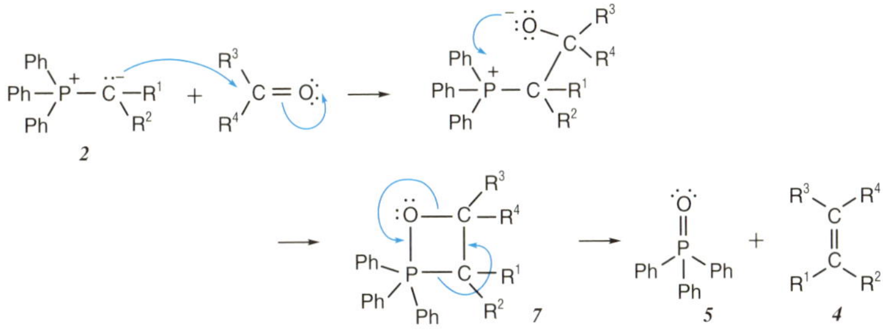

カルボニル

107

解するとアルケン *4* と *5* が得られる.

解説　イリド *2* のアルキル基（R[1], R[2]）はその生成のしやすさや反応性に大きな影響を与える.　アルキル基が水素やメチル基,エチル基など一般的な脂肪族アルキルの場合,*2* は化学的に非常に不安定である.　一方,カルボニル基やシアノ基のように電子求引性基が存在する場合,イリドの負電荷を非局在化により安定化できる.　このようなイリドの安定性は生成するアルケンの立体選択性を制御する大きな因子となる.　一般に,不安定イリド *2a* とカルボニル化合物との反応はすばやく進行し,(*Z*)-アルケン（*Z-4*）を生成する傾向があり,安定イリド *2b* とカルボニル化合物との反応はゆっくりと進行し,(*E*)-アルケン（*E-4*）を生成する傾向がある.

このような立体選択性は次のように説明されている.　不安定イリド *2a* による反応ではカルボニル基に対する不可逆的な求核付加が進行する.　この過程は律速段階であり,両者はより有利なアンチの立体化学を保ちながら接近し,*cis*-オキサホスフェタン *7a* を経て(*Z*)-アルケンを生成する.　一方,安定イリド *2b* でも同様に *cis*-オキサホスフェタン *8a* が生成するが,この場合,原料と安定性に大きな差がないためこの過程は可逆的である.　そこでより熱力学的に安定な *trans*-オキサホスフェタン *8b* を経て最終的に(*E*)-アルケンを生成する.

関連事項　一般的に(*E*)-アルケンの生成に使用する安定イリドの反応性が低い点を改善するためにホスホニウム塩の代わりにリン酸エステル由来のイリド *9* を用いた **Horner-Wadsworth-Emmons 法**とよばれる変法が開発されている.　これ

は水溶液中で行えることや，反応終了後試薬由来の副生物〔O＝P(OH)(OC$_2$H$_5$)$_2$〕が水溶性であるために容易に除去できるなどの利点をもっている．なお，**9**は三価のリン酸化合物**10**とハロアルカン**11**の**Arbusov 反応**により得られるリン酸エステル**12**を塩基処理することにより調製できる．

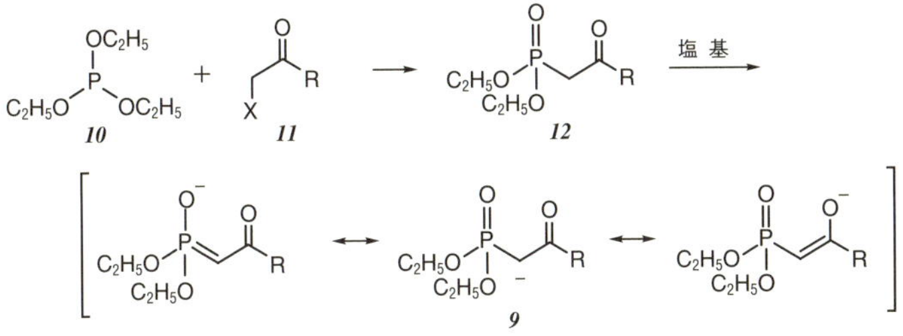

医薬品合成への応用　Wittig 反応はビタミンAやプロスタグランジンをはじめとする数多くの生物活性天然物合成に利用されている．

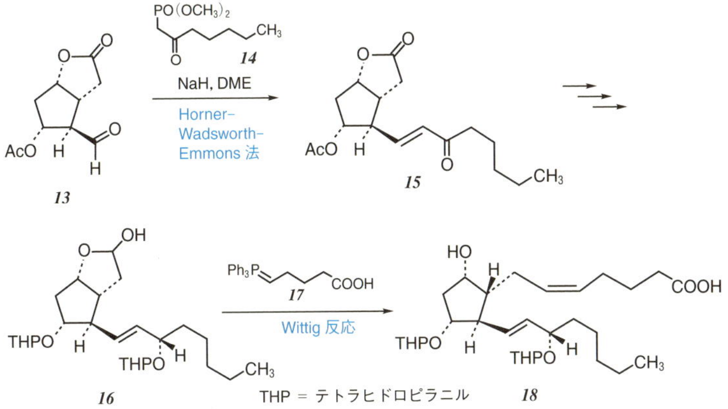

THP ＝ テトラヒドロピラニル

109

36 エノール，エノラートの共役付加反応
Michael 付加による 1,5-ジカルボニル化合物の生成と Robinson 環化

概略　カルボニル基に隣接する C=C 結合をもつ化合物を α,β-不飽和カルボニル化合物とよび，求核剤がこのように共役した化合物の β 炭素に付加した場合を 1,4-付加，カルボニル基炭素に付加した場合を 1,2-付加とよぶ．α,β-不飽和カルボニル化合物 **2** に対してエノール **1a** あるいはエノラート **1b** が 1,4-付加してエノール **3a** あるいはエノラート **3b** を生成する反応を **Michael 付加**とよぶ．この反応により 1,5-ジカルボニル化合物が生成する．

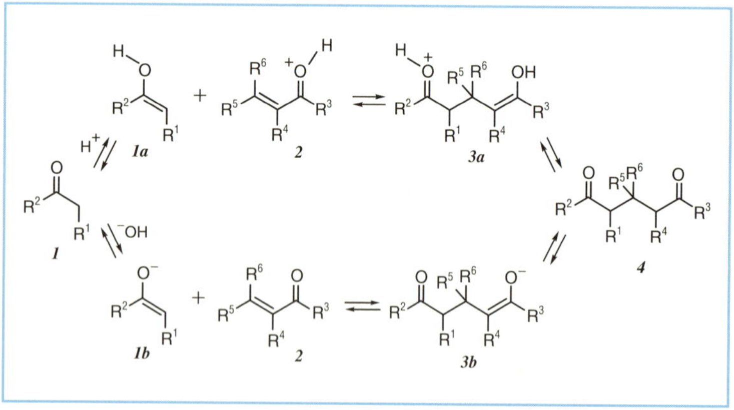

反応機構　アルドール反応に類似した機構である．すなわち，カルボニル化合物から生成するエノールあるいはエノラートが求核剤として α,β-不飽和カルボニル化合物の β 位を攻撃することにより共鳴安定化されたエノールあるいはエノラートが生成する．最後にプロトン化すると 1,5-ジカルボニル化合物が生成する（図 36・1，図 36・2）．

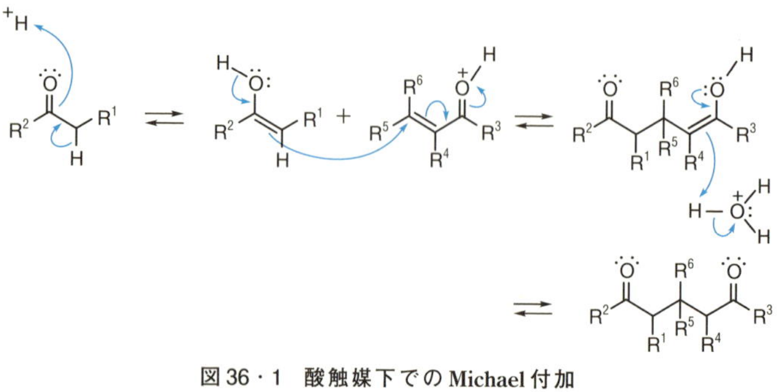

図 36・1　酸触媒下での Michael 付加

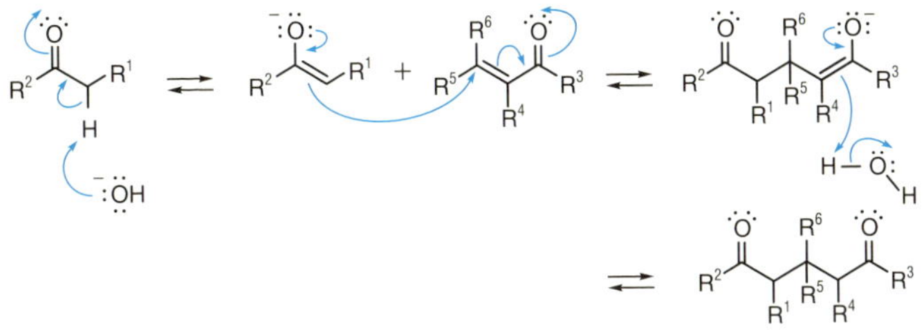

図 36・2 塩基触媒下での Michael 付加

解 説 Michael 反応は α,β-不飽和アルデヒドやケトンだけでなく，Michael 受容体とよばれる不飽和エステル，アミド，ニトリルなどに対して一般的な反応である．一方，Michael 供与体としてエノールやエノラート以外のさまざまな求核剤が 1,4-付加する場合も Michael 付加反応にしばしば分類される．

医薬品合成への応用 ステロイドは四つの環が縮環した骨格をもっている．このような化合物の合成中間体 **5** を 2-メチルシクロヘキサノン **6** とメチルビニルケトン（**7**：ブタ-3-エン-2-オン）から酸あるいは塩基触媒の条件で合成する手法を **Robinson 環化**とよぶ．

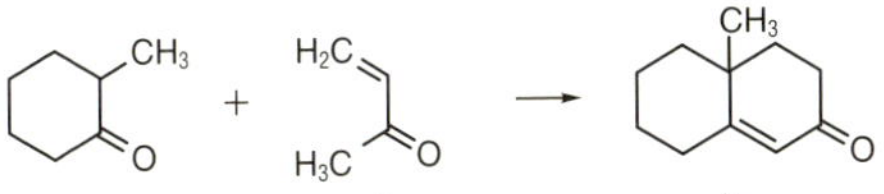

この変換には三つの反応，すなわち，第一は Michael 付加による 1,5-ジカルボニル化合物の形成であり，第二は分子内アルドール反応による環化であり，第三は水の脱離反応が含まれており，それらが連続的に進行する．

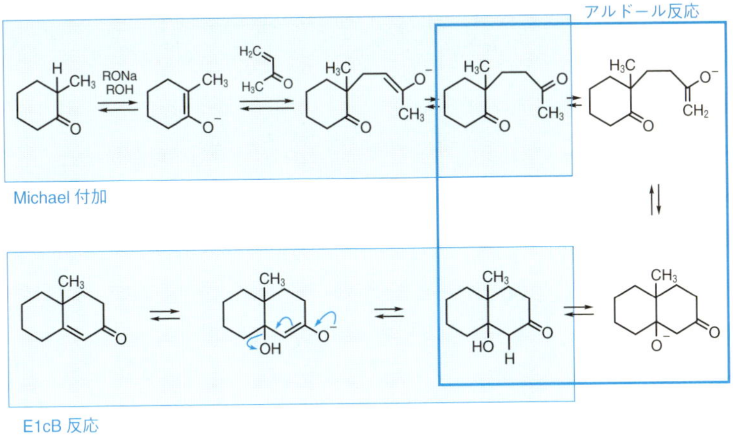

ケトン **8** からこの方法を 2 回繰返して得られる四環系化合物 **9** から男性ホルモンであるテストステロン **10** が合成されている.

補足説明　塩基触媒 Robinson 環化反応の収率は **7** が重合しやすいためにあまり高いものではない. そこで Michael 受容体としてさまざまな **7** の等価体が開発されている. 一方, 1,3-ジカルボニル化合物 **11** と **7** の Robinson 環化反応はいずれも比較的穏やかな条件で収率よく反応が進行する.

37 Reformatsky 反応
亜鉛エノラートによる β-ヒドロキシエステルの生成

概　略　α-ハロエステルを亜鉛で還元すると化学的に安定な亜鉛エノラート *2*
が生成し，*2* は Grignard 反応剤（RMgX）と同様，アルデヒドやケトンに求核付
加，酸による後処理を経て β-ヒドロキシエステル *4* を与える．*2* は Grignard 反応
剤に比べて反応性が低いためにエステル *1* に自己縮合することがない．しかしなが
ら，α-ハロアルデヒドや α-ハロケトンから調製した亜鉛エノラートは自己縮合す
る．したがって，本反応はエステルに特有の反応である．なお，一般に比較的反応
性が高く，入手容易な α-ブロモエステルが使用される．

反応機構　α-ハロエステルを亜鉛で還元すると亜鉛エノラート *2* が生成する．
次に *2* がカルボニル基の炭素原子を求核攻撃する．付加物はたとえば *5*（または二
量化したもの）のように配位安定化されているので逆反応は起こらない．

解　説　有機亜鉛化合物は古くから広く利用されてきた有機金属化合物の一つ
であるが，反応性や再現性が低いなどの問題がある．なお本反応では亜鉛の前処理
が大変重要である．最も一般的な亜鉛の活性化法はまず希塩酸で処理してから，蒸
留水，アセトン，エーテルで十分に洗浄した後，完全に乾燥させる．また，このよ
うにして用時調製した亜鉛を使用しても反応がまったく起こらない場合は，ごく少
量のヨウ素を添加したり，超音波を使用するなどさまざまな工夫が試みられてい
る．また，本反応は一般に加熱が必要であるが，無水 THF 中，金属カリウムと塩
化亜鉛から調製した **Ricke 亜鉛**とよばれる活性亜鉛や Zn/Ag 黒鉛を使用すると低
温でも反応が進行することが報告されている．

医薬品合成への応用　ユズリハのアルカロイドに含まれるきわめて特異な骨格
7 の合成中間体 *10* の合成は *8* の Ricke 亜鉛存在下，分子内 Reformatsky 反応によ

カルボニル

113

る**9**への変換に続く分子内 S_N2 反応により達成されている．なお，**9** が THF に不溶なために **10** への変換が進行しにくいので，環化反応終了後，反応液にヘキサメチルリン酸トリアミド（HMPA）を加えている．

一方，α-ブロモメチルアクリル酸エステル **11** を亜鉛で処理すると Reformatsky 反応に続くエステル交換により α-メチレン-γ-ラクトン誘導体 **12** が生成する．このような変換法を利用して **13** から **14** を経て麦角アルカロイドであるリゼルグ酸 **15** の全合成が達成されている．

関連事項　一般にカルボン酸はアルデヒドやケトンに比べてカルボニル基炭素の求核性が低いために酸触媒エノール化は遅い（**反応 32** 参照）．しかし，カルボン酸 **16** をそれぞれ等モル量の X_2 と PX_3 で処理すると酸ハロゲン化物 **17** を経

114

て対応する α 炭素がモノハロゲン化された酸ハロゲン化物 ***18*** が得られる．Reformatsky 反応の原料となる α-ハロエステルは ***18*** をエステル化して合成する．

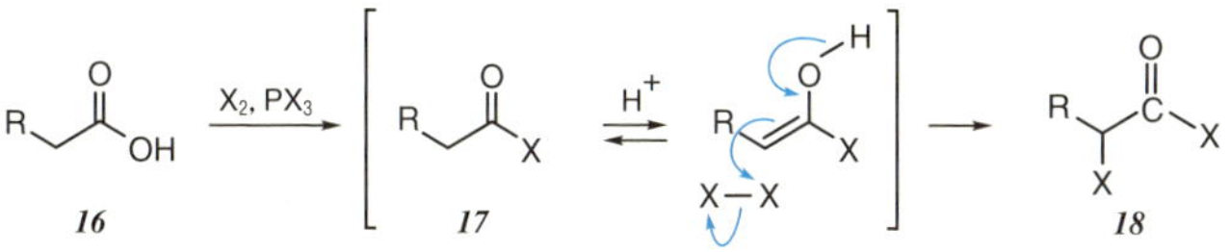

16 ***17*** ***18***

一方，***16*** と等モルの X_2 を少量の PX_3 で処理しても ***18*** が生成するが，その濃度は低い．そこで ***18*** に未反応の ***16*** が求核置換すると酸無水物 ***19*** が生成する．続いて ***19*** にハロゲン化物イオンが反応すると α-ハロカルボン酸アニオン ***20*** とともに ***17*** が再生する．このような過程を ***16*** がなくなるまで繰返し，最終的に ***20*** が得られる．***20*** をプロトン化すると α-ハロカルボン酸 ***21*** が得られる．なお，***16*** から ***21*** への変換は **Hell-Volhard-Zelinsky 反応**（ヘル フォルハルト ゼリンスキー）とよばれている．

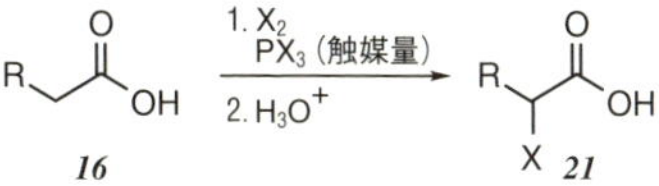

16 ***21***

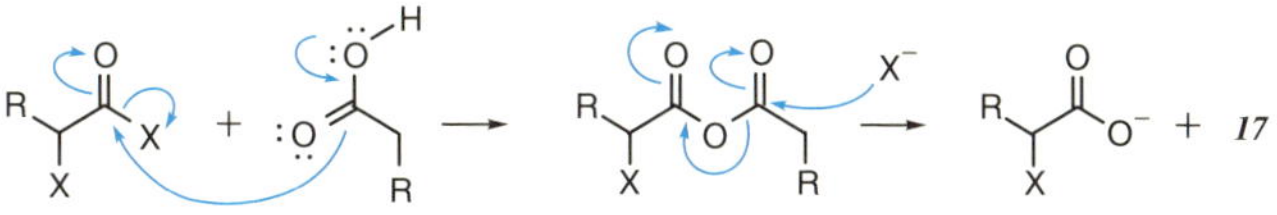

18 ***16*** ***19*** ***20*** + ***17***

カルボニル

38 極性転換（Umpolung）

1,3-ジチアン，ニトロ基，シアノヒドリン

概 略 たとえば複雑な構造をもつ天然物あるいは医薬品を合成する際に，目標とする分子の構造を手がかりとして実際の合成経路とは逆向きに共有結合を論理的に順次切断し適切な出発物質を選定する，**逆合成解析**がおおいに役立つ．なお，このような解析の結果生じた断片は**シントン**とよばれる．このようなシントンは仮想的な反応剤であり，理想的には本来の性質がそのまま生かせることが望ましい．ところが，中にはまったく逆の極性（**極性転換：Umpolung**）をもつシントンを必要とする場合が生じてしまう．

通常カルボニル基において酸素原子は電子が豊富な部位（δ−）であり，炭素原子は電子が不足した部位（δ+，求電子的な部位）である．ところが，1,4-ジカルボニル化合物 **5** の逆合成解析では，いずれも本来の反応性をもつシントン（**6a～c**）と極性転換したシントン（**7a～c**）の組合わせになってしまう．このような極性が逆転したシントンとして **1～4** が利用できる．

カルボニル基の極性を逆転した代表的な合成シントン

各 論 以下にそれぞれの化合物の合成と反応についてふれる．

1) **1,3-ジチアン（1）**：アルデヒドとプロパン-1,3-ジチオール **8** を酸触媒存在下，脱水条件で反応させると **1** が生成する．二つの硫黄原子に挟まれた炭素に結合する水素原子は酸性を示すので，**1** を低温で n-ブチルリチウムで処理するとカルボアニオン **1b** となる．つづいてカルボニル化合物を加えると付加物 **9** が生成する．なお，チオアセタール **9** は水銀塩（HgO，$HgCl_2$）やクロラミンTによる処理や硝酸アンモニウムセリウム（CAN）による酸化的処理によりカルボニル化合物 **10** に変

換できる.

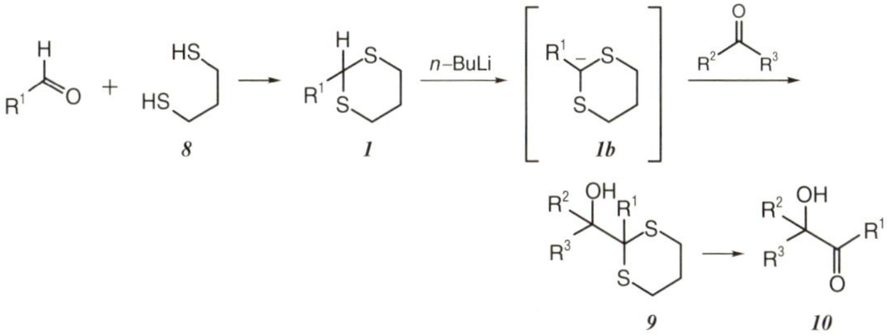

9 → 10 の反応機構（HgCl₂ を例として）

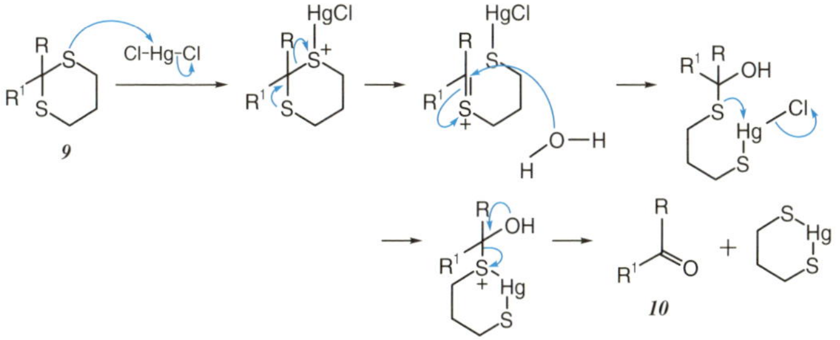

2) **ニトロメタン(2)**： **2** のメチル基プロトンも酸性度が高いために塩基で処理して生成するカルボアニオン **2a** は求核剤としてカルボニル基を攻撃すると付加物 **11** を与える．さらに **11** は強塩基処理して生成する第四級塩 **12** を酸で加水分解するとカルボニル化合物 **13** に変換できる（**11** から **13** への変換は **Nef反応** とよばれている）．また，**12** をオゾン酸化すると低温で **13** に変換可能である．

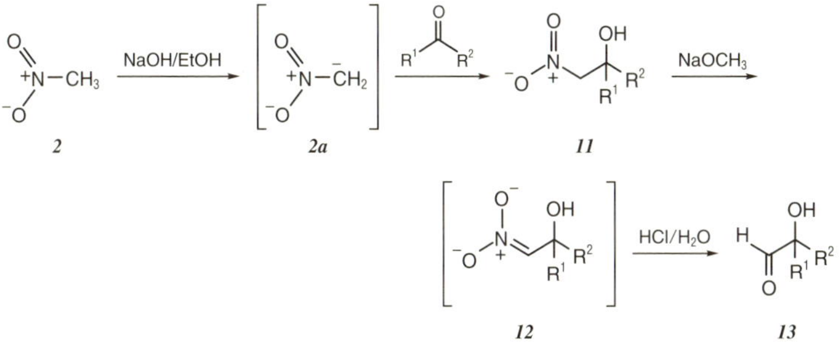

3) **シアノヒドリン**：シアン化物イオン **3** はカルボン酸のアニオン（**3a**： ⁻COOH）等価体である．さらにアルデヒドをトリメチルシリルシアニド **14** で処理して得ら

117

れるシアノヒドリン **15** のメチンプロトンの酸性が高いために塩基で処理して生成するカルボアニオン **15a** が求核剤としてハロアルカンに作用すると，新たなシアノヒドリン **16** を生成する．**16** は容易にケトン **17** に変換できる．

　芳香族アルデヒド **18** を含水アルコール中，触媒量のシアン化ナトリウムで処理すると α-ヒドロキシケトン **19** が生成する．この反応は**ベンゾイン縮合**とよばれる．本反応では微量に生成したシアノヒドリン **20** のメチンプロトンが塩基により引抜かれ，生成したカルボアニオン **21** が，未反応の **18** に求核付加し，ケトンを再生して **19** となる．この際，シアン化物イオン **3** が発生するので原料が消失するまで同様の反応が繰返される．

4) **アルキン(4)**：エチン **4** のメチンプロトンは酸性のため強塩基処理により生成するカルボアニオン **4b** は，ハロアルカン **22** に対して求核剤として働き，S_N2 反応により末端アルキン **23** を生成する．**23** は Hg(II)存在下，酸性水溶液，水の付加によりメチルケトン **24** に変換できる．したがって **4** は **22** に対して隠されたメチルケトンアニオン等価体 **4a** として作用したことになる．

39 ピナコールカップリング   1,2-ジオールの生成

概略 カルボニル化合物の還元的二量化による 1,2-ジオールの生成を**ピナコールカップリング**とよぶ．一般に脂肪族に比べて芳香族カルボニル基の方が反応しやすい．一般に還元剤としてはマグネシウムやアルミニウムが使用される．本反応は金属からカルボニル基への一電子移動による**ケチル**とよばれるラジカルアニオンの生成により開始される．場合により交差カップリングや分子内反応も可能である．

$$O=C\langle {}^{R^1}_{R^2} \quad \xrightarrow[\text{ベンゼン, 80 ℃}]{Mg} \quad {}^{R^1}_{R^2}{>}C-C{<}^{R^1}_{R^2} \atop HO \quad OH}$$

1 → *2*

反応機構 金属からカルボニル基酸素への一電子移動によりケチルに変換される．ここで与えられた電子はカルボニル基の反結合性軌道（π^*）に収容される．なお，ケチルの構造は炭素ラジカル，酸素アニオンで示す *3a* とカルボアニオン，酸素ラジカルで示す *3b*，いずれの表記でもかまわない．ベンゼンやエーテルのような非極性溶媒中，*3* は二量化するが，この段階において金属カチオンが二つのケチルの接近に関与する．

解説 本来この反応はカルボニル化合物をエタノール中，金属ナトリウムで還元してアルコールへと変換する **Bouveault-Blanc 還元**とよばれる反応から見いだされた．この場合，生成するケチル *3* がエタノールによりプロトン化され，アルコキシド *4* を経てアルコール *5* が生成する．

119

0 価のチタン〔Ti(0)〕などの低原子価の遷移金属は，低温で短時間反応させた場合に 1,2-ジオールを生成するが，通常，さらに還元が起こりアルケンを与える．この変換を **McMurry 反応**（マクマリー）とよぶ．なお，Ti(0) は三塩化チタンを LiAlH$_4$ あるいは亜鉛-銅により還元して調製する．

$$O=C\begin{smallmatrix}R^1\\R^2\end{smallmatrix} \xrightarrow{TiCl_3,\ LiAlH_4} R^2-\underset{HO}{\overset{R^1}{C}}-\underset{OH}{\overset{R^1}{C}}-R^2 \longrightarrow \begin{smallmatrix}R^1\\R^2\end{smallmatrix}C=C\begin{smallmatrix}R^1\\R^2\end{smallmatrix}$$

さらに**ヨウ化サマリウム**（SmI$_2$：無水 THF 中，粉末のサマリウム金属とジヨードエタンあるいはヨウ素を反応させる）を利用したピナコールカップリングが開発されている．反応の進行状況は濃緑色のヨウ化サマリウム（二価）から三価になると脱色するのでチェックしやすい．

天然物合成への応用　1,2-ジオールは過ヨウ素酸（HIO$_4$）による酸化的開裂により二つのカルボニル化合物に変換できる．このように両者は相互に変換可能であり，合成化学的には同等に扱うことができる．一方，1,2-ジオールを硫酸中加熱すると脱水とアルキル基の移動により**ピナコール-ピナコロン転位**（反応 95 参照）が進行し，カルボニル化合物が生成する．南米に生息するガマ *Dendrobates histrionicus* が生産する毒性成分ペルヒドロヒストリオニコトキシン *6* の全合成はシクロペンタノン *7* のピナコールカップリングによる 1,2-ジオール *8* の生成と，続く転位反応によるカルボニル化合物 *9* への変換から開始された．

関連事項　エステル *10* に対する同様なカップリング反応では α-ヒドロキシケトン *11* が生成する．このような変換を**アシロイン縮合**とよぶ．本反応では，ケチル *12* の二量化，脱離により生成する 1,2-ジケトン *13* がさらに二度の一電子還元を受け，**エンジオラート**（*14*）に変換される．最後に *14* がプロトン化されると *11* が生成する．

120

補足事項　　さまざまな有機化学反応において綿密な無水条件を設定する必要に迫られる場合が多い．THF は繁用性の高い有機溶媒であるが，吸湿性が高い．そこで THF に水分が含まれているかどうかを判断するために，ベンゾフェノン **15** と金属ナトリウムが使用される．すなわち，**15** のナトリウムによる一電子還元により鮮やかな濃青色のベンゾフェノンケチル **16** が生成する．このケチルは比較的安定であり，カップリング反応はほとんど進行しない．もしも，水があると金属ナトリウムが消費し尽くされ，系内のケチルラジカル形成を維持できないので色がつかない．

Ⅵ. カルボン酸および
カルボン酸誘導体

反応 40　カルボン酸誘導体の求核付加-脱離反応

反応 41　Fischer のエステル化反応と
　　　　　　　　エステル交換反応とラクトン

反応 42　アミド合成とラクタム

反応 43　酸塩化物および酸無水物の合成と反応

反応 44　Claisen 縮合

反応 45　マロン酸エステルおよび
　　　　　アセト酢酸エステル合成と脱炭酸反応

反応 46　Grignard 反応剤とカルボン酸誘導体
　　　　　　　　またはカルボニル化合物の反応

反応 47　ニトリルの加水分解反応

反応 48　ケテン・イソシアナートの反応

反応 49　スルホンアミドの生成と Hinsberg 試験

40　カルボン酸誘導体の求核付加-脱離反応

概略　アルデヒド，ケトンと同様にカルボン酸，およびカルボン酸誘導体 *1* のカルボニル炭素は δ+ 性を帯び求核剤の攻撃を受ける（①）．この段階はアルデヒド，ケトンへの求核付加とまったく同じであり，四面体（sp^3）中間体 *2* が生成する．この中間体はアセタールやシアノヒドリンなどに対応するが，カルボン酸誘導体には脱離基（L）が存在するために，さらに次の段階である脱離（②）が進行する．全体として求核付加-脱離反応となり，アシル基移動反応ともみなせ，カルボン酸誘導体の合成およびそれらの相互変換である．

さまざまな合成経路でアルコール，アミン，カルボン酸などを保護する目的でカルボン酸誘導体の求核付加-脱離反応が多用されている．これは保護，脱保護が容易なためである．

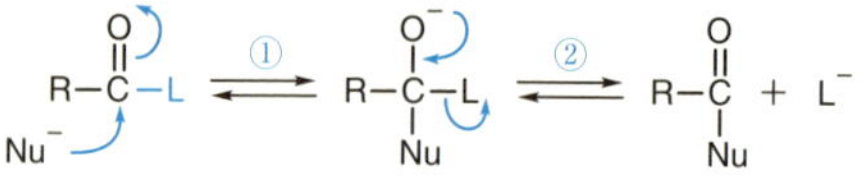

解説　アルデヒド，ケトンへの求核付加反応と同様，酸触媒あるいは塩基触媒で反応は進行する．塩基触媒では（上図），アニオン型の強い求核剤が生成してカルボニル炭素を攻撃し L$^-$ が脱離する．酸触媒では（下図），カルボニル基の活性化（③）と脱離基へのプロトン化（④）により反応が進行する．

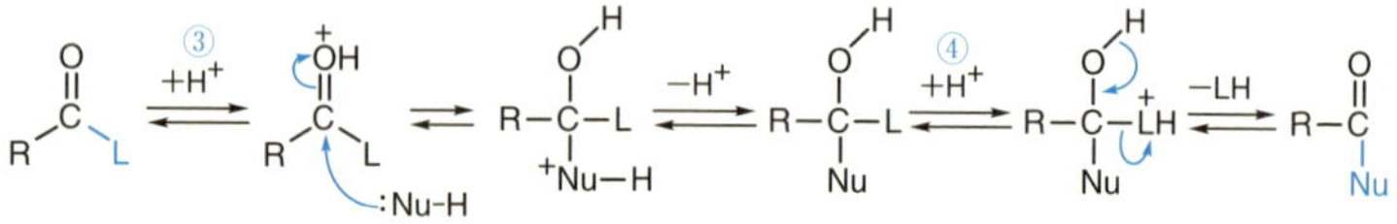

カルボン酸誘導体の反応性

カルボン酸誘導体の反応性は二つの段階で決まる．一つは四面体中間体 *2* が生成する①の段階で，原型のカルボン酸誘導体 *1* の安定性が高いものほど反応性は低くなる．もう一つは四面体中間体から原型に戻る反応と L$^-$ が脱離（②）する反応の競争段階である．それぞれにつき以下に解説する．

原型のカルボン酸誘導体の反応性は，以下の共鳴（*1*⟷*8*）による安定化の違いに依存している．すなわち，カルボン酸誘導体間では L が異なっているが，共鳴の極限構造において生じる L$^+$ が安定なほど，すなわち L の電気陰性度が低いほど共鳴安定化が大きい．よって，カルボン酸誘導体の安定性は酸塩化物＜酸無水物＜

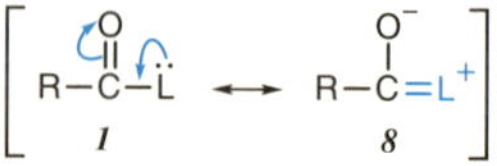

カルボン酸（誘導体）

124

エステル≦(カルボン酸)<アミドとなる（**反応41**参照）．なお，カルボキシラート（R-COO⁻）は等価な極限構造がとれるためアミドより安定である．

塩基触媒では四面体中間体からNu⁻の脱離とL⁻の脱離が競争となり，L⁻がよい脱離基（L⁻が安定）であるほど置換反応は進みやすい．置換基の脱離能は求核置換反応の場合と同じで，L⁻が安定，すなわち，弱塩基なほど高く，$X⁻ > RCOO⁻ > RO⁻ > R_2N⁻$の順となる．酸触媒でも同様であり，−LH⁺が脱離しやすいほど反応性が高い．

原型の安定性，脱離基の脱離能のいずれから考えてもカルボン酸誘導体の求核付加−脱離反応における反応性は，酸塩化物＞酸無水物＞エステル≦(カルボン酸)＞アミドの順となる．反応性の高いカルボン酸誘導体から低いものへの変換は発熱反応で比較的容易に進行する．特に酸塩化物，酸無水物は反応性が高く，室温，中性条件で容易に水と反応する．

カルボン酸をその誘導体に変換する場合には塩基触媒は不適切である．塩基触媒によりカルボン酸は最も安定で反応性の低いカルボキシラートに変換されてしまうためであり，求核剤の塩基性が高い場合も同様のことが起こる．カルボン酸を基質とする場合は酸塩化物や酸無水物に変換（**反応43**参照）するか，縮合剤（**反応42**参照）などを用いる．

医薬品合成への応用　ジアゼパムの合成において，ジアゼピン系中枢抑制薬の骨格形成の第一段階として酸塩化物とアミンでアミド形成を行う．⑤では生成するHClを除去するため塩基が必要である（**反応42**参照）．また，⑥は分子内反応のため速やかに進行する．

41 Fischer のエステル化反応とエステル交換反応と ラクトン

概略 エステルはカルボン酸の –OH 基が –OR 基に変換された誘導体であり，多くの医薬品の部分構造となっている重要な置換基である．ここではエステル合成法として最も一般的な **Fischer のエステル化反応**と，それに関連したエステル交換反応などに関して述べる．

Fischer のエステル化反応は過剰量のアルコール中での酸触媒反応であり，ドイツの化学者 Emil Fischer（1852〜1919）にちなんだ命名である．

解説 酸触媒の働きはカルボニル基の活性化（**1** のプロトン化）と，よい脱離基の生成（**5** の酸素 a へのプロトン化）である．**1** のプロトン化はアルデヒド，ケトンの反応と同じであり，ルイス塩基性の強いカルボニル酸素に起こり **3** が生成する．この段階はアルデヒド，ケトンと同じであるが，カルボン酸の場合 **3** は共鳴安定化している．次にアルコール（R^2-OH）酸素の非共有電子対がカルボニル炭素に求核付加し **4** を経て **5** を与える．**5** では元のカルボニル炭素は sp^3 混成の四面体構造となり，この段階までは基本的にアセタール生成と同じである．この後，プロトン化の位置により二つの経路に分かれる．酸素 a にプロトン化が進行すると水の脱離が起こりエステルが生成する．酸素 b へのプロトン化は逆反応であり，**4** を経てカルボン酸へと戻る．**反応 40** の項で示したようにカルボン酸とエステルの安定性の差，および水とアルコールの脱離能の差は小さいこともあり，この反応のすべての段階は平衡である．よって Fischer のエステル合成の場合は，エステル生成に平衡を傾けるためアルコールを大過剰，すなわち通常はアルコール溶媒中の条件で行う．また，本反応には一般的に硫酸などの強酸を用いる．

逆にエステル加水分解を酸触媒で行うには水中で反応させる．

関連反応　エステル交換反応　最初の図（**1⇆2**）において**1**がR¹COOR³（エステル）の場合も同様の反応が進行し，R²-OH中で行うとアルキル基の異なるエステル（R¹COOR²）が生成する．これを**エステル交換反応**という．

ラクトン化反応　分子内のカルボン酸とアルコールでFischerのエステル化反応が進行すると**ラクトン**（環状エステル）が生成する．反応機構はまったく同じであり，安定な環構造（5員環や6員環）を形成する場合は特に進行しやすい．しかし，マクロライド系抗生物質のような大環状ラクトン化合物の合成は，分子内反応と分子間反応の競争となり困難であり，工夫が必要とされる．

$H_2^{18}O$の取込み　カルボン酸（RCOOH）に$H_2^{18}O$中で酸を加えると$RCO^{18}OH$が生成するが，この機構も最初の図（**1⇆2**）と同じである．

立体障害のあるアルコールとカルボン酸の反応　立体障害により求核性が低く，かつカルボカチオンが安定化できるアルコールの場合はヒドロキシ基のプロトン化後，水が脱離してカルボカチオンが生成し，そこにカルボン酸が求核攻撃をする場合がある．S_N1型の求核置換反応である．

他のエステル合成法　カルボン酸誘導体のなかでエステルより反応性の高い酸塩化物，酸無水物とアルコールからもエステルは容易に合成できる．

医薬品合成への応用　抗結核薬であるイソニアジド**14**の合成ではカルボン酸をFischerのエステル化でエチルエステルとした後にヒドラジンと反応させている．

42 アミド合成とラクタム

概略 アミド結合はタンパク質の主鎖を形成するなど生体内物質や医薬品で重要な結合であり，基本的にはカルボン酸とアミンから形成することができる．しかし，カルボン酸とアミンを室温で混合しただけでは酸-塩基反応しか進行しない．ここではカルボン酸誘導体とアミンからの合成と，カルボン酸自体とアミンからの縮合剤を用いた合成に分けて考える．

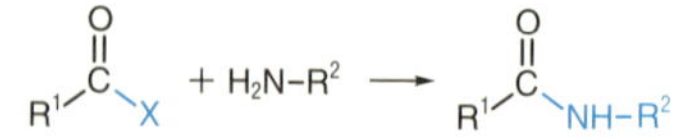

解説 **カルボン酸誘導体とアミンからの合成** アミドはカルボン酸誘導体の中では安定で反応性は低く，また，アミンの求核性は高い．このためアミドより反応性の高い（不安定）酸塩化物，酸無水物，エステルから合成することが可能である．特に反応性が高い酸塩化物，酸無水物は求核性の高いアミンと室温，あるいはそれ以下で求核付加-脱離反応が進行する．酸塩化物の例を下図に示す．なお，Fischer のエステル合成のように酸触媒でカルボン酸とアミンを反応させてもアミドは得られない．アミンが酸と反応し求核性のないアンモニウムイオンを形成してしまうためである．

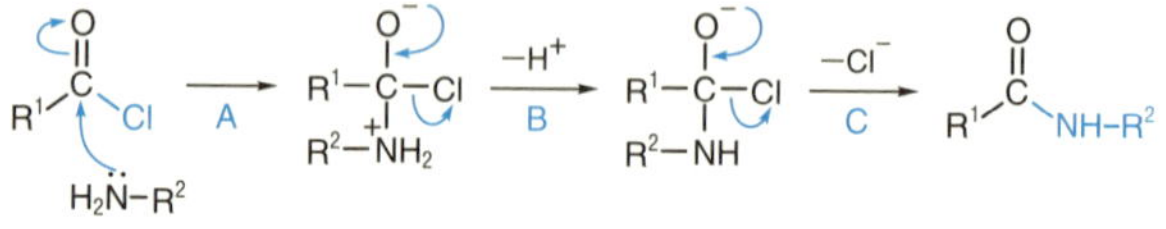

この反応の注意点は以下の 3 点である．

1) 酸塩化物や酸無水物いずれの場合も上図の B，C に対応する段階で酸が生成する．酸はアミンと酸塩基反応し求核性のないアンモニウムイオンを生成するため，アミンを 1 当量しか用いないと，反応は 50% 進行した段階で停止する．これを防ぐために塩基を加える．一般的にはピリジン類やトリエチルアミンが用いられる．

2) 酸塩化物や酸無水物とアミドとのエネルギー差が大きいために反応は激しく発熱する場合があるので，一般的に冷却して行う．

3) 酸塩化物や酸無水物は水との反応性が高いので無水溶媒を用いる．

エステルからアミドへの変換も可能ではあるが，エステルの反応性は酸塩化物や酸無水物に比べ低いためアミド合成には酸塩化物や酸無水物がよく用いられる．しかし，生体内でのペプチド合成では，ペプチジル tRNA のエステルとアミノアシル tRNA のアミノ基からアミド結合が合成される．

カルボン酸とアミンからの合成 前述したようにカルボン酸とアミンを混合しただけでは酸-塩基反応が進行し，非常に安定なカルボキシラートイオン（R-

128

COO⁻）と求核性のないアンモニウムイオンとの塩が生成する．この塩を加熱すれば脱水を伴ってアミドが生成するが，合成法としての有用性は低い．

この問題を克服する観点から脱水縮合剤がカルボン酸とアミンからのアミド生成には用いられる．以下に **N,N′-ジシクロヘキシルカルボジイミド（DCC）7** の例を示す．

DCC とカルボン酸とで酸–塩基反応が進行後，カルボキシラートイオンが活性化された C＝N⁺ の炭素に求核付加し **8** が生成する．**8** の色文字部に注目すると酸無水物と等価な構造となっており反応性が増大したことになる．C＝O 基の炭素と C＝N 基の炭素では前者の炭素の δ＋性が高いためアミンの求核攻撃を受け，その後脱離が進行しアミドを与える．反応全体では DCC に水が付加 **9** しており脱水反応であるが，重要なポイントは **8** でカルボン酸が活性化されている点であり，結局はカルボン酸を反応性の高いカルボン酸誘導体に導いていることと等しい．

ラクタム 　　ラクトン（**反応 41** 参照）と同様，分子内のカルボン酸とアミンでアミド化反応が進行すると **ラクタム**（環状アミド）が生成する．合成法は同じであり，安定な環構造（5 員環や 6 員環）を形成する場合は特に進行しやすい．

医薬品合成への応用 　　ACE 阻害薬のカプトプリル **12** 合成のはじめの段階では，カルボン酸とアミンを DCC で脱水縮合させてアミド結合を形成している．その後，カルボン酸とチオールの脱保護を行うとカプトプリルが得られる．

カルボン酸（誘導体）

129

43 酸塩化物および酸無水物の合成と反応

概略　酸塩化物はカルボン酸誘導体のうち最も反応性が高いため，有用なアシル化剤である．また，酸無水物は酸塩化物よりは安定なため取扱いやすく，やはりアシル化剤として繁用されている．

$$R^1-XH \quad + \quad R^2-\overset{\displaystyle O}{\overset{\|}{C}}-Y \quad \longrightarrow \quad R^2-\overset{\displaystyle O}{\overset{\|}{C}}-X-R^1$$

X=O,NH　　　　Y=ハロゲン,OCOR

1　　　　　　　　　　　　*2*　　　　　　　　　　　*3*

解説　**酸塩化物の合成**　酸塩化物はカルボン酸に塩化チオニル，塩化オキサリル，ホスゲンや三塩化リンなどの塩素化試薬を作用させて得られる．以下に塩化チオニル *5* による合成反応を示す．

塩化チオニルへのカルボン酸の求核付加-脱離反応によりクロロスルフィン酸エステル *7* と塩化水素が生成する．ここで生成する塩化水素がクロロスルフィン酸エステルのカルボニル酸素をプロトン化し（*8*），さらに塩化物イオンが求核付加して *9* が生成する．*9* の色文字部はよい脱離基であり，分解して最終的に酸塩化物，二酸化硫黄，塩化水素を与える．

この反応は一見，安定なカルボン酸から不安定な酸塩化物への反応にみえるが，非常に反応性の高い（不安定）塩化チオニルの分解を伴っており，反応全体としては安定系への発熱反応である．

酸無水物の合成　酸無水物は，酸塩化物 *12* とカルボン酸 *4*，酸無水物（一般には無水酢酸）*14* とカルボン酸 *4*（アシル交換反応），ケテンとカルボン酸（**反応48 参照**），カルボン酸と脱水剤（**反応42 参照**）などの反応により合成される．分子内の二つのカルボン酸から5員環や6員環の環状酸無水物が生成する場合は加熱のみで容易に進行する（*17→18*）．

酸塩化物，酸無水物は水との反応性が高いので無水条件下で保存する．

（次ページにつづく）

酸塩化物および酸無水物の反応　求核付加–脱離反応（**反応 40** 参照）の項で示したようにカルボン酸誘導体のなかで最も反応性が高いのが酸塩化物で，その次が酸無水物である．よって，アルコール，アミンを反応させると，それぞれエステル，アミドを容易に生成する．

カルボン酸を酸塩化物に変換した際は，酸塩化物を単離することなく，反応剤の塩化チオニルなどを留去して，すぐにアルコールなどと反応させる．

酸塩化物ではハロゲンのルイス塩基性が高いことから，ルイス酸（AlCl₃, FeCl₃など）を作用させるとカルボカチオン（相当）が生成する．これが求電子剤となるのが **Friedel–Crafts アシル化反応** である．（**反応 54** 参照）

生体内での酸無水物　カルボン酸の酸塩化物，酸無水物（環状酸無水物を除く）はともに水と容易に反応するため，医薬品や生体内化合物には存在しない．しかし，リン酸やスルホン酸の無水物は水中でも比較的安定で，生体内のリン酸化やスルホン化剤として働いている．

以下に DNA ポリメラーゼによる DNA 鎖伸長機構を示す．リン酸無水物（色文字部）とアルコールからリン酸エステルが生成し，発熱反応となっている．

医薬品合成への応用　アスピリン *21* は世界初の大量合成医薬品であるが，サリチル酸 *20* 合成後，無水酢酸でフェノール性ヒドロキシ基をアセチル化する．

44 Claisen 縮合

概略 エステルカルボニル基の α 位もアルデヒド，ケトンに比べると弱いが活性メチレンであり，アルコキシドイオンを作用させると一部エノラートとなる．このエノラートが，もう一分子のエステルのカルボニル炭素に対して求核攻撃をすると，求核付加-脱離反応が進行し，**β-ケトエステル**が生成する．この反応をLudwig Claisen（1851〜1930）にちなみ **Claisen 縮合** とよぶ．エノラートがカルボニル基に求核付加するところまではアルドール縮合（**反応 32 参照**）と同じと考えてよい．

解説 エステルカルボニル基の α 位水素の pK_a は 24 程度であり，一般的なアルコールの pK_a より 7〜8 程度高い．よって，求核剤として働くエステルエノラート *3* の生成はわずかであるが，これが他のエステル分子のカルボニル炭素へ求核攻撃をする．この後は他の求核付加-脱離機構と同じであり β-ケトエステル *5* が生成物となる．アルドール縮合ではカルボニル基に脱離できる置換基がないため *4* がプロトン化した段階から，脱水反応が進行する．Claisen 縮合では，原型は 2 分子のエステルでありエステルの共鳴構造に由来する安定化が二つ分あるが，生成物は β-ケトエステル 1 分子でエステルによる共鳴安定化は一つ分となる．よって，この段階までの平衡は熱力学的には不利となるが，これに続く反応（*5→6*）が大きな吸熱反応となるために，全体の平衡は右にずれる．すなわち，β-ケトエステルの活性メチレンは二つのカルボニル基に挟まれているためプロトンの脱離後に生成するカルボアニオン *6* が大きく共鳴安定化を受ける．このため β-ケトエステル

の pKa は約 10 でアルコールの pKa よりかなり低いために平衡が大きく右に動く.
6 が生成するにはエステル **1** の α 位に水素が二つ必要であり，一つでは **6** が生成しないため反応全体が進行しない．最終的に酸処理をして β-ケトエステルが得られる．

アルコキシドイオンをエステルに作用させると，アルコキシドイオンによる求核付加-脱離（エステル交換）反応も進行するため，Claisen 縮合にはエステルの -OR 基と同じアルコキシドイオンを塩基として用いる．エステル交換反応が進行しても生成物は出発物質と同じであり，見かけ上の変化がなく考慮する必要がなくなる．

関連反応　**Dieckmann 反応**　分子内にある二つのエステルで Claisen 縮合が進行すると環状の β-ケトエステルが生成する．5 員環，6 員環生成が有利であるが，反応機構などは Claisen 縮合とまったく同じである．

ケトン（アルデヒド）とエステルの縮合反応　ケトン（アルデヒド）とエステルが混合しているところに塩基を作用させると pKa の関係からケトン（アルデヒド）が優先的にエノラート化する．このエノラートがエステルに対して求核付加-置換反応を起こし β-ジカルボニル化合物が得られる．この際，アルドール縮合も進行するが，アルドール縮合は可逆反応のためケトン（アルデヒド）のみからの生成物 **7** は問題とならない．

交差 Claisen 縮合　2 種類のエステルで交差 Claisen 縮合を行うと生成物は 4 種類生成し選択性がない．しかし，アルドール縮合と同様，一方のエステルが α 位水素をもたなければ生成物を制御することができる．

医薬品合成への応用　イブプロフェン **12** の合成では，2 種類のエステルで交差 Claisen 縮合を行っているが，**10** のみが α 位水素をもちエノラート化するため，生成物は 1 種類となる．その後，マロン酸エステル合成法（**反応 45** 参照）でイブプロフェンを得る．

カルボン酸（誘導体）

45 マロン酸エステルおよびアセト酢酸エステル合成と脱炭酸反応

概略 マロン酸ジエチル (*1*: X = OCH$_2$CH$_3$) およびアセト酢酸エチル (*1*: X = CH$_3$) のように両側にカルボニル基が存在するβ-ジカルボニル化合物のエノラート *4* は共鳴安定化するため容易に生成し，これがハロゲン化アルキルに対し求核攻撃して S$_N$2 型置換反応が進行する (①)．活性メチレンのアルキル化反応である．さらに，エステル加水分解後，脱炭酸反応が進行しマロン酸ジエチルからは炭素数が増加したカルボン酸が，アセト酢酸エチルからはメチルケトン誘導体を得ることができる (②)．Claisen 縮合同様，重要な炭素-炭素結合生成法である．

解説 β-ジカルボニル化合物は比較的強い酸であり，マロン酸ジエチルの pK_a は 13，アセト酢酸エチルの pK_a は 10.6 であり，エトキシドにより容易にエノラート *4* が生成する．エタノールの pK_a は 16 であるため，エノラート生成は発熱反応となる．このため，Claisen 縮合と異なりカルボニルのα位に水素が二つある必要はない．(反応 44 参照) ここにハロゲン化アルキルを加えるとエノラートが求核剤となり S$_N$2 反応が進行しモノアルキル体 *5* が得られる．活性メチレンにもう一つの水素がある場合に，同じ操作を繰返すとジアルキル体が得られる．よって，2 種類のアルキル基を導入することも可能であり，適切なジハロゲン化物を用いれば環状化合物が得られる．

5 を酸，あるいはアルカリ性で加水分解しβ-ケトカルボン酸 *6* に変換すると，加熱により脱炭酸反応が進行しエノール体 *7* が得られる．*7* は互変異性によりケトンまたはカルボン酸に変換される．

アルコキシドイオンをエステルに作用させると，アルコキシドイオンによる求核付加-脱離 (エステル交換) 反応も進行するため，Claisen 縮合の場合と同様，エステルの -OCH$_2$CH$_3$ 基と同じエトキシドを塩基として用いる．エステル交換反応が進行しても生成物は出発物質と同じであり，見かけ上の変化がなく考慮する必要が

カルボン酸(誘導体)

134

なくなる.

1 → 4 → 5 →(加水分解)→ 6

→ 7 ⇌ 3

医薬品合成への応用　フェノバルビタール合成では，マロン酸ジエチルではないが β-ジカルボニル化合物 11 のエチル化を行っている．エステル加水分解-脱炭酸反応は行わず，尿素と直接反応させ環形成を行う．なお，$9 \to 10$ の反応は交差 Claisen 縮合（**反応 43** 参照）である．

$C_6H_5-CH_2-CN$ →(C_2H_5OH / H_2SO_4)→ $C_6H_5-CH_2-COOC_2H_5$ →($(COOC_2H_5)_2$ / $NaOC_2H_5$)→ $\left[C_6H_5-\underset{H}{\overset{COOC_2H_5}{C}}-COCOOC_2H_5 \right]$

8　　　　　　　　　　　　9　　　　　　　　　　　　10

→($-CO$)→ $C_6H_5-\underset{H}{C}\overset{COOC_2H_5}{\underset{COOC_2H_5}{}}$ →(C_2H_5Br / $NaOC_2H_5$)→ $C_6H_5-\underset{C_2H_5}{C}\overset{COOC_2H_5}{\underset{COOC_2H_5}{}}$ →($(NH_2)_2CO$ / $NaOC_2H_5$)→ 13

11　　　　　　　　　　　12

反応 44 の"医薬品合成への応用"で合成した 14 はマロン酸ジエチル誘導体であり，これに塩基と CH_3I を作用させメチル化体 15 を得る．さらに，加水分解を行い，脱炭酸させてイブプロフェン 17 が得られる．

iBu-⟨C_6H_4⟩-$\underset{COOCH_2CH_3}{\overset{H}{C}}$-COOCH_2CH_3 →($CH_3I$ / $NaOC_2H_5$)→ iBu-⟨C_6H_4⟩-$\underset{COOC_2H_5}{\overset{CH_3}{C}}$-COOC_2H_5

14　　　　　　　　　　　　　　　15

→($NaOH$)→ iBu-⟨C_6H_4⟩-$\underset{COOH}{\overset{CH_3}{C}}$-COOH →(加熱)→ iBu-⟨C_6H_4⟩-$\overset{CH_3}{CH}$-COOH

16　　　　　　　　　　　　　　17

カルボン酸（誘導体）

46　Grignard 反応剤とカルボン酸誘導体または カルボニル化合物の反応

概略　Grignard 反応剤（RCH$_2$-MgX）のような有機金属化合物は電気陰性度の関係から金属が δ+，炭素が δ− となり，炭素が求核剤として働く．この δ− となった炭素はケトン，アルデヒドに求核付加しアルコール **2** を生成する（①）が，カルボン酸誘導体とは求核付加-脱離反応（②）でケトン **3** が反応し，第三級アルコール **4** が生成する（③）．本反応は重要な炭素-炭素結合生成法の一つである．

解説　有機金属化合物では電気陰性度の関係から炭素が δ− となるが，完全に遊離したカルボアニオンが生成するわけではない．よく用いられる有機金属化合物としては有機リチウム反応剤，Grignard 反応剤，有機亜鉛反応剤があり，有機リチウム反応剤では 43%，Grignard 反応剤では 34%，有機亜鉛反応剤では 18% のイオン化である．イオン化率の高い方が炭素求核剤としての反応性が高い．

アルデヒド，ケトンは Grignard 反応剤と反応してアルコールのマグネシウム塩を生成する．ここに水あるいは弱酸を加えてアルコールを得る．ホルムアルデヒドからは第一級，アルデヒドからは第二級，ケトンからは第三級アルコールが得られる．

Grignard 反応剤は酸塩化物，エステルとも反応する．基質がカルボン酸誘導体では脱離基が存在するため，はじめの反応でケトンが生成する．ケトンは反応性が高いため，さらに Grignard 反応剤の求核攻撃を受け，同じアルキル基を二つもつ第三級アルコール **4** を与える．ただし，ギ酸エステルを出発物質とした際は第二級アルコールが得られる．

Grignard 反応剤はニトリル **9** とも反応し，水で処理すると，最終的にケトン **12** を与える．

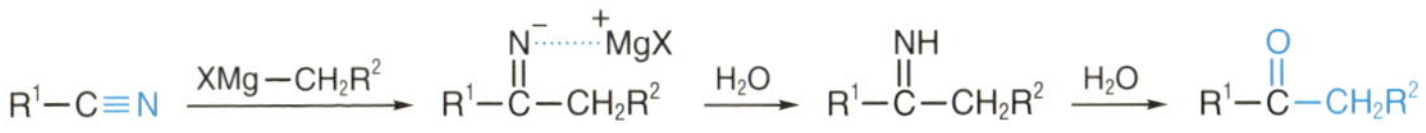

$$R^1-C\equiv N \xrightarrow{XMg-CH_2R^2} \underset{10}{R^1-\underset{\overset{\|}{N^-\cdots^+MgX}}{C}-CH_2R^2} \xrightarrow{H_2O} \underset{11}{R^1-\underset{\overset{\|}{NH}}{C}-CH_2R^2} \xrightarrow{H_2O} \underset{12}{R^1-\underset{\overset{\|}{O}}{C}-CH_2R^2}$$

Grignard 反応剤合成　　ハロゲン化アルキル，ハロゲン化アリールともに無水エーテル系溶媒中で金属マグネシウムと反応させて得られる．Grignard 反応剤生成反応は酸化還元反応でありアルキル基の立体障害などの影響を受けず，ハロゲンの種類に生成速度は依存する．一般に反応速度が適切なためと副反応が少ないことから臭化アルキルが用いられるが，反応剤生成が遅い場合には少量のヨウ素を添加する．エーテル系溶媒の酸素がルイス塩基として反応剤の安定化に寄与している．

関連反応　　有機リチウム反応剤は Grignard 反応剤よりも反応性が高く，上記のカルボニル化合物やカルボン酸誘導体に加え，カルボン酸とも反応する．この場合は，下図に示すように，はじめに酸-塩基反応が進行しカルボキシラートイオン **14** が生成する．カルボキシラートイオンは安定で反応性はきわめて低いが，有機リチウム反応剤の求核性が高いこととリチウムのルイス酸性が強いことにより求核付加反応が進行し，α-ジオール体のジリチウム塩 **15** となる．これを酸処理するとケトンが得られる．

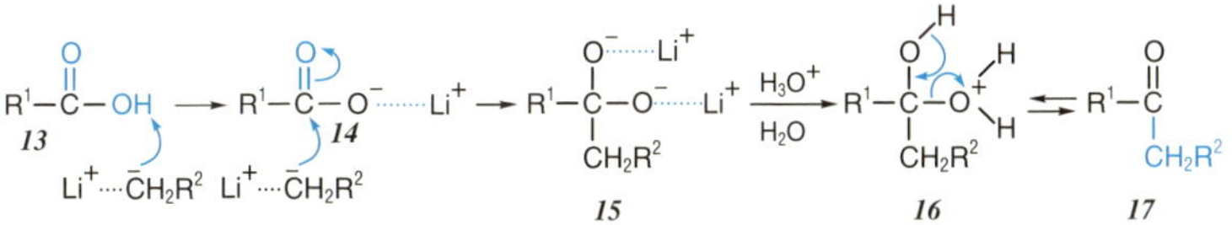

$$\underset{13}{R^1-\underset{\overset{\|}{O}}{C}-OH} \longrightarrow \underset{14}{R^1-\underset{\overset{\|}{O}}{C}-O^-}\ Li^+ \longrightarrow R^1-\underset{\underset{CH_2R^2}{\|}}{\overset{O^-\cdots Li^+}{C}}-O^-\cdots Li^+ \xrightarrow[H_2O]{H_3O^+} \underset{16}{R^1-\underset{\underset{CH_2R^2}{\|}}{C}-O^+} \rightleftharpoons \underset{17}{R^1-\underset{\overset{\|}{O}}{C}}\ \ CH_2R^2$$

Li⁺····CH₂R²　　Li⁺····CH₂R²

医薬品合成への応用　　三環系 H_1 受容体拮抗薬であるシプロヘプタジン **20** は，無水フタル酸から6段階を経て **18** を合成し，これに Grignard 反応剤を反応させ **19** とし，脱水して得られる．

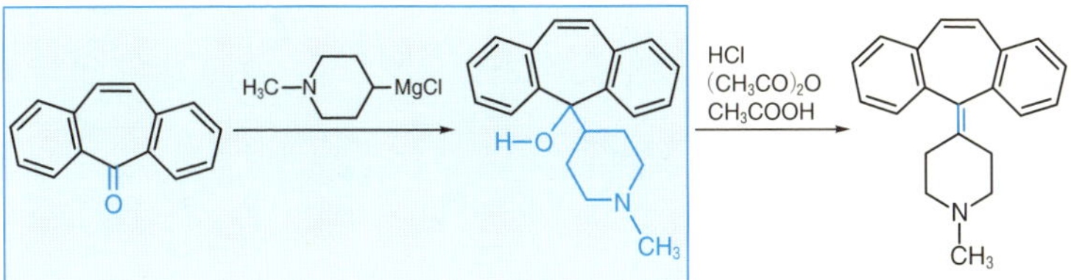

137

47　ニトリルの加水分解反応

概略　ニトリルはカルボニル基と同様な共鳴をするのでカルボニル基と等価と考えられ，カルボン酸誘導体とみなされている．そして，ニトリル炭素は$\delta+$性を帯びているため，さまざまな求核剤の攻撃を受ける．ニトリルの加水分解反応の第一段階（①）はカルボニル基への求核付加反応と同じでありアミドを生成する．一般的にニトリルの加水分解条件ではアミドの段階では止まらず，さらなる加水分解（②，アミドへの求核付加-脱離反応）が進行しカルボン酸とアンモニアを生成する．

$$R-C\equiv N \xrightarrow{①} R-\overset{\overset{O}{\|}}{C}-NH_2 \xrightarrow{②} R-\overset{\overset{O}{\|}}{C}-OH + NH_3$$
$$\mathbf{1} \qquad\qquad \mathbf{2} \qquad\qquad \mathbf{3}$$

ハロゲン化アルキルを出発原料としシアン化物イオンの求核置換反応でニトリル**5**を合成後，加水分解を行うと炭素数が一つ増加したカルボン酸**6**を得ることができる．

$$R-CH_2-X \xrightarrow{NaCN} R-CH_2-CN \longrightarrow R-CH_2-COOH$$
$$\mathbf{4} \qquad\qquad \mathbf{5} \qquad\qquad \mathbf{6}$$

解説　第一段階のアミド生成はケトン，アルデヒドでのアセタール生成と同じと考えてよく酸触媒，塩基触媒どちらでも進行する．図には酸触媒の場合を載せた．酸触媒ではほかのカルボニル化合物の場合と類似して，はじめに窒素がプロトン化され活性化が起こる（**7**）．その後，H_2Oが$\delta+$性を帯びたニトリルの炭素を求

138

核的に攻撃する．生成物 ***9*** はアセタールと等価とみなせるが，アミドの互変異性体であり，安定なアミド ***2*** へと変換される．これにひき続いてアミドの加水分解（求核付加-脱離反応）が進行し，カルボン酸とアンモニアを生成する．

一般的にニトリルは安定で，アセトニトリルなどは反応溶媒に用いられる．よって，ニトリルの加水分解には強酸あるいは強塩基が必要で，加熱も必要となる場合が多い．このように強い反応条件でニトリルの加水分解反応が行われるため，アミドで反応を止めることは困難である．

関連反応　ニトリルの還元反応ではメチルアミンが生成する．こちらの合成反応への応用としてはハロゲン化アルキルから炭素数が一つ増加したアミン ***15*** の生成があげられる．（***4→6*** と下図を比較すること）

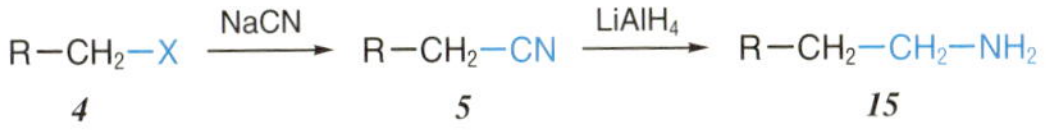

R−CH2−X
NaCN
R−CH2−CN
LiAlH4
R−CH2−CH2−NH2
4
5
15

医薬品合成への応用　トリメタジオン ***20*** では，まずはじめにアセトンのシアノヒドリン ***16*** 生成後，ニトリルの加水分解を行っている．さらに Fischer のエステル化反応（**反応 41** 参照）でカルボン酸をエステル化後（***18***），環化，つづいてメチル化を行う．

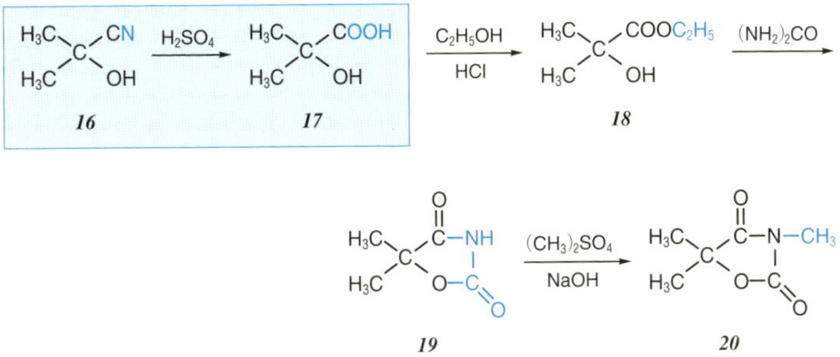

H2SO4
C2H5OH
HCl
(NH2)2CO
(CH3)2SO4
NaOH
16
17
18
19
20

48 ケテン・イソシアナートの反応

概略 ケテン・イソシアナートの一般式は下図 *1* であり，X＝CH がケテン，X＝N が**イソシアナート**である．いずれも中心炭素は sp 混成をとり，X と O は sp^2 混成で，X＝C＝O は直線構造である．*1a*〜*1c* に共鳴の極限構造を示す．中心炭素の δ+ 性は高く，カルボニル基と同様に求核攻撃を受ける．

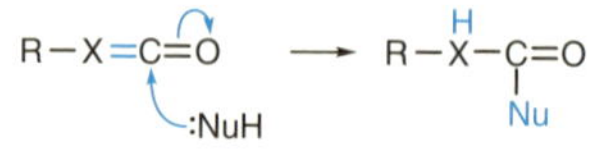

$$R-X=C=O \longrightarrow R-X-\overset{H}{\underset{Nu}{C=O}}$$

1　　　　*2*

$$\left[\; R-X=C=O \longleftrightarrow R-X=\overset{+}{C}-O^- \longleftrightarrow R-\overset{-}{X}-\overset{+}{C=O} \;\right]$$

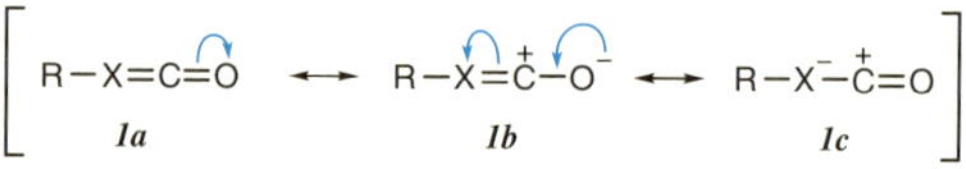

1a　　　　　*1b*　　　　　*1c*

48・1 ケテンの反応

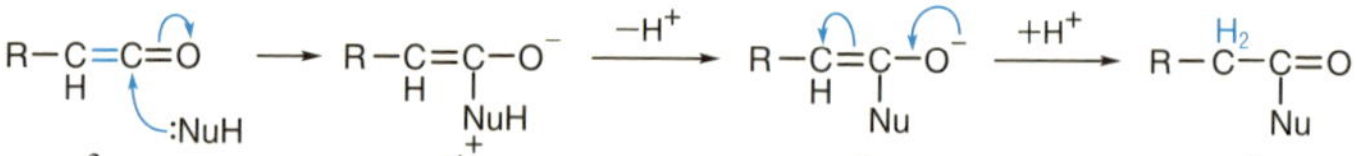

$$R-\underset{H}{C}=C=O \longrightarrow R-\underset{H}{C}-\underset{\underset{+}{NuH}}{C}-O^- \xrightarrow{-H^+} R-\underset{H}{C}-\underset{Nu}{C}-O^- \xrightarrow{+H^+} R-\underset{H_2}{C}-\underset{Nu}{C}=O$$

3　　　　*4*　　　　　*5*　　　　　*6*

　ケテン *3* に対して水が求核剤として反応するとカルボン酸を，アルコールではエステルを，アミンではアミドを生成する．下図のようにカルボン酸をケテン *10* に導くと炭素鎖が一つ増加したカルボン酸 *11*，エステル *12*，アミド *13* を合成できる．（**Wolff 転位**）

$$R^1-COOH \xrightarrow{SOCl_2} R^1-COCl \xrightarrow{CH_2N_2} R^1-COCHN_2 \xrightarrow{Ag_2O}$$

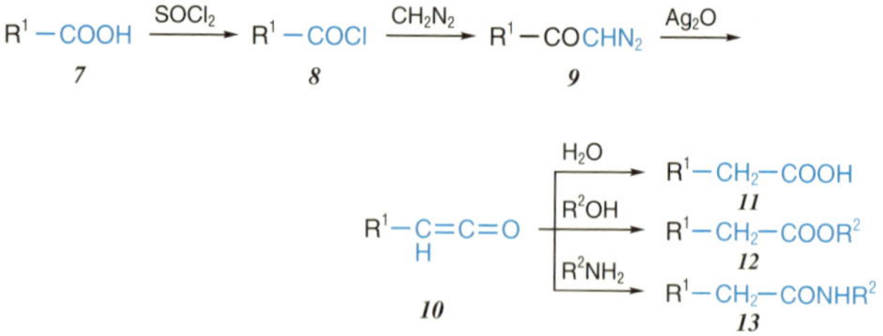

7　　　　　*8*　　　　　*9*

$$R^1-\underset{H}{C}=C=O \begin{cases} \xrightarrow{H_2O} & R^1-CH_2-COOH \quad \textbf{11} \\ \xrightarrow{R^2OH} & R^1-CH_2-COOR^2 \quad \textbf{12} \\ \xrightarrow{R^2NH_2} & R^1-CH_2-CONHR^2 \quad \textbf{13} \end{cases}$$

10

　またケテンとカルボン酸からは酸無水物 *15* が合成できる．

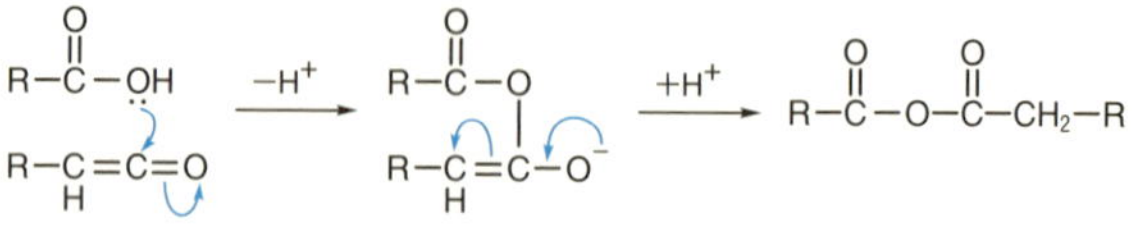

$$\begin{matrix} R-\overset{O}{\overset{\|}{C}}-OH \\ R-C=C=O \end{matrix} \xrightarrow{-H^+} \begin{matrix} R-\overset{O}{\overset{\|}{C}}-O \\ R-C=C-O^- \end{matrix} \xrightarrow{+H^+} R-\overset{O}{\overset{\|}{C}}-O-\overset{O}{\overset{\|}{C}}-CH_2-R$$

3　　　　　　　*14*　　　　　　　*15*

　ケテンに光照射するとカルベンが生成し，これをアルケンと反応させるとシクロプロパンが生成する．

48・2 イソシアナートの反応

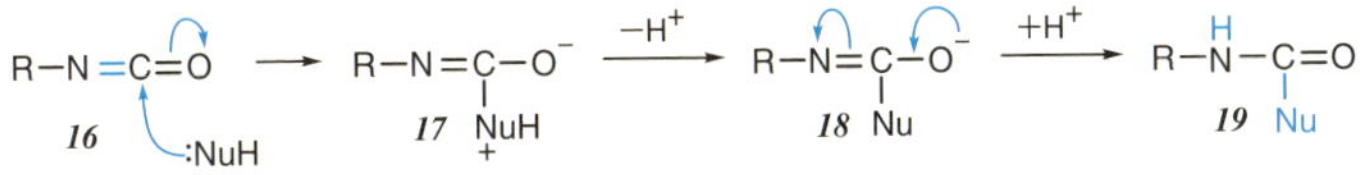

$$R-N=C=O \longrightarrow R-N=C-O^- \xrightarrow{-H^+} R-N=C-O^- \xrightarrow{+H^+} R-N-C=O$$

$$\underset{\textbf{\textit{16}}}{} \quad \underset{\textbf{\textit{17}}}{:NuH} \quad \underset{\textbf{\textit{18}}}{} \quad \underset{\textbf{\textit{19}}}{}$$

イソシアナート **16** に対して水が求核攻撃すると**カルバミン酸**（R-NHCOOH）**22** を，アルコール（R′-OH）では**ウレタン**（R-NHCOOR′）を生成する．カルバミン酸 **22** は不安定でアミンと二酸化炭素に分解するためカルボン酸 **7** からアミン **23** への変換に利用できる（下図と**反応 92** の Hofmann 転位参照）．ウレタンも接触還元などでアミンに変換できる．

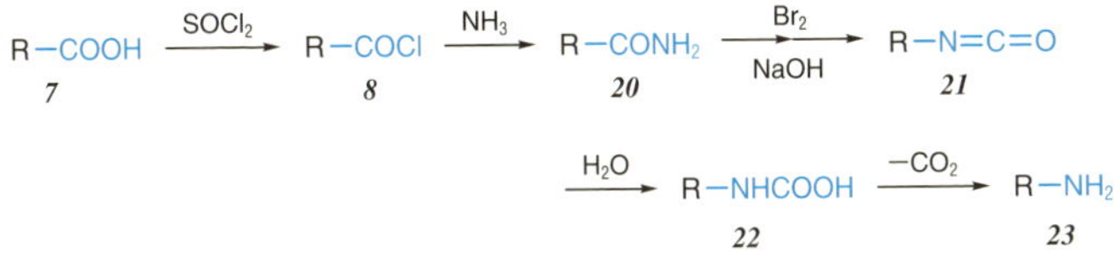

$$R-COOH \xrightarrow{SOCl_2} R-COCl \xrightarrow{NH_3} R-CONH_2 \xrightarrow[NaOH]{Br_2} R-N=C=O$$

$$\underset{\textbf{\textit{7}}}{} \qquad \underset{\textbf{\textit{8}}}{} \qquad \underset{\textbf{\textit{20}}}{} \qquad \underset{\textbf{\textit{21}}}{}$$

$$\xrightarrow{H_2O} R-NHCOOH \xrightarrow{-CO_2} R-NH_2$$

$$\underset{\textbf{\textit{22}}}{} \qquad \underset{\textbf{\textit{23}}}{}$$

関連事項　二酸化炭素の中心炭素は sp 混成をとり，二つの O は sp^2 混成で，O=C=O は直線構造であるため，ケテン，イソシアナートと類似している．二酸化炭素の中心炭素も有機金属反応剤 **24** の求核攻撃を受けカルボン酸 **26** を生成する．本反応は炭素数が一つ増加するカルボン酸の合成法として有用である．

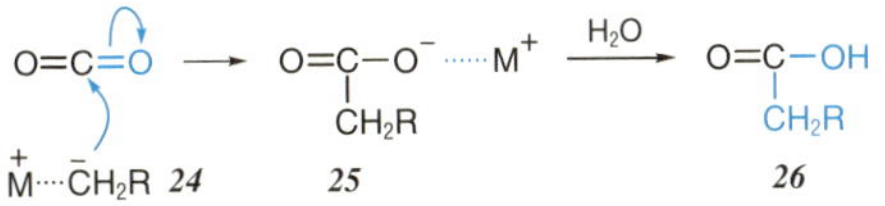

$$O=C=O \longrightarrow O=C-O^-\cdots M^+ \xrightarrow{H_2O} O=C-OH$$

$$\underset{M\cdots CH_2R}{\overset{}{}} \textbf{\textit{24}} \qquad \underset{CH_2R}{} \qquad \underset{CH_2R}{}$$

$$\underset{\textbf{\textit{25}}}{} \qquad\qquad \underset{\textbf{\textit{26}}}{}$$

医薬品合成への応用　制がん剤であるニムスチン **29** の合成経路を示す．**27** には二つのアミノ基が存在するが，芳香族アミンは芳香環との共鳴により求核性が低下しているのでアルキルアミンが優先的にイソシアナートと反応する．その後，ニトロソ化することによりニムスチンが得られる．

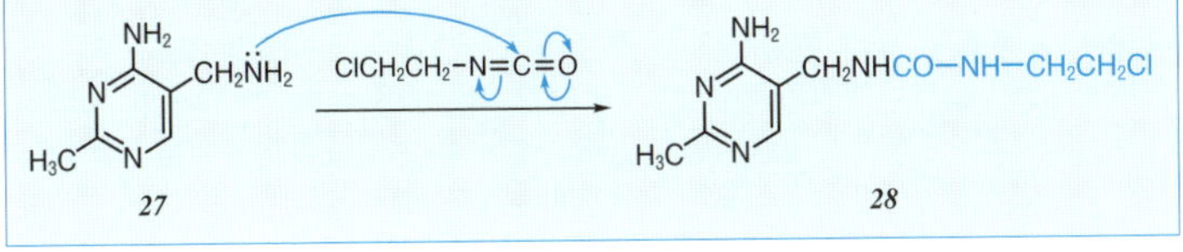

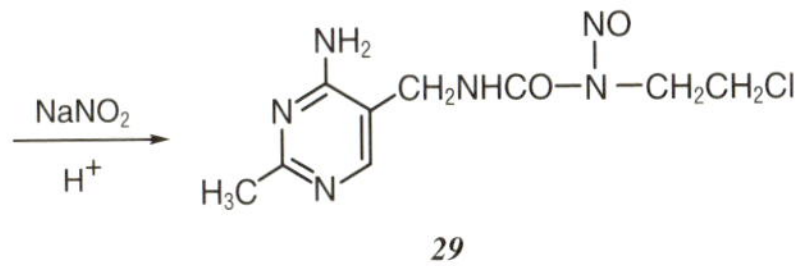

カルボン酸（誘導体）

141

49　スルホンアミドの生成と Hinsberg 試験

概略　S＝O は S の sp^3 軌道（非共有電子対）と O の空の sp^2 軌道からなる配位結合と，S の空の 3d 軌道と O の p 軌道（非共有電子対）からなる（p-d）π 結合で形成されているが，*3*↔*4* のような共鳴をするためカルボニル基と類似した反応性を示す.

カルボン酸誘導体に対応するスルホン酸誘導体が存在し，反応性もほぼ同じである．アミドに対応する**スルホンアミドは塩化スルホニルとアミンから容易に生じる**が，生成したスルホンアミドの性質の違いを利用して**第一級，第二級，第三級アミンの識別（Hinsberg 試験）ができる**.

解説　塩化スルホニルの S は δ＋性が高く，ここにアミンが求核付加する．その後，Cl^- が脱離しスルホンアミドを生成する．カルボン酸誘導体での求核付加-脱離とまったく同じであり，塩基を加えないと生成する塩酸とアミンが酸塩基反応を起こし収率が低下する.

Hinsberg 試験　第一級，第二級，第三級アミンはいずれも塩化ベンゼンスルホニルと反応し，対応するスルホンアミド（*7*，*10*）あるいは，その塩 *12* を生成する．*7*，*10*，*12* をアルカリ溶液に加えると異なった反応性を示し，これに基づく第一級，第二級，第三級アミンの識別法が Hinsberg 試験である.

第一級アミンから生成する *7* の共役塩基の N^- は *8* に示すように二つの S＝O と共鳴できるため大きく安定化する．そのため，スルホンアミドはアミドより酸性度が高く，*7* は弱酸性を示し，アルカリ水溶液に可溶である．これに対し第二級アミンから生成する *10* は解離するプロトンをもたないため，アルカリ水溶液には溶解しない．さらに *12* は R_3N^+— が脱離基として優れているために OH^- による求核付加-脱離反応が進行し，元の第三級アミンに戻る.

142

1)

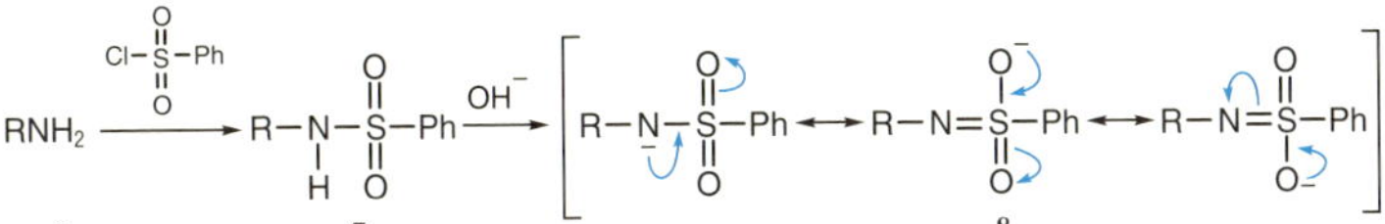

6 → 7

RNH$_2$ → R–N(H)–S(=O)$_2$–Ph → [R–N(–)–S(=O)$_2$–Ph ↔ R–N=S(=O)(–O$^-$)–Ph ↔ R–N=S(=O)(O$^-$)–Ph]

8

2)

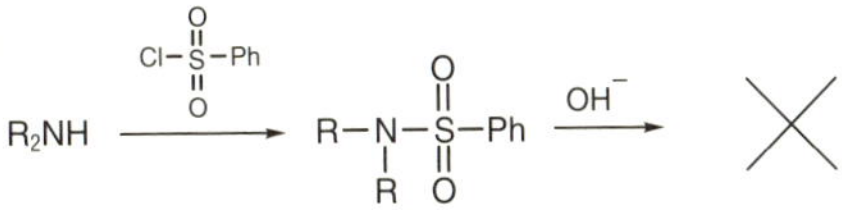

9 → 10 → ✕

R$_2$NH → R$_2$N–S(=O)$_2$–Ph

3)

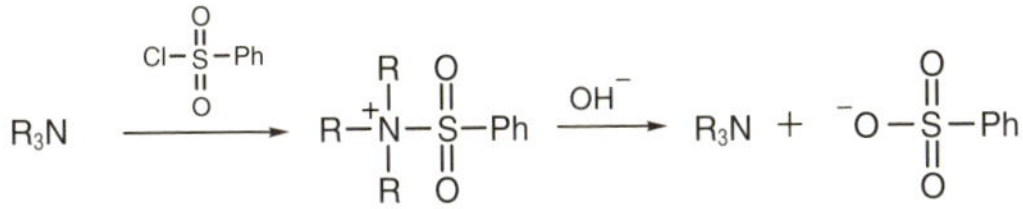

11 → 12 → 13

R$_3$N → R$_3$N$^+$–S(=O)$_2$–Ph → R$_3$N + $^-$O–S(=O)$_2$–Ph

　スルホンアミド構造は，医薬品としてはサルファ剤（スルファジアジン **14** など）や利尿薬に，また人工甘味料（サッカリン **15** など）に存在する．サルファ剤の効果とスルホンアミドの酸性度には相関があり，pK_a が 6.8 のとき最も効果が高い．

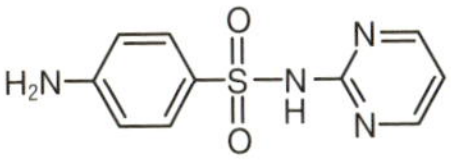

14 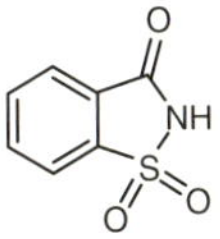　　　　**15**

医薬品合成への応用　図にはスルファニルアミド **19** の例を示すが，アンモニアの代わりにさまざまなアミンを用いることでスルホンアミド系抗菌薬（サルファ剤）の合成ができる．

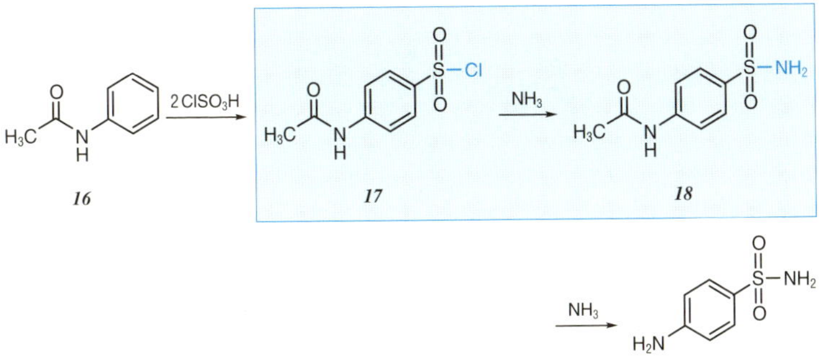

16 → （2 ClSO$_3$H）→ **17** → （NH$_3$）→ **18**

19

カルボン酸（誘導体）

143

Ⅶ. 芳香族求電子置換反応

反応 50　ハロゲン化反応
反応 51　ニトロ化反応
反応 52　スルホン化反応
反応 53　Friedel-Crafts アルキル化反応
反応 54　Friedel-Crafts アシル化反応
反応 55　ジアゾカップリング反応
反応 56　Kolbe 反応と Reimer-Tiemann 反応

50 ハロゲン化反応

概略 芳香族化合物の特徴的な反応は，求電子置換反応である．ベンゼン *1* は安定な分子で反応性には乏しいが，求電子剤（E^+）の攻撃を受けることは可能である．ただし，アルケンのように求電子剤と付加反応を起こすのではなく，ベンゼンのような芳香族化合物の場合，芳香環上の水素が求電子剤と置換される様式をとる．反応後，芳香族性を保つためにも必然的にこの置換反応が進行する．

芳香族求電子置換反応は 2 段階で進行する．最初の段階は，求電子剤（E^+）がベンゼン環のπ電子系による攻撃を受け，共鳴安定化されたカルボカチオン中間体 *4a~4c* を与える．このカチオン中間体において，電荷は非局在化しているが，芳香族性を失っている．新たな C-E 結合の形成により，環に sp^3 炭素が生成する点に注意すべきである．この第一段階は熱力学的に不利で，高い活性化エネルギーを必要とする吸熱反応の段階であり，進行速度は遅く，一般に芳香族求電子置換反応の律速段階である．

共鳴安定化されたアリル型カルボカチオン中間体

第二段階は，カルボカチオン中間体 *4* の sp^3 炭素からプロトンが脱離することにより，すなわち C-H 結合に使われていた 2 個のσ電子を環にπ電子として移動させることにより，芳香族性を取戻すステップである．第二段階は系の安定化（芳香族化）に向けて進行する発熱的な過程で，一般に第一段階よりもずっと速く進行する．

反応後 E^+ と H^+ が置き換わっている

解説　ハロゲンは一般に，アルケンとはただちに反応するが（付加反応），ベンゼンとは反応しない．しかし，ハロゲン（塩素，臭素）はハロゲン化鉄（Ⅲ）（FeX_3）のようなルイス酸により，ハロゲンそのものよりもずっと強力な求電子剤へと活性化される．臭素（Br_2）の例で見てみよう．

$$:\overset{..}{\underset{..}{Br}} - \overset{..}{\underset{..}{Br}}: \ + \ FeBr_3 \ \longrightarrow \ :\overset{..}{\underset{..}{Br}} - \overset{..}{\underset{..}{Br}}{}^+ - Fe^-Br_3$$

$$5 \qquad\qquad 6 \qquad\qquad\qquad\qquad 7$$

すなわち，Br_2 **5** は弱い求電子剤であるが，$FeBr_3$ に配位して複合体を形成すると分極した構造となり，強い求電子剤 **7** となる．その結果，ベンゼンと第一段目の反応が起こり，カルボカチオン中間体を与える．

第一段階（求電子攻撃，律速段階）

形式的には，本反応では $E^+ = {}^+Br$ である．

第二段階（プロトンの脱離，芳香族性の回復）

第二段階では第一段階で生成した $FeBr_4^-$ が塩基として作用し，sp^3 炭素からプロトンを引抜き，芳香族性を回復する．結果としては H^+ が Br^+ に置換したことになり，ブロモベンゼンが得られる．また，$FeBr_3$ は触媒として再生される．

　塩素（Cl_2）は触媒として $FeCl_3$ などを用いることにより，臭素化と同様に塩素化に使われる．

　ヨウ素（I_2）は過酸化水素，あるいは $CuCl_2$ のような銅塩を酸化剤として組合わせ，I^+ としてヨウ素化に適用できる．

　フッ素（F_2）はベンゼンと非常に発熱的に（爆発的に）反応し，ベンゼンの直接的なフッ素化は制御が困難である．

医薬品合成への応用　骨格の一部にハロゲン化ベンゼン（ハロベンゼン）を含む医薬品は数多い．たとえばクロロベンゼンの構造は，ベンゾジアゼピン骨格をもつ抗不安薬にも見いだされ，オキサゾラム，クロキサゾラム，クロルジアゼポキシド **10**，ジアゼパム，プラゼパム，フルジアゼパム，メダゼパム，ロラゼパムなどがあげられる．トリアゾロベンゾジアゼピン系で催眠薬のエスタゾラムにも同様に

147

みられる．アゾール系抗真菌薬のクロコナゾール塩酸塩やミコナゾール硝酸塩 **11** にもみられる．また，フェノチアジン系抗精神病薬では，クロルプロマジン塩酸塩 **12** やペルフェナジンがあげられる．

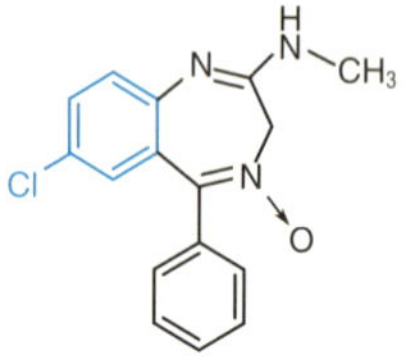

10 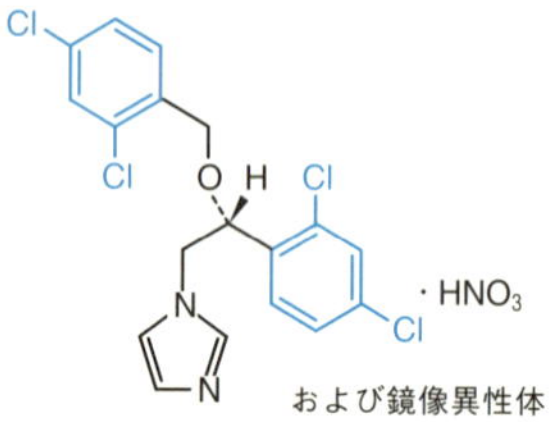　　　　　　　　**11** 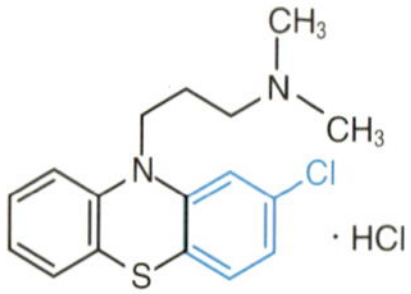　　　　　　　　**12**

および鏡像異性体

ほかにも数多く存在する．これらの医薬品の合成では，出発物質の段階からハロベンゼンを利用することが多い．それだけ後の工程の化学変換に対して安定に存在する官能基であるともいえる（図 50・1）．

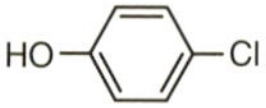

13　　　　　　　　**14**　　　　　　　　**15**

4-クロロフェノール　　4-クロロアニリン　　2-クロロ塩化ベンジル

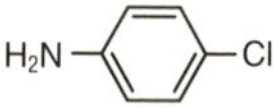

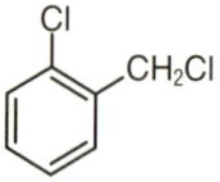

図 50・1　出発物質としてのハロベンゼン誘導体の例

一方，ブロモベンゼンを部分構造として含む医薬品としては，ブロマゼパム **16**（ベンゾジアゼピン系抗不安薬），ブロムヘキシン塩酸塩 **17**（第三級アミン系去痰薬），ベンズブロマロン **18**（ベンゾイルベンゾフラン系痛風治療薬）などがあげられる．

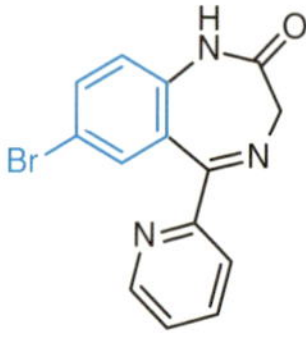

16 　　　　　　　　**17** 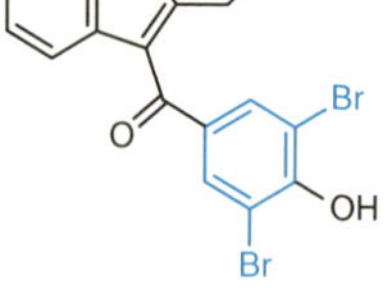　　　　　　　　**18**

51 ニトロ化反応

芳香族求電子置換

概略 ベンゼン（芳香環）の水素をニトロ基で置換する反応を**ニトロ化**という．本反応における求電子剤（E⁺）は**ニトロニウムイオン**（⁺NO₂，ニトロイルイオン）である．

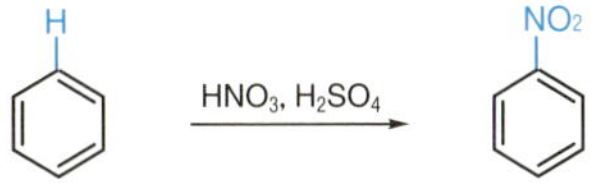

解説 硝酸 *3* と濃硫酸を混合すると，硝酸がプロトン化され，ついで脱水が進行し，活性な求電子剤であるニトロニウムイオン（⁺NO₂）*5* が生成する．一般にベンゼンのニトロ化には⁺NO₂を活性種として利用する．

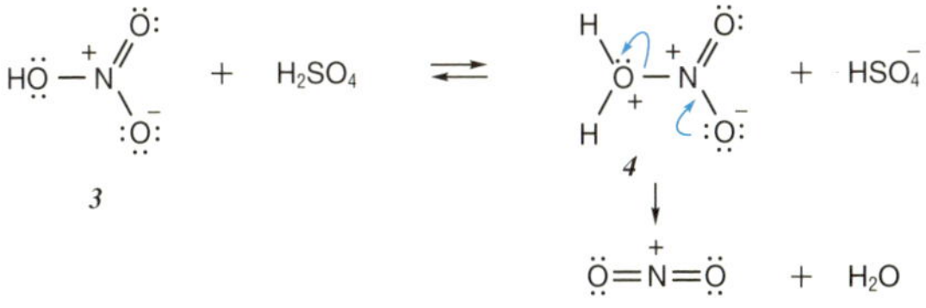

ニトロニウムイオンはベンゼン環のπ電子を求電子攻撃し，非芳香族性のカルボカチオン中間体 *6a*～*6c* を与える．ハロゲン化で述べたように，芳香族性を失うこのステップが律速段階である．

第一段階（求電子攻撃，律速段階）

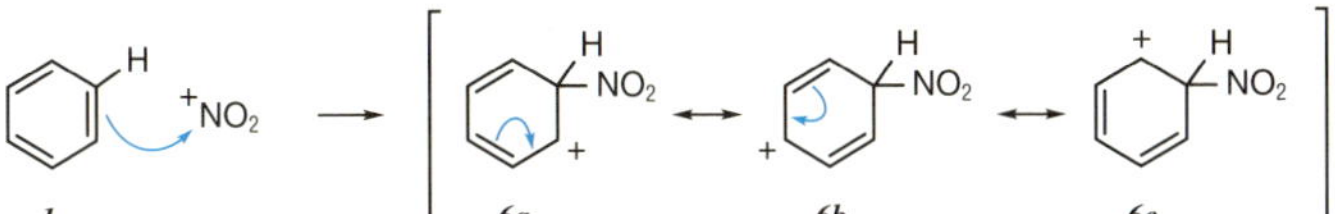

生成するカルボカチオン中間体は三つの共鳴形で表現できる**アリル型カルボカチオン**であり，一般的なアルキルカチオンに比べると比較的安定である．しかし，出発物質のもつ芳香族性を失った状態で，ベンゼン環に比べると非常に不安定である．つまりこの第一段階は熱力学的に不利で，高い活性化エネルギーを必要とする吸熱反応の段階である．

第二段階（プロトンの脱離，芳香族性の回復）

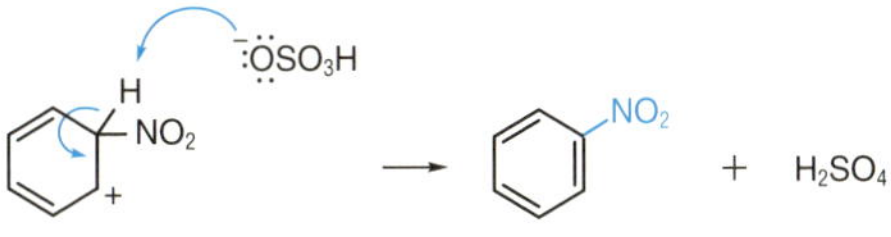

149

第二段階では第一段階で生成した sp^3 炭素からプロトンの脱離が速やかに起こる．炭素–水素間の結合に使われていた σ 電子は，新しく再生する芳香環の π 電子として環の中に移動する．この現象はアルケンへの付加反応で生じるカルボカチオンからの反応経路と大きく異なるところで，芳香族性を回復し置換反応全体を発熱反応に導く点で重要である．結果として H$^+$ が $^+$NO$_2$ に置換し，ニトロベンゼン **2** が得られる．

医薬品合成への応用　芳香族ニトロ化合物の中には数々の医薬品がある．たとえばニカルジピン塩酸塩 **8** やニフェジピン **9** のようなカルシウム拮抗薬・抗高血圧薬，また，クロナゼパムやニトラゼパムのような抗てんかん薬などはベンゼン環がニトロ化された構造を含む．

これらの医薬品の合成では簡単なニトロベンゼン誘導体から順次組上げていく合成経路が多いが，フルニトラゼパム（催眠薬）**12** のようにベンゾジアゼピン骨格に直接ニトロ化して合成する経路もある．

一方，抗生物質クロラムフェニコール（Claisen 転位，**反応 88** 参照）のように自然界にもベンゼン環のパラ位にニトロ基が置換した天然物由来医薬品がある．

ニトロ基は還元してアミノ基とした後，さらに種々の官能基に変換が可能であり，芳香族ニトロ化合物からはいろいろな医薬品が合成されている．たとえば，局所麻酔薬のアミノ安息香酸エチルやプロカイン塩酸塩，去痰薬のブロムヘキシン塩酸塩 **13** などのアミノ基はニトロ基の還元で導いている．抗菌薬エノキサシン水和物 **14** のフッ素置換基はニトロ基→アミノ基→ジアゾニウム塩を経て導入されたものである．

150

52 スルホン化反応

芳香族求電子置換

概略 ベンゼン **1** と濃硫酸を室温で混合しても反応は起こらない．しかし，濃硫酸と三酸化硫黄（SO_3）の混合物である**発煙硫酸**を用いると，ベンゼンのスルホン化が進行する．SO_3 の硫黄原子は，三つの酸素原子による電子求引性効果により，強い求電子的状態にある．よって SO_3 は正に荷電していないが，スルホン化反応における求電子剤（E^+）と考えることができる．

解説 ベンゼンの π 電子系は正電荷を帯びた SO_3 の硫黄原子を攻撃し，芳香族求電子置換反応の第一段目の反応が進行する．このとき，SO_3 が H_2SO_4 によりプロトン化された $^+SO_3H$ も活性種として考えられる．第二段階でカルボカチオン中間体 **3** がプロトンを放出して芳香族性を回復し，ベンゼンスルホン酸 **2** が生成する．スルホン化反応の特徴として，**本反応は可逆反応である**．第一段階で生じるカルボカチオン中間体 **3** からプロトンが脱離する過程 B と，**3** から SO_3 が脱離してベンゼンに戻る過程 A′ が同じぐらいのエネルギー障壁であるからと考えられている．

第一段階（求電子攻撃）

第二段階（プロトンの脱離，芳香族性の回復）

スルホン化の逆反応を起こすには，希酸水溶液中での加熱が有効である．ベンゼンスルホン酸はこの条件で，完全にベンゼンに変換される．

151

芳香族スルホン酸は無溶媒で NaOH と 300 ℃ に加熱するアルカリ融解により，スルホ基がヒドロキシ基に置換されフェノール **4** となる．この反応は，後述される芳香族求核置換反応の一例である．

2 → **4**

1. NaOH, 300 ℃
2. H_3O^+

医薬品合成への応用　1930 年代に発見され優れた抗菌活性を示すサルファ剤は，実用的な化学療法剤の歴史の原点の一つといえる．最初のサルファ剤であるスルファミン（スルファニルアミド）**5** の発見以降，これまで約 15,000 種類の誘導体が合成され，抗菌活性発現には 4 位にアミノ基をもつ**ベンゼンスルホンアミド構造**が重要であることがわかった．サルファ剤は，葉酸生合成に必要なパラアミノ安息香酸 **6** と構造が類似する代謝拮抗薬である．

5　　　　**6**

サルファ剤は現在主として尿路感染症の治療に用いられ，その工業的合成にはベンゼンのスルホン化が重要な位置を占めている．現在のサルファ剤スルファメチゾール **7**，スルファメトキサゾール **8**，スルファモノメトキシン水和物 **9** には，スルホンアミド基の窒素に複素環の結合した構造がみられる．

7　　　　**8**　　　　**9**

一方，サルファ剤を使用中に尿の量が増加することが知られていた．この現象をきっかけにスルホンアミド基の窒素に置換基を加えない $-SO_2NH_2$ 基のまま利尿薬へと発展していった医薬品がある．アセタゾラミド **10** やジクロフェナミド **11** は炭酸デヒドラターゼを阻害することにより利尿作用を示す．

10　　　　**11**

現在ではより優れたチアジド系利尿薬へと発展したので，**10** や **11** は抗てんかん薬の補助剤として，また緑内障治療薬として用いられている．

53 Friedel-Crafts（フリーデル クラフツ）アルキル化反応

概 略　芳香環に新たな炭素-炭素結合を導入するという意味では有機化学的に非常に価値ある反応である．これまでハロゲン化，ニトロ化，スルホン化でみてきたように，芳香族求電子置換反応を行うためには求電子剤（E^+）が必要である．アルキル化にはE^+としてカルボカチオン（R^+）が必要である．

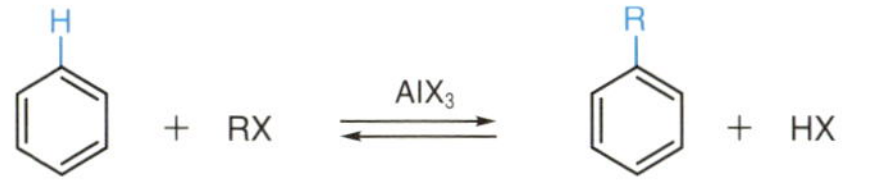

1　*2*

解 説　R^+の発生には，ハロゲン化アルキルとルイス酸が用いられる．ルイス酸に対するハロゲン化アルキルの反応性は，RI < RBr < RCl < RF の順に，C-X 結合の分極が大きくなるほど増加する．ルイス酸としては一般に，塩化アルミニウム（$AlCl_3$）が用いられるが，BF_3，$SbCl_5$，$FeCl_3$，$AlBr_3$ が用いられることもある．

第一級ハロゲン化アルキルの場合，ハロゲン原子がルイス酸に配位して炭素上に正電荷が生じる．

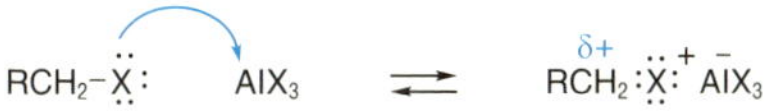

3　*4*　*5*

正電荷の生じた炭素 ***5*** がベンゼン環を求電子攻撃する．

第一段階（求電子攻撃）

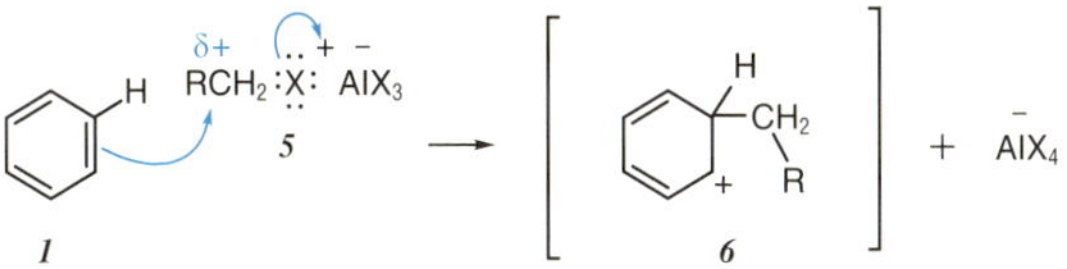

1　*5*　*6*

カルボカチオン中間体

ついで，カルボカチオン中間体 ***6*** からプロトンの脱離が起こる．

第二段階（プロトンの脱離，芳香族性の回復）

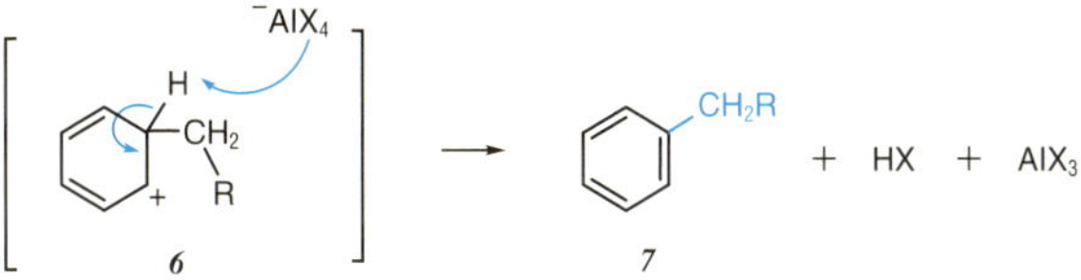

6　*7*

アルキルベンゼン

問題点 1) 第一級，第二級，第三級ハロゲン化アルキルで進行するプロセスはほぼ同じであるが，前述の第一級ハロゲン化アルキルの問題点は，はじめに生成するカルボカチオンがより安定なカルボカチオンへと転位できる場合，一般に主生成物はより安定なカルボカチオン経由となる点である．たとえば1-ブロモブタン **8** でベンゼンをアルキル化する場合，はじめに生成する第一級カルボカチオン **9** は，ヒドリド転位を起こしより安定な第二級カルボカチオン **10** へと変化しやすく，生成物は1-ブチルベンゼン **11** と s-ブチルベンゼン **12** の約3：7の混合物になる．

$$\text{CH}_3\text{CH}_2\text{CH}_2\text{CH}_2\text{-}\ddot{\text{Br}}\text{:}\quad \text{AlCl}_3 \longrightarrow \underset{\mathbf{9}}{\text{CH}_3\text{CH}_2\text{CCH}_2\text{:}\ddot{\text{Br}}\text{: AlCl}_3} \longrightarrow \underset{\mathbf{10}}{\text{CH}_3\text{CH}_2\overset{+}{\text{C}}\text{HCH}_3} + \text{BrAlCl}_3$$

8

ヒドリド転位なし
1-ブチルベンゼン（約30%）
11

ヒドリド転位あり
s-ブチルベンゼン（約70%）
12

2) ハロゲン化アリールやハロゲン化ビニルはルイス酸と混合してもエネルギーの高いアリールカルボカチオンやビニルカルボカチオンを生成しない．したがって，本反応には適用できない．

3) 一般に電子求引性基（$-\text{N}^+\text{R}_3$，$-\text{NO}_2$，$-\text{CN}$，$-\text{SO}_3\text{H}$，$-\text{CHO}$，$-\text{COR}$，$-\text{COOR}$など）が結合したベンゼンでは，ベンゼン環が電子不足となり Friedel–Crafts 反応が進行しない．またアミノ基があると，ルイス酸と錯体を形成し，強い電子求引性基になり，やはり Friedel–Crafts 反応が適用できない．

13

14

4) アルキル基は電子供与性基である．よって，1回アルキル化されたベンゼン環は，さらに2回目のアルキル化を受けやすくなっている．モノアルキル化生成物を収率よく得るためには，大過剰のベンゼンを用いる必要がある．

問題点の 1) や 4) で複数の生成物を与えると，目的とする化合物の収率は当然低下するし，混合物の分離にも多大なコストと労力が必要となる．よって，Friedel–Crafts アルキル化反応は，合成化学では実際にはあまり利用されていない．しかし，**反応 54** の Friedel–Crafts アシル化反応と還元反応を組合わせることにより，目的とするさまざまなアルキルベンゼンが合成可能である．

54 Friedel-Crafts アシル化反応

(フリーデル クラフツ)

概略 芳香環に新たな炭素-炭素結合を導入するという点で有機化学的に非常に価値ある反応である．Friedel-Crafts アルキル化でみられた欠点のうちいくつかは，本反応では問題にならない．求電子剤（E^+）として R-C≡O:$^+$（**アシルカチオン**）が関与する芳香環に対するアシル化反応である．

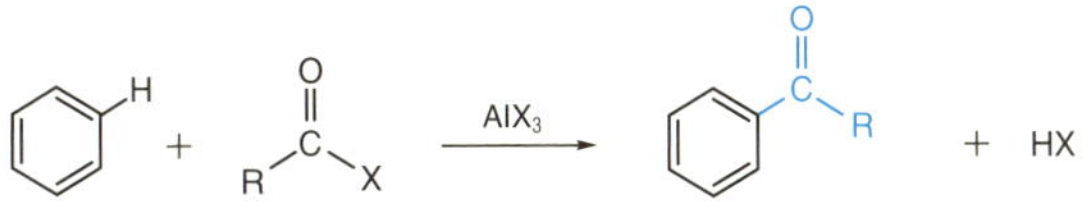

1　*2*　*3*

解説 求電子剤 R-C≡O:$^+$の発生には，ハロゲン化アシルとルイス酸が用いられる．ハロゲン化アシルの代わりに，酸無水物を用いてもよい．ルイス酸としては**塩化アルミニウム**（**$AlCl_3$**）がよく用いられる．

ルイス酸はハロゲン化アシル **2** のカルボニル酸素にまず配位するが，この錯体 **4** は $AlCl_3$ がハロゲンに配位した構造 **5** と平衡関係にある．C-X 結合が切れると同時に，共鳴安定化した構造をもつアシルカチオン ***6a***，***6b*** が生成する．アシルカチオンでは炭素の空軌道と隣の酸素の非共有電子対の軌道との相互作用で安定化されており，ヒドリドなどの転位はみられない．

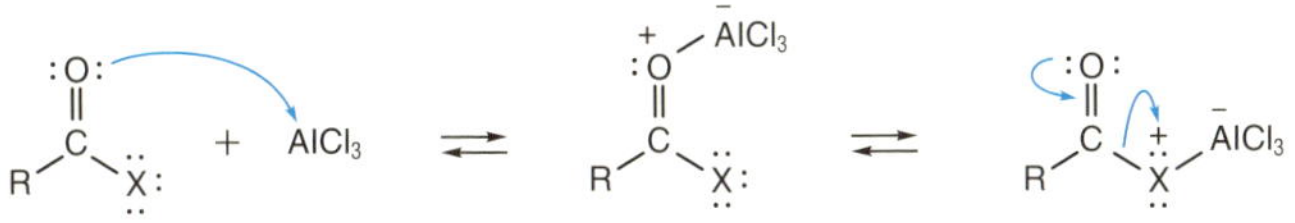

2　*4*　*5*

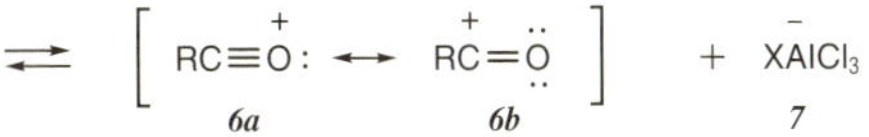

6a　*6b*　*7*

アシルカチオン

求電子剤が生成すれば，以下はこれまでと同様の反応機構で芳香族求電子置換反応が進行する．

第一段階（求電子攻撃）

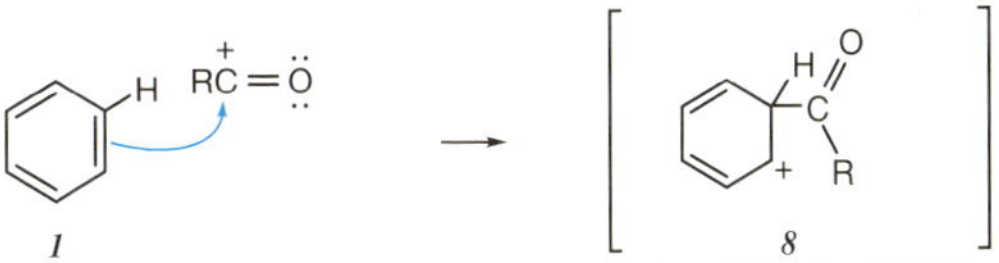

1　*8*

カルボカチオン中間体

カルボカチオン中間体 **8** からプロトンの脱離が起こる．

第二段階（プロトンの脱離，芳香族性の回復）

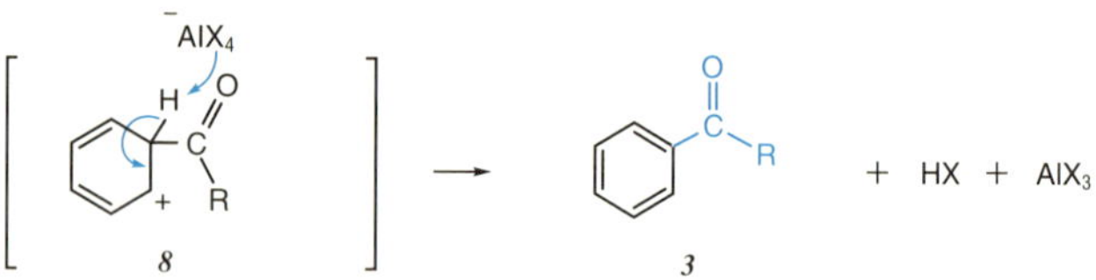

たとえば，R = CH$_3$の場合，本反応によりアセトフェノンが95％の収率で得られる．新たに導入されたアシル基（アセトフェノンの場合，アセチル基）は電子求引性基であるため，芳香環をさらなる求電子剤に対し不活性化することになる．よって，アシル化反応はベンゼン環に1回だけ起こり，アルキル化反応でみられたポリアルキル化による多置換ベンゼンの生成は起こらない．また，先に述べたように求電子剤の調製の段階でカチオンの転位反応が起こらないので，アルキル化の際特に大きな問題点であった**反応53**の問題点1)と4)は，アシル化では障害にならない．

ルイス酸であるAlCl$_3$はアシル化反応終了後に再生するが，生成物であるケトンのカルボニル基に強く配位し捕捉されるので，反応を完結するためには化学量論量以上のAlCl$_3$が必要である（図54・1）．

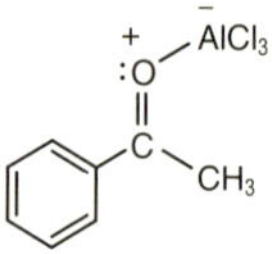

図54・1　生成物と錯体を形成したAlCl$_3$　この構造は
ベンゼン環をさらに電子不足にする．

さて，求電子剤のカルボカチオンの調製の段階で転位反応が起こり，Friedel–Craftsアルキル化ではうまく合成できなかったブチルベンゼン**12**も，本アシル化反応とClemmensen還元（**反応86・2**）を組合せることにより，良好な収率で合成できる．もちろん，ポリアルキル化の心配もない．

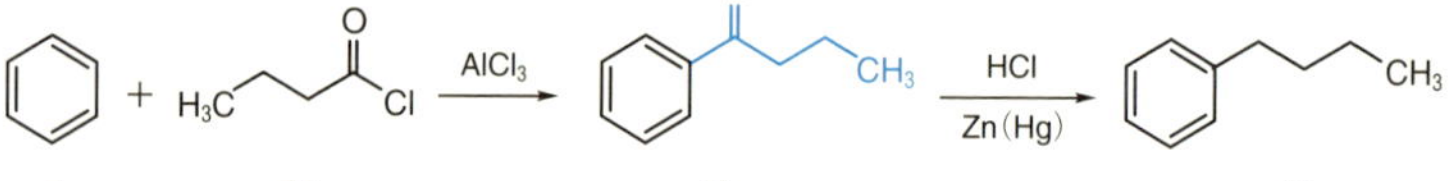

医薬品合成への応用　三環系抗うつ薬のアミトリプチリン塩酸塩**15**や抗ヒスタミン薬のシプロヘプタジン塩酸塩水和物の合成中間体となるジベンゾ[*a,d*]シクロヘプタン-5-オン**14**は，**13**より分子内Friedel–Craftsアシル化反応で中央の7員環を形成することができる．

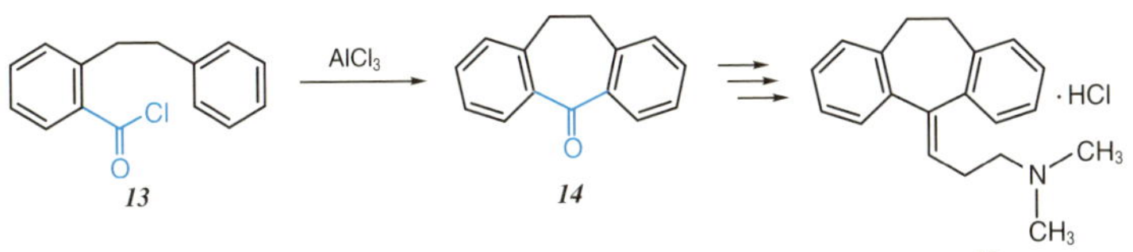

芳香族求電子置換

アクリジン系殺菌薬であるアクリノールの成分である 2-エトキシ-6,9-ジアミノアクリジン **20** の合成では，4-ニトロトルエン **16** のクロロ化に始まり，数ステップ後に **18** に対する分子内 Friedel–Crafts アシル化反応により中央の環を形成している．

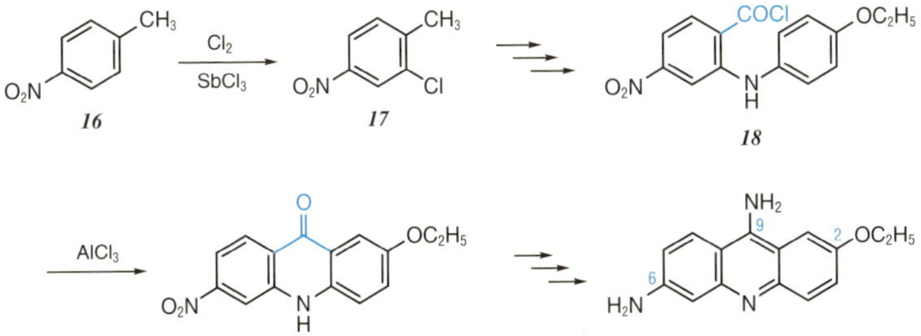

中枢性骨格筋弛緩薬であるトルペリゾン塩酸塩 **24** は，4-メチルプロピオフェノン **23** に対する Mannich 反応（**反応 33** 参照）により合成されるが，出発物質を得るにはトルエンに対する Friedel–Crafts アシル化反応が利用される．

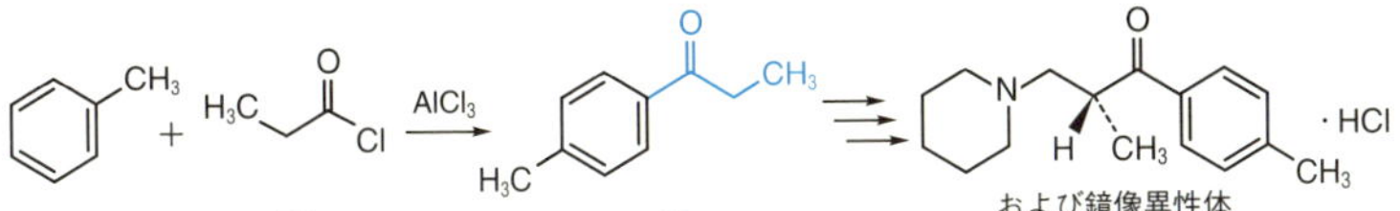

および鏡像異性体
24

157

55 ジアゾカップリング反応

概略　芳香族第一級アミンは亜硝酸と反応して，比較的安定な芳香族ジアゾニウム塩（アレーンジアゾニウム塩）**1**となる．一般にアミンからジアゾニウム塩を生じる反応を**ジアゾ化**という．芳香族ジアゾニウム塩は熱により分解しやすいので，冷却したまま電子豊富な芳香環と反応させる．すなわち，芳香族ジアゾニウムイオンは正電荷を帯びる弱い求電子剤であることから，相手が電子密度の高い芳香族化合物（フェノールや芳香族アミン）**2**である場合には，芳香族求電子置換反応が起こる．この反応は**ジアゾカップリング反応**とよばれ，生成する-N=N-を**アゾ基**といい，アゾ基をもつ化合物を一般に**アゾ化合物**という．アゾ化合物はπ電子共役系が分子全体に伸び，可視領域に吸収をもつので一般に強い色彩をもち，染料や色素として用いられている．

求電子剤（E⁺）として Ar-N⁺≡N:（芳香族ジアゾニウムイオン）が関与する，電子密度の高い芳香環とのカップリング反応である．

1 ジアゾニウム塩　　Y = OH, NR₂　　*3* アゾ化合物

解説　求電子剤となる芳香族ジアゾニウム塩（Ar-N⁺≡N: X⁻）は，芳香族第一級アミンと亜硝酸（HO-N=O）から低温で調製する．亜硝酸は不安定な弱酸で，亜硝酸ナトリウム（NaNO₂）を強酸の水溶液中処理することにより用時つくられる．亜硝酸ナトリウムは強酸の存在で亜硝酸となり，ついでプロトン化，脱水を経て**ニトロソニウムイオン**（:N⁺=O）を発生する．芳香族第一級アミンは***N*-ニトロソ化**が進行した後，酸性条件下脱水し，芳香族ジアゾニウム塩となる．最も簡単な芳香族ジアゾニウム塩の調製例は，アニリン**4**を塩酸に溶かして氷で冷却し，亜硝酸ナトリウムを加えて得られる塩化ベンゼンジアゾニウム**5**である．

芳香族ジアゾニウム塩は通常 5℃ 以下に保てば安定である．

第一段階（求電子攻撃）

弱い求電子剤であるベンゼンジアゾニウムイオン**5**は反応性の高い *N,N*-ジメチルアニリン**6**と反応する．

第二段階（プロトンの脱離，芳香族性の回復）

　ついで，カチオン中間体 *7* からプロトンの脱離が起こって，芳香族性を回復する（*8*）.
　本反応の生成物である 4-（*N,N*-ジメチルアミノ）アゾベンゼンは黄色の結晶でバターイエローともよばれ，一時はマーガリンの着色料として使われていた．一方，ベンゼンジアゾニウムイオンがフェノールと反応すると，4-ヒドロキシアゾベンゼンが生成する．これは橙色の結晶である．
　フェノールの反応はややアルカリ性側で速く進行する．求電子置換反応に際し，フェノキシドイオンの方がフェノールよりも反応性に富むからである．しかし，強アルカリ（＞ pH 10）になると，塩化ベンゼンジアゾニウム塩は水酸化物イオンと反応し，ジアゾヒドロキシド（Ar-N＝N-OH）となり求電子置換反応しなくなる．
　アニリン誘導体やフェノールとのカップリング反応は通常パラ位で反応が起こるが，パラ位に置換基がありふさがっている場合はオルト位でも起こる．

適応例　芳香族第一級アミンの定性反応にジアゾカップリング反応は利用される．すなわち，芳香族第一級アミンを亜硝酸でジアゾ化し，過量の NO^+ を除去した後，*N,N*-ジエチル-*N'*-1-ナフチルエチレンジアミン（**津田試薬**）*11* とカップリングさせ，生成するアゾ色素の呈色（赤紫色）により確認する．

　アミノ安息香酸エチル，オキシブプロカイン塩酸塩，トリアムテレン，メトクロプラミドなど，この定性反応を確認試験で行う医薬品は数多い．

56 Kolbe 反応と Reimer-Tiemann 反応

いずれもフェノールのみに起こる求電子置換反応である.

56・1 Kolbe 反応

概略 Kolbe 反応ではフェノール自身よりも芳香族電子置換反応を起こしやすいフェノキシドイオンを利用する. この反応の求電子剤 (E^+) は二酸化炭素 (CO_2) である. 主としてベンゼン環のオルト位に炭酸化が進行し, o-ヒドロキシ安息香酸 (サリチル酸) のナトリウム塩 **2** が得られる. 酸で処理してサリチル酸を得る. ごく少量のパラ異性体も生成するが, 水蒸気蒸留により分離される.

第一段階（求電子攻撃）

弱い求電子剤である二酸化炭素は反応性の高いフェノキシドイオン **3** と高温, 高圧下に反応する. オルト位での反応が優先するのは, Na^+ のキレート化 (**5**) により遷移状態が安定化するためと考えられている.

第二段階（プロトンの移動, 芳香族性の回復)

ついでケト-エノール互変異性化でプロトンの移動が起こり, 芳香族性を回復する (**6**). 最後に酸で処理してサリチル酸 **7** が得られる.

医薬品合成への応用 サリチル酸を無水酢酸と反応させると, 解熱鎮痛薬, 抗炎症薬, 抗リウマチ薬であるアスピリンが得られる. また, 抗結核薬パラアミノサリチル酸カルシウムの合成では, その基本骨格である 4-アミノサリチル酸 (PAS) **9** を得るために, 3-アミノフェノール **8** に対して Kolbe 反応を行う方法がある (図

56・1).

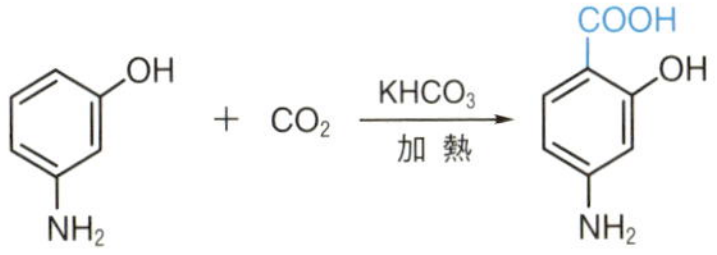

8　　*9*

図 56・1　PAS の合成例

56・2　Reimer–Tiemann 反応

解 説　Reimer–Tiemann 反応は，フェノール ***10*** とクロロホルムを水酸化物イオンと水溶液中 70 ℃ 程度で反応させることにより，オルト位にアルデヒド基（ホルミル基）をもったフェノールアルデヒド ***11*** を得る反応である．

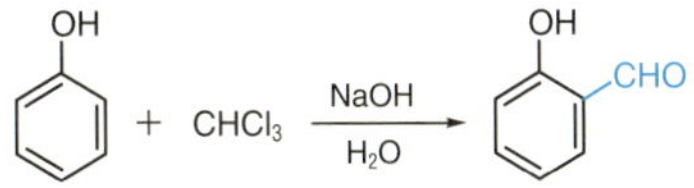

10　　*11*

強塩基性水溶液中でフェノールはフェノキシドイオンとなり，求電子剤に対する反応性が高まっている．一方，求電子剤は何であろうか．クロロホルム ***12*** は強塩基の作用でトリクロロメタニドアニオン ***13*** を経由して**ジクロロカルベン**（***14***）となる（図 56・2）．ジクロロカルベンは電気的には中性の有機化合物であるが，その炭素は 6 個の価電子しかもたず電子不足の状態にある．すなわち本反応ではジクロロカルベンが求電子剤である（**反応 72** 参照）．

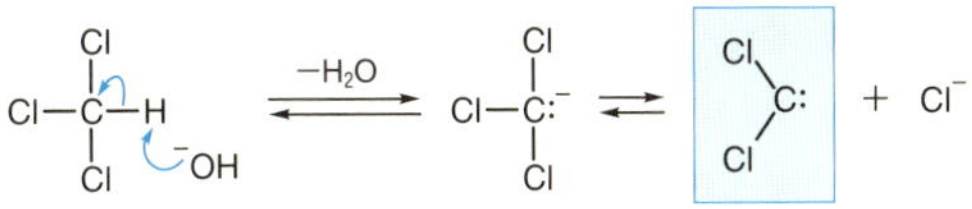

12　　*13*　　*14*

図 56・2　ジクロロカルベンの発生

ジクロロカルベンは強力な求電子剤で，フェノキシドイオンのおもにオルト位に反応する．

第一段階（求電子攻撃）

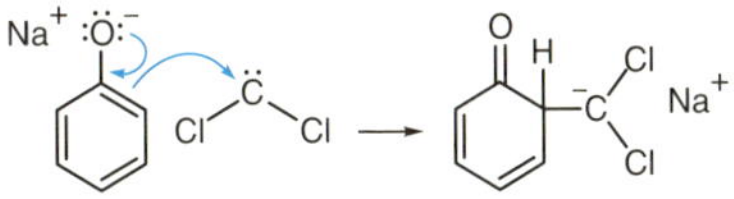

15　　*16*

芳香族求電子置換

第二段階（プロトンの移動，芳香族性の回復）

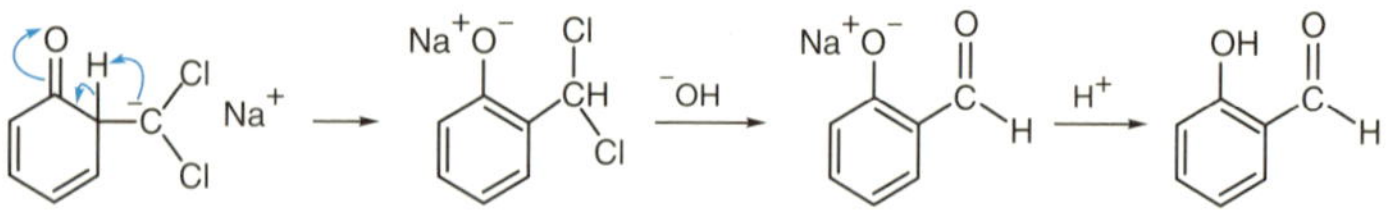

16　　　*17*　　　*18*　　　*19*

　次にプロトンが移動し，ジクロロメチル基はアルカリ加水分解を受けてホルミル基となり，サリチルアルデヒド *19* が得られる．本反応で，パラ異性体もごくわずかではあるが生成する．最後の加水分解は，フェノキシドイオンであるため速やかに進行し，アルデヒド基を与える（*20*→*23*）．

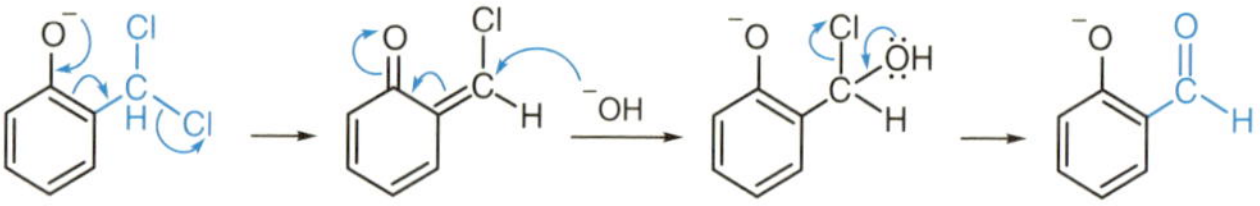

20　　　*21*　　　*22*　　　*23*

　なお，芳香族求電子置換反応には Vilsmeier 反応のようなホルミル化を基本とする増炭反応もある．（**反応 60** 参照）

Ⅷ. 芳香族求核置換反応

反応 57　ニトロベンゼン誘導体の求核置換反応
反応 58　ジアゾニウム塩の求核置換反応
反応 59　ベンザインを経由する反応

57　ニトロベンゼン誘導体の求核置換反応

概 略　芳香族置換反応は通常，求電子機構で起こる．しかし，芳香環がハロゲンに対しオルト位，またはパラ位にニトロ基のような強力な電子求引性基をもつ場合，芳香族求核置換反応が進行する．オルト位，パラ位に存在するニトロ基の数は一つよりは二つ，二つよりは三つある方がこの反応は加速される．また，求核剤の求核性とともに反応性は増大する．芳香環から水素以外の基が置換されるこのような反応は，**イプソ置換**ともよばれる．

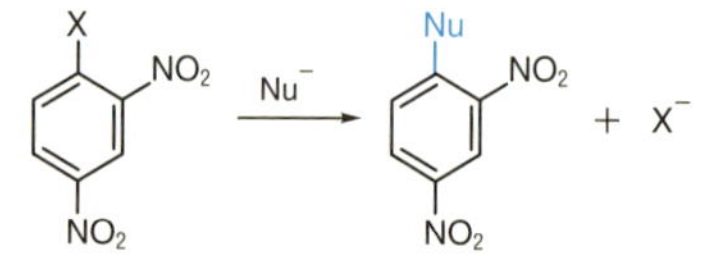

1　*2*

解 説　この反応は2段階で進行する．最初の段階は求核剤がハロゲンの結合する炭素へ付加することで開始され，**Meisenheimer（マイゼンハイマー）錯体**（***4a***〜***4e***）とよばれる共鳴安定化したカルボアニオン中間体を与える（図57・1）．芳香族求核置換反応では一般に，この最初のステップが律速段階である．オルト位またはパラ位の電子求引性基は，アニオン中間体を安定化するのに貢献している．1-クロロ-2,4-ジニトロベンゼン ***3*** から2,4-ジニトロフェノール ***5*** への変換を例に見てみよう．

第一段階（付加のステップ，律速段階）

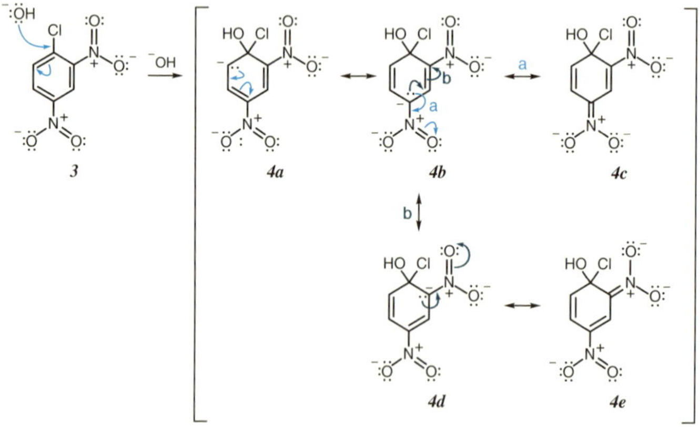

3　*4a*　*4b*　*4c*　*4d*　*4e*

図57・1　オルト位およびパラ位のニトロ基により共鳴安定化された Meisenheimer 錯体

次の段階で Meisenheimer 錯体中間体からハロゲン化物イオンが脱離して，置換生成物を与える．

第二段階（脱離のステップ）

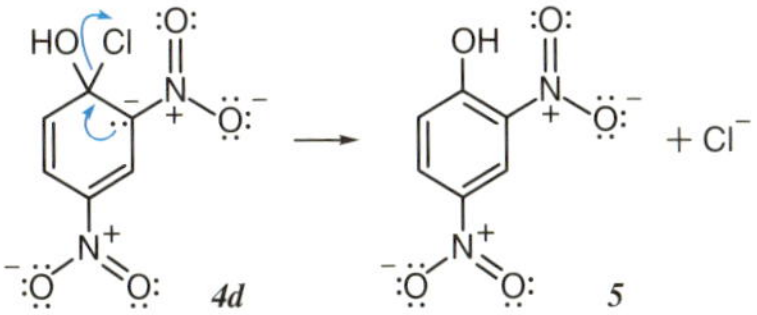

炭素-ハロゲン結合が切れるこのステップは律速段階ではないので，出発物質のハロゲン（F，Cl，Br，I）による反応性の差はわずかである．強いていえばフッ素は電子求引性で誘起効果が大きいので反応の最初の段階（律速段階）の遷移状態を安定化する効果が強く，一般的にはフッ素化物の反応速度がほかのハロゲン化物より速い．この点はS_N1，S_N2置換でみられるハロゲン化アルキルの反応性のはっきりとした順序（R-I ＞ R-Br ＞ R-Cl ＞ R-F）と大きく異なる点である．

このように付加-脱離機構で進行する芳香族求核置換反応は，**S_NAr 機構**ともよばれ，2分子が関与する反応であるにもかかわらず，ハロアルカンのS_N2反応（1段階反応）とは対照的に，比較的安定な反応中間体を経る2段階反応である．

また，芳香族求電子置換反応でベンゼン環を不活性化したニトロ基などの電子求引性基は，芳香族求核置換反応では逆に，ベンゼン環を活性化する置換基になる．ニトロ基と同様に，オルト位またはパラ位に位置するハロゲンを活性化する置換基はほかに，$-N^+(CH_3)_3$，$-CN$，$-SO_3H$，$-COOH$，$-CHO$，$-COR$などがあげられる．いずれも芳香族求電子置換反応では不活性化基でメタ配向性の置換基である．

ただし，以上のような電子求引性基でもハロゲンに対しメタ位にある場合は，付加のステップ（第一段階）で生成するアニオンを置換基が共鳴安定化することができないため，本反応は進行しない．

応用　ニコチン酸やニコチン酸アミドのように，ピリジン骨格をもつ局方医薬品の確認試験には1-クロロ-2,4-ジニトロベンゼン**6**を用いるものがある．この確認試験では，ニコチン酸**7**と**6**を加熱融解する．ピリジン環窒素による求核置換反応が進行し，ピリジニウム塩**8**が得られる．確認試験ではさらにピリジニウム塩をアルカリ加水分解してピリジン環を開環させグルタコン酸誘導体**9**に導き，その赤色〜暗赤色の発色を見る（図57・2）．これは**Vongerichten 反応**とよばれる．

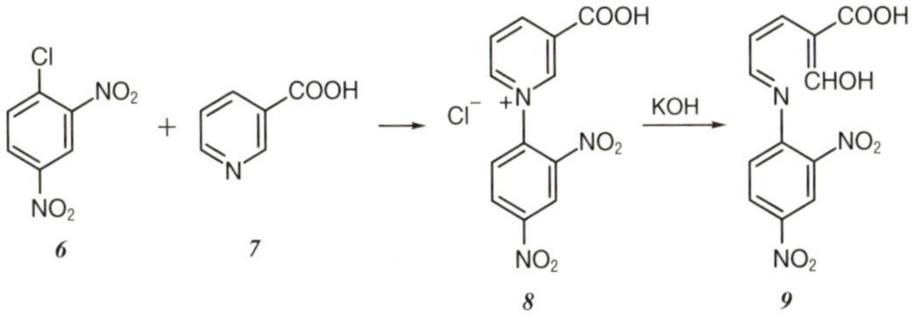

図57・2　ニコチン酸の確認試験の最初のステップは芳香族求核置換反応である

58　ジアゾニウム塩の求核置換反応

Sandmeyer 反応

58・1　ジアゾニウム塩の分解を経由するフェノールの合成例

解説　ジアゾカップリング反応で述べたように，芳香族第一級アミンは亜硝酸と反応して比較的安定な芳香族ジアゾニウム塩（アレーンジアゾニウム塩）**1** となる．

芳香族ジアゾニウム塩は通常 5 ℃ 以下に保てば安定である．これは，芳香族ジアゾニウム塩が共鳴安定化（**3a**～**3e**）しているためである．

しかし，温度が上昇すると N_2 の脱離が起こり，非常に反応性が高いフェニルカチオン（アリールカチオン）を生成する．たとえば，塩化ベンゼンジアゾニウムを水溶液中加熱するとフェニルカチオン **4** が生成し，水と反応してフェノール **2** が得られる．

フェニルカチオンの正電荷がある空の軌道は sp^2 混成軌道の一つであり，ベンゼンの π 電子系が入っている p 軌道とは互いに直交している．したがってフェニルカチオンは π 電子系と共鳴安定化が成り立たず，またベンゼン環の骨格に直線的な sp 混成も容易には形成できないので非常に不安定な，反応性の高いカチオン種となる．

芳香族ジアゾニウム塩をヨウ化カリウムと反応させると，I^- が求核剤となりヨードベンゼン **5** が得られる．また，芳香族ジアゾニウムイオンをフルオロホウ酸塩 **6** とし，これを加熱すると，芳香族フッ化化合物 **7** が得られる．フッ素へのこの置換反応を特に **Schiemann 反応**という．

一方，クロロベンゼンやブロモベンゼン誘導体は，塩化銅(I)（CuCl）や臭化銅(I)（CuBr）をそれぞれ利用する **Sandmeyer 反応**で合成される．同様にシアン化銅(I)（CuCN）を用いると，ベンゾニトリル誘導体が得られる．

58・2 Sandmeyer 反応

解説　Sandmeyer 反応で得られるベンゾニトリル誘導体 *8*（X = CN）は，酸加水分解することにより対応するカルボン酸，還元によりベンジルアミン，Grignard 反応剤との反応によりケトンへと導くことができる．（**反応 46, 47** 参照）．たとえば，芳香環のニトロ化，アミノ基への還元，ジアゾ化，ついで Sandmeyer 反応でシアノ基への変換，最後に加水分解することにより，はじめにニトロ化が進行した位置でカルボン酸へと化学変換ができる．

また，はじめに示したジアゾニウム塩からのフェノール合成も Sandmeyer 反応の応用でより簡単に行える．

ジアゾニウム基は次亜リン酸 H_3PO_2 により容易に還元され，水素に置換される．この還元反応を利用すれば，芳香環にニトロ基，アミノ基を導入後，それらの置換基の配向性を活用して芳香環の所望の位置に芳香族求電子置換反応を行い，後に活用したニトロ基，アミノ基をジアゾニウム塩を経由して還元的に除去するという合成経路が利用できる．

$$Ph\text{-}N_2X^- + H_3PO_2 + H_2O \longrightarrow Ph\text{-}H + N_2 + H_3PO_3 + HX$$

医薬品合成への応用　統合失調症治療薬ハロペリドール *12* はベンゼンジアゾニウムテトラフルオロホウ酸 *6* を加熱して得られるフルオロベンゼン *7*

167

（**Schiemann 反応**）に，Friedel–Crafts アシル化反応（**反応 54** 参照）を行い，その後ハロゲン化アルキルに対する S_N2 反応で合成される．

芳香族求核置換

59 ベンザインを経由する反応

概略　ハロゲン化アリールは求核剤と S_N1 反応も S_N2 反応も起こさない．電子求引性基をもたないハロベンゼンは，一般的な条件では求核剤とは反応しない．しかし，クロロベンゼン **4** を水酸化ナトリウムと高温高圧で処理するとフェノール **5** を与える．また，液体アンモニア中カリウムアミドと反応させると，穏和な条件でアニリン **6** が生成する．

興味深いことにこれらの反応は，ニトロベンゼン誘導体の求核置換反応（**反応 57** 参照）で述べたような付加-脱離機構により説明されるイプソ置換反応とは反応様式が異なる．本反応は**ベンザイン**（1,2-デヒドロベンゼン）**2** を活性中間体とするもので，脱離-付加機構によって進行する反応である．

解説　ベンザインを経由する求核置換反応は大きく2段階（脱離の段階と付加の段階）で起こる．第一段階では，強塩基がクロロベンゼンやブロモベンゼンのオルト位のプロトンを引抜き，フェニルアニオン **7** となる．オルト位のアニオンはハロゲンの誘起効果により安定化されている．ついでアニオンはハロゲン化物イオンを脱離させ，非常に不安定で反応性の高いベンザイン **2** を与える．

第一段階（脱離によるベンザインの生成）

ベンザイン **2** の新しい3本目の結合は，隣接する2個の炭素の sp^2 混成軌道の横向きの重なりで形成される π 結合である．二つの sp^2 混成軌道は芳香環と同一平面

169

にあるので，新しいπ結合は芳香環の共鳴π電子系との相互作用はない．横向きのsp^2混成軌道の重なりは6員環骨格との兼ね合いからあまり好都合なものではなく，重なる部分は小さい．したがって，この新しいπ結合はかなり弱い結合であり，ベンザインの反応性の高さを裏づけるものである．

第二段階（ベンザインへの付加反応）

2　　　　　　　　　　*8*　　　　　　　　　*9*

クロロベンゼンやブロモベンゼンから生成する無置換のベンザイン *2* では三重結合性をもつ二つの炭素 a と b は互いに等価である．

放射性 ^{14}C で1位が標識されたブロモベンゼン *10* を液体アンモニア中アミドイオンで処理すると以下のような結果となり，ベンザイン機構の証明の第一歩となった．

10　　　　　　　　　　　　　*11*　　　　　　　　　　*12*　　　　　　*13*
　　　　　　　　　　　　　　　　　　　　　　　　　　　　　　（50%）　　（50%）

すなわち，ベンザインを経由するこの反応では，[1-^{14}C]アニリン *12* と [2-^{14}C]アニリン *13* の生成比は 1:1 となる．

強塩基を用いてベンザインを発生させると，塩基はベンザインに付加する求核剤でもあるので，ベンザインと非塩基性の別の求核剤との反応を行いたい場合はよい方法とはいえない．強塩基を用いない方法として，アントラニル酸（2-アミノ安息香酸）*14* をジアゾ化してできるジアゾニウム塩 *15* を熱分解することにより，ベンザインを発生させる方法がある．このジアゾニウム塩は両性イオンで不溶性であり，乾くと爆発するので要注意である．この反応では，CO_2 と N_2 の脱離を伴う．

14　　　　　　　　　　　　　*15*　　　　　　　　*2*

ベンザインは非常に不安定で単離することはできないが，フラン *16* のようなジエンが共存するとジエノフィルとして働き，Diels-Alder 付加体 *17* を得ることができる．

2　　　　*16*　　　　　　　*17*

IX．複素環式芳香族化合物の
合成と反応

反応 60　5 員環複素環式芳香族化合物

反応 61　6 員環複素環式芳香族化合物

反応 62　縮合複素環式芳香族化合物

反応 63　芳香族アミン *N*-オキシドの生成，
反応と脱酸素

反応 64　Hantzsch のピリジン合成と Nash 法

反応 65　Fischer のインドール合成

反応 66　Skraup のキノリン合成

反応 67　イソキノリンの合成

60　5員環複素環式芳香族化合物

ピロール，フラン，チオフェンの反応

概 略　5員環複素環式芳香族化合物には，ヘテロ原子1個を含む化合物としてピロール(*1*)，フラン(*2*)，チオフェン(*3*)，2個を含む化合物としてイミダゾール(*4*)があり，2対のπ電子と1対のヘテロ原子上の非共有電子対が互いに共役して Hückel(ヒュッケル)($4n+2$)則を満たし**芳香族性**をもつ（図60・1）.

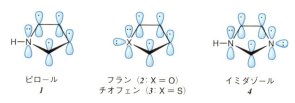

ピロール　*1*　　フラン（*2*: X = O）チオフェン（*3*: X = S）　　イミダゾール　*4*

図60・1　ピロール，フラン，チオフェン，イミダゾールの軌道

この芳香族性が化学的性質や反応性に影響し，特に酸性または塩基性を示すかを左右する．たとえば，ピロールの窒素原子がプロトンを失ってできる共役塩基 ***5*** は芳香族性をもち安定であるので酸性を示すが，窒素原子がプロトンを受取ってでき

酸としての働き

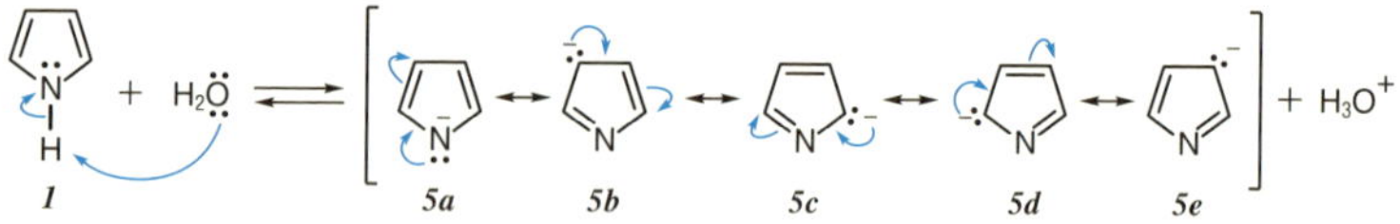

塩基としての働き

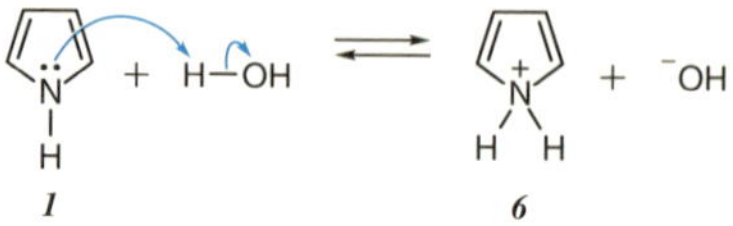

図60・2　ピロールの酸・塩基としての働き

酸としての働き

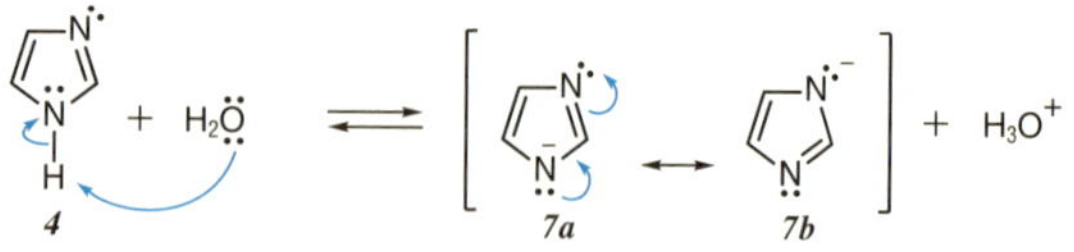

塩基としての働き

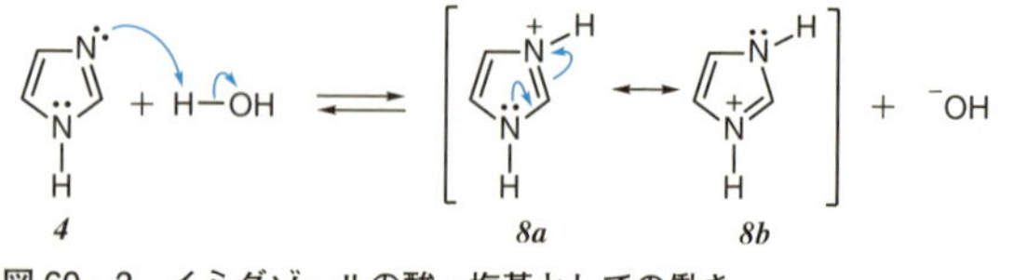

図60・3　イミダゾールの酸・塩基としての働き

る共役酸 **6** は芳香族性を失い不安定化するため塩基性を示さない（図60・2）．イミダゾール **4** では，その共役塩基 **7** および共役酸 **8** のいずれもが芳香族性をもち安定化するために，酸としても塩基としても働くことができる（図60・3）．

5員環複素環式芳香族化合物の反応性は，環を構成している原子が5個であるのに対して π 電子は6個であるので環の電子密度が高く，ベンゼンと比較して求電子剤に対する反応性は著しく高い．

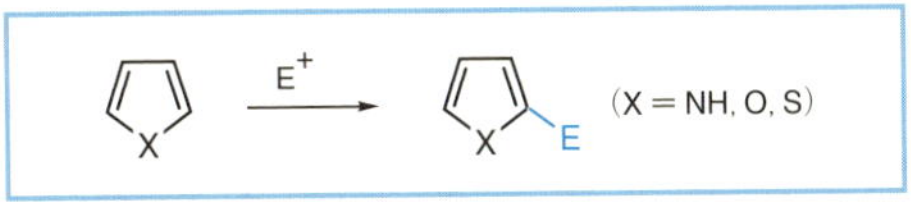

$$\text{（構造式）} \quad \xrightarrow{\text{E}^+} \quad \text{（構造式）} \quad (X = NH, O, S)$$

解説　求電子置換反応は，ピロール，フラン，チオフェンの2位で起こりやすい．求電子剤（E$^+$）が2位と3位を攻撃した場合のカルボカチオン中間体を比較すると，3位に E$^+$ が結合した中間体では2個の共鳴構造式しか描けないのに対し，2位に E$^+$ が結合した中間体では3個の共鳴構造式が描けることから，正電荷が環全体に非局在化してより安定化を受けている．

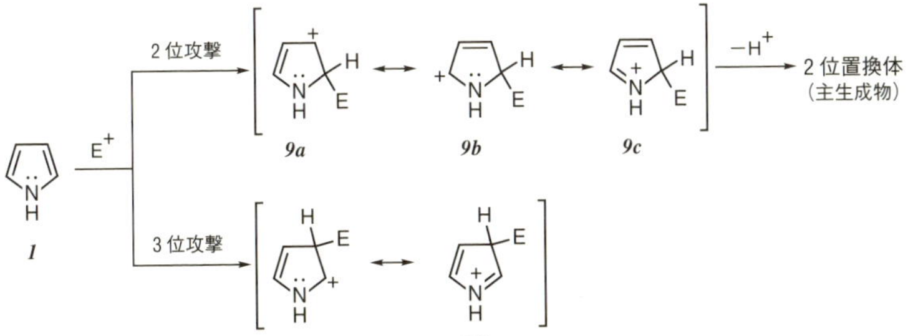

ピロール，フラン，チオフェンはいずれも Cl$_2$ や Br$_2$ ときわめて容易に反応する．ピロールは反応温度を低くしても一置換体を得ることは困難で，低温下でもテトラ置換体 **11** を与える．低温で計算量の *N*-ブロモスクシンイミド（NBS）を作用させることにより 2-モノブロモ体 **12** を得ることができる．フランとチオフェンでは，Br$_2$ の使用量を規制すると 2-モノブロモ体 **13** および 2,5-ジブロモ体 **14** が生成する．

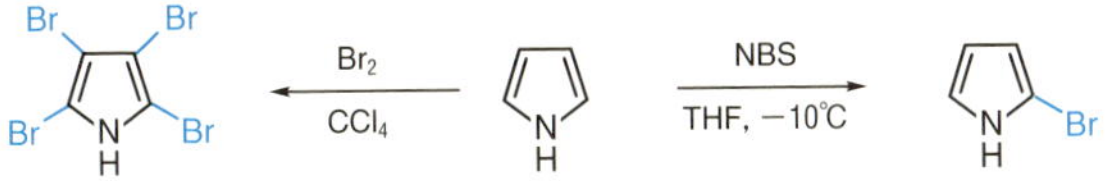

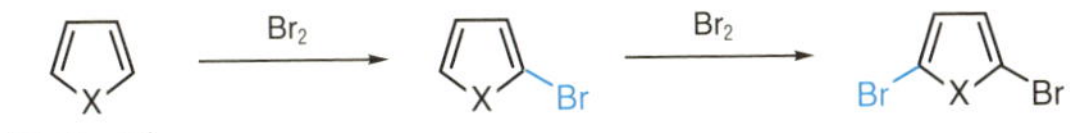

複素環式化合物

173

ピロールやフランは通常の芳香族求電子置換反応に使われるような強酸性条件では環の炭素原子がプロトン化されて開環や重合化しやすいため，ニトロ化などを強酸性条件下で行うことはできないが，チオフェンは強酸に対して比較的安定であるため，強酸性条件下でも取扱うことができる．ピロールのニトロ化は，無水酢酸と硝酸から反応系中で生成させた硝酸アセチルを用いて行われ，主として 2-ニトロ体 *15* が生成するが少量の 3-ニトロ体 *16* も副生する．**アシル化**，**Vilsmeier 反応**，**ジアゾカップリング反応**（**反応 55** 参照）などの代表的な求電子置換反応の例を示す．

　なお Vilsmeier 反応は，*N,N*-ジメチルホルムアミド（DMF）*20* と塩化ホスホリル（POCl₃）*21* の反応によって生じるイミニウム塩（Vilsmeier 反応剤）*23* を求電子剤とする芳香族置換反応で，電子供与性基によって活性化された芳香族化合物や複素環化合物のホルミル化に広く利用されている（**反応 56・2**，**反応 62** 参照）．

61　6員環複素環式芳香族化合物　　ピリジンの反応

概略　ピリジン（*1*）は五つの炭素原子と一つの窒素原子からの各1個ずつ，合計6個のπ電子によりHückel(4n+2)則を満たし，共鳴安定化している．窒素原子上の非共有電子対は環のπ軌道と直角の方向にあり共鳴には関与していない．**ピリジンの共役酸*4*も芳香族性をもち安定であるため，ピリジン環内の窒素原子がプロトンを受取ることができ，塩基性を示す．ピリジンの反応性は，窒素原子が炭素原子より電気陰性度が大きいため，環のπ電子を窒素原子の方に引寄せている．このため，ピリジン環の炭素原子は電子不足になっており，求電子剤とは反応しにくいが，求核剤とは反応しやすい．**

ピリジンの軌道

塩基としての働き

解説　不活性なベンゼンと同様に，ピリジンの求電子置換反応は非常に起こりにくい．ニトロ化やハロゲン化は強い条件下でのみ起こり，3位置換生成物を与える．ピリジンへの求電子剤（E⁺）の攻撃により生成するカルボカチオン中間体

について比較すると，2位あるいは4位への攻撃での中間体の共鳴構造の一つはそれぞれ電気陰性度の大きな窒素原子上に正電荷をもち不安定である．これに対し，3位への攻撃では窒素原子上に正電荷をもつ共鳴構造は含まれないので，3位への置換が優先して起こる．

ニトロ化反応は高温でようやく起こり，3-ニトロピリジン **5** を生成するが収率は低い．ハロゲン化も同様に激しい条件を必要とする．Friedel-Crafts 反応は起こらない．

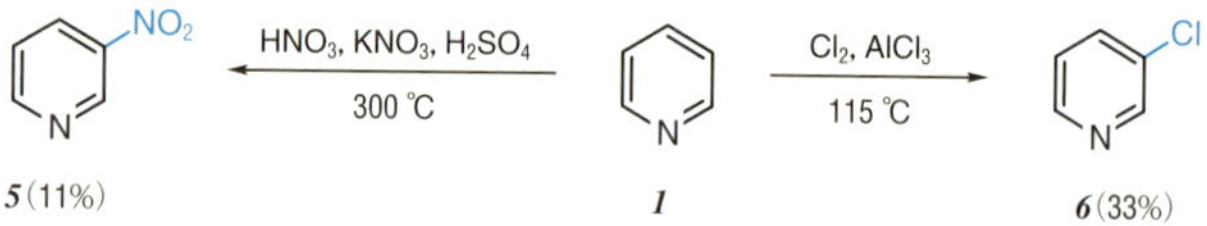

一方，ピリジン環の電子密度は低くなっているので，求核置換反応に対してはベンゼンより高い反応性を示す．置換は3位よりも2位または4位で優先的に起こる．ピリジンにナトリウムアミドを作用させると，ピリジン環2位へのアミドイオン付加が起こり，中間体 **7** を経由して2-アミノピリジン **8** が生成する．この反応を **Chichibabin 反応**（チ チ バ ビン）という．また，求核性の高い有機リチウム反応剤によっても類似の反応が進行し，2-フェニルピリジン **9** を生成する．

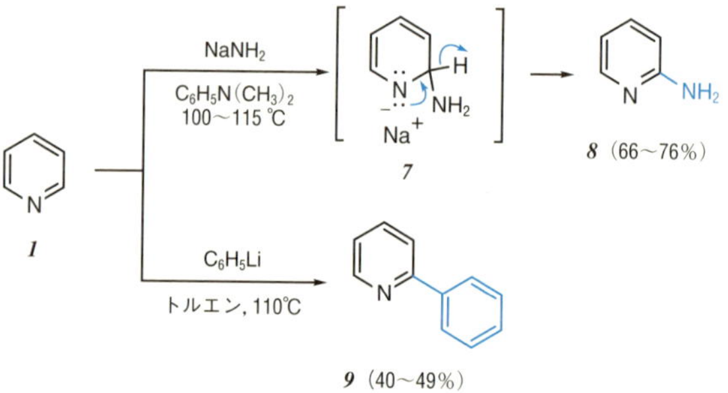

2位あるいは4位がハロゲン原子で置換されたピリジン誘導体 **10** は，アルコキシド，チオラート，アミンなどの求核剤と容易に置換反応を起こす．ハロゲンの結合した炭素原子への求核付加により反応中間体 **11** が生成し，ついでハロゲンイオンが脱離する付加-脱離の機構で進行して置換ピリジン誘導体 **12** を与える．

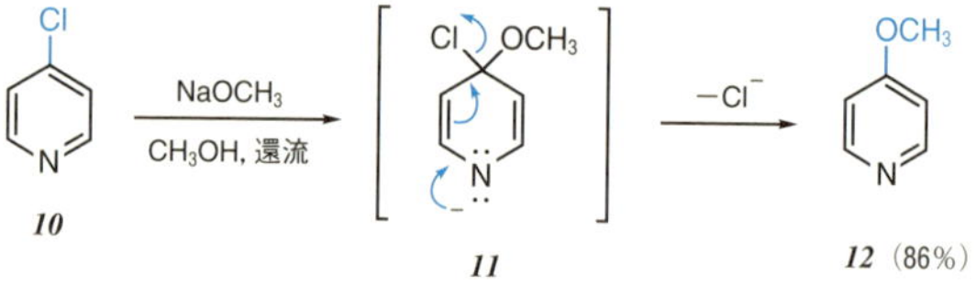

複素環式化合物

176

62 縮合複素環式芳香族化合物

キノリン，イソキノリン，インドールの反応

概略 芳香族複素環にベンゼン環が縮合した**キノリン**，**イソキノリン**，**インドール**などの縮合複素環式芳香族化合物の性質は複素環部分に影響される．求電子置換反応に対しては，ピリジンにベンゼン環が縮合したキノリンやイソキノリンではベンゼン環部に反応が起こり，ピロールにベンゼン環が縮合したインドールでは複素環部の方に優先的に起こる．

解説 **キノリン**（*1*）では，窒素原子による電子求引効果はベンゼン環まで及ばないため，求電子剤に対する反応性はピリジン環よりベンゼン環の方が高く，置換反応はベンゼン環で起こり，5 および 8 位が置換される．この位置選択性は，中間体がより多くの共鳴構造をもつためである．

イソキノリン（*7*）も同様に求電子置換はベンゼン環で起こる．

177

　ベンゼンとピロールが縮合したインドール **3** は，ベンゼンより容易に求電子置換反応を行う．置換反応はベンゼン環よりも電子密度の高いピロール環の方で起こり，ピロールの場合とは逆に３位での置換反応が優先する．この位置選択性は，インドールへの求電子剤の攻撃によって生じるカルボカチオン中間体の安定性を考察することにより理解することができる．３位で反応した場合の中間体は正電荷が窒素原子を含んだ共鳴構造により非局在化することができるのに対し，２位で反応した場合には正電荷を非局在化させるためにベンゼン環の環状共役系を壊さないと共鳴できないため不利となり，３位に反応する．

178

63 芳香族アミン N-オキシドの生成，反応と脱酸素

概 略　ピリジン *1* の酸化により生成する**ピリジン N-オキシド**（*2*）は，ピリジンと比較すると化学的性質が著しく変化し，ピリジンでは起こりにくい求電子置換反応が容易に起こるようになる．また求核置換反応も容易になる．このためピリジン N-オキシドは多くのピリジン誘導体の合成原料になる．

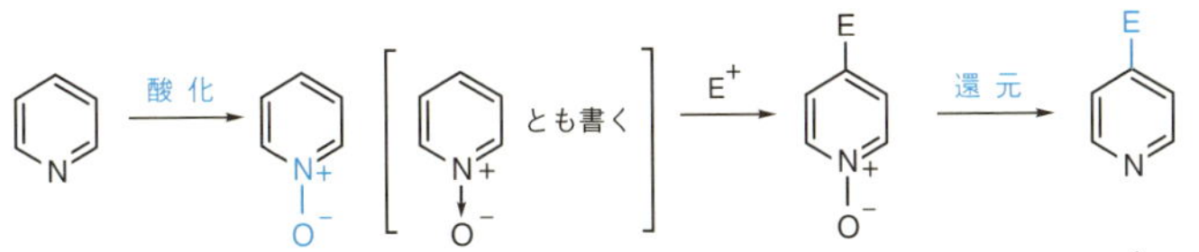

解 説　ピリジン N-オキシドは，ピリジンを過酢酸（酢酸と過酸化水素から反応系内で生成）のような過酸で処理することにより容易に得ることができる．また，N-オキシドは三塩化リン（PCl$_3$），トリフェニルホスフィン〔(C$_6$H$_5$)$_3$P〕，鉄と酢酸，接触還元などにより容易に脱酸素されて元のピリジンに戻る．

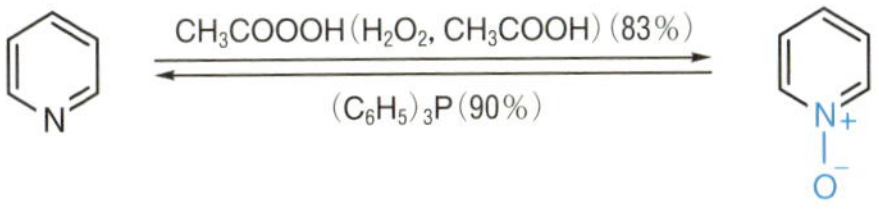

N-オキシド化することでピリジンの反応性は大きく変化し，求電子置換に対して負電荷をもつ酸素が電子供与体（共鳴構造 *2a* と *2b* の寄与）として作用して反応性を上げ，求核置換に対しては正電荷の窒素電子が電子受容体（共鳴構造 *2c* と *2d* の寄与）となるために反応性が向上する．いずれの反応においても，2, 4 位で反応が起こる．

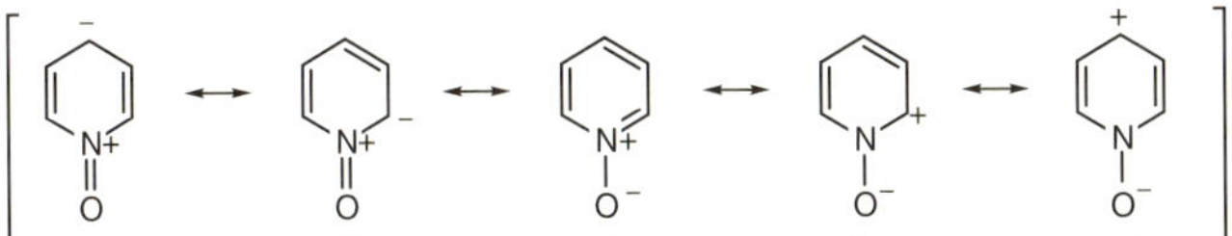

図 63・1　ピリジン N-オキシドの共鳴構造

たとえばピリジン N-オキシドに濃硝酸と濃硫酸を作用させると 4 位においてニトロ化が進行し，4-ニトロピリジン N-オキシド *6* が生成する．この条件ではピリジンはニトロ化を受けない．*6* を鉄と酢酸で還元すると 4-アミノピリジン *7* が得られ，また PCl$_3$ で *6* のオキシドを除去すれば 4-ニトロピリジン *9* を与える．キノリン N-オキシド *10* のニトロ化はキノリンとは異なり窒素複素環上で起こり，発がん

複素環式化合物

179

性の 4-ニトロキノリン 1-オキシド（4-NQO）*11* が生成する．

またピリジン *N*-オキシド *2* を塩化ホスホリル（POCl₃）や無水酢酸で処理すると，付加-脱離過程を経てそれぞれ合成化学上有用な 2-クロロピリジン *14* や 2-アセトキシピリジン *17* を与える．

64 Hantzsch のピリジン合成と Nash 法

概 略　ピリジンを合成する最も一般的な方法は，1,3-ジケトンあるいは 3-ケトエステルのような 1,3-ジカルボニル化合物と脂肪族あるいは芳香族アルデヒドをアンモニアの存在下に縮合させる方法である．生成した 1,4-ジヒドロピリジン **4** は硝酸などの酸化剤で容易に酸化されてピリジン **5** となる．この方法は **Hantzsch のピリジン合成** とよばれている．

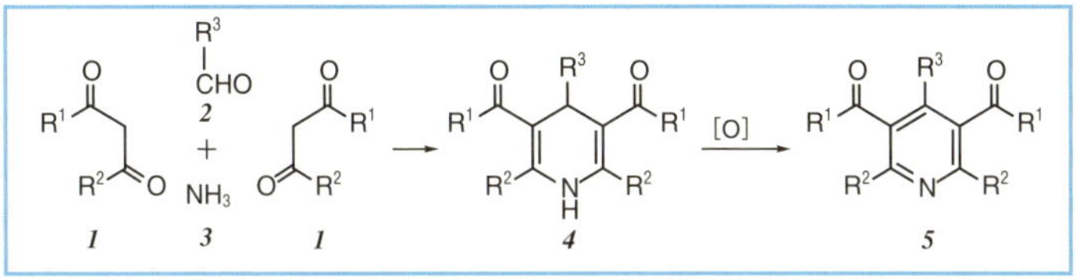

解 説　この反応は形式的には 2 分子の 1,3-ジカルボニル化合物 **1**，各 1 分子のアルデヒド **2** およびアンモニア **3** からの脱水閉環である．1,3-ジカルボニル化合物とアルデヒドのアルドール縮合により α,β-不飽和カルボニル化合物 **6** が生成し，これに 1,3-ジカルボニル化合物とアンモニアから生じたエナミン **7** が Michael 付加（**反応 36** 参照）し，つづいてアミノカルボニル中間体 **9** の分子内脱水縮合により 1,4-ジヒドロピリジン **4** が生成するものと考えられている．

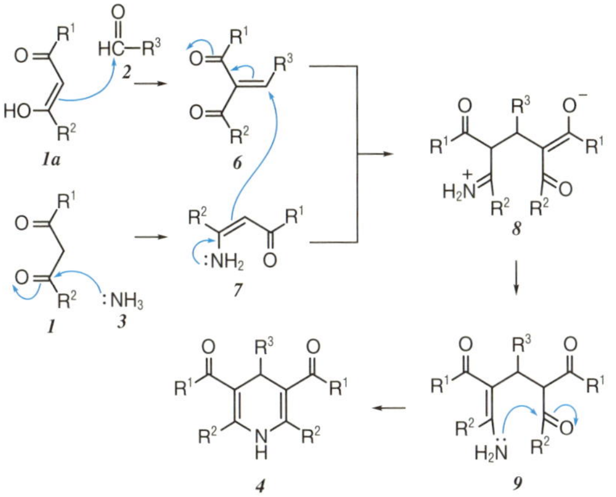

医薬品合成への応用　この方法により抗高血圧薬（カルシウム拮抗薬）ニフェジピン **14** が合成されている．

複素環式化合物

181

応 用 Hantzsch 合成法では一般に対称構造の 1,4-ジヒドロピリジンが得られるが，**16** や **18** のようなエナミンを用いることにより非対称構造の置換ピリジンを合成する方法も知られている．

また，Hantzsch ピリジン合成法はホルムアルデヒドの定量法として知られている **Nash 法**に応用されている．この方法は，ホルムアルデヒドを含む試料溶液にアセチルアセトン溶液（酢酸アンモニウム，酢酸，アセチルアセトンの水溶液）を加え，生成した 3,5-ジアセチル-1,4-ジヒドロルチジン（DDL）**21** の吸光度を測定することにより行われる．

65 Fischer のインドール合成

概 略　**Fischer のインドール合成**は，カルボニル基の隣にメチレン基をもつケトンまたはアルデヒドのフェニルヒドラゾン **3** を酸触媒あるいは加熱により閉環させることによりインドール誘導体 **4** を得る方法である．インドール誘導体を合成する最も一般的な方法で，酸触媒としては塩化亜鉛（ZnCl$_2$），塩酸，硫酸，酢酸，p-トルエンスルホン酸，ポリリン酸などが用いられる．

解 説　この反応は以下のような機構で進行すると考えられている．ヒドラゾン **3** が酸触媒により異性化してエンヒドラジン **6** になり，ついで［3,3］シグマトロピー転位により N–N 結合の切断と C–C 結合の形成が協奏的に起こりイミン **7** となる．**7** よりプロトン化，閉環，NH$_3$ の脱離によりインドール **4** を生成する．この反応では酸によるヒドラゾン **3** とエンヒドラジン **6** との平衡の容易さが重要であり，**6** の生成が容易な場合には酸触媒がなくても加熱だけで反応が進行する．

鎖状のケトンやアルデヒドだけでなく環状ケトン，ジケトン，ケトエステルなどにも適用される．非対称性ケトンのヒドラゾン **13** では位置異性体の混合物が生成しやすいが，シクロヘキサン-1,3-ジオンのヒドラゾン **16** は 1 種類のインドールのみを生成する．

183

Fischer のインドール合成は多くの天然物や医薬品の合成に利用されている．非ステロイド系抗炎症薬のインドメタシン **20** の製法には多数の報告があるが，*N*-アシルヒドラジン **18** とレブリン酸（4-オキソペンタン酸）**19** を反応させる方法はインドメタシンの最も優れた工業的製法の一つとなっている．

66 Skraup のキノリン合成

概 略 芳香族アミンとグリセリン（グリセロール，プロパン-1,2,3-トリオール）を濃硫酸，酸化剤の存在下に加熱してキノリン誘導体を得る方法は **Skraup の
キノリン合成**とよばれる．酸化剤は中間に生成する 1,2-ジヒドロキノリンをキノリンに酸化するために必要とされ，ニトロベンゼン，酸化ヒ素（V）（As$_2$O$_5$），3-ニトロベンゼンスルホン酸，酸化鉄（Ⅲ）（Fe$_2$O$_3$），ヨウ素などが用いられる．

解 説 Skraup 反応では，はじめにグリセリン **2** が反応系中で硫酸により脱水
されて生じるアクロレイン（プロペナール）**4** にアニリン **1** が Michael 付加（**反応
36** 参照）して **5** を生じる．この付加体 **5** が硫酸により閉環，脱水して 1,2-ジヒドロキノリン **8** を生成し，これがニトロベンゼンにより酸化されてキノリン **3** が生成
する．

Skraup 反応はベンゼン環上に置換基をもつキノリンの合成に便利であり，p-置
換アニリン **9** を用いた場合には 6 位置換キノリン **10** が得られ，o-置換アニリン **11**
からは 8 位置換キノリン **12** を合成することができる．しかし，m-置換アニリン
13 の場合には 5 位と 7 位の位置異性体 **14, 15** の混合物が生成する．

185

反応機構的にSkraupの方法とよく似たキノリンの合成法に**Doebner-Miller の方法**があり，芳香族第一アミンとα,β-不飽和アルデヒドあるいはその等価体となる2分子のアルデヒドを酸化剤を加えずに塩酸あるいは塩化亜鉛（$ZnCl_2$）触媒とともに加熱してキノリンを合成するものである．Skraup合成では得られないピリジン環上にアルキル，アリールなどが置換したキノリン類の合成に利用される．たとえばアニリンと過剰のアセトアルデヒドを塩酸中で加熱すると，2-メチルキノリン**17**が生成する．この反応ではアセトアルデヒドの自己縮合により生じるクロトンアルデヒド（2-ブテン-1-アール）**18**がアニリンと反応すると考えられる．

67 イソキノリンの合成

Bischler-Napieralski, Pictet-Spengler 反応など

イソキノリン誘導体に関しては多くの合成法が開発されているが，ここでは広く用いられている3種の合成法について解説する．

67・1 Bischler-Napieralski 反応

フェネチルアミン（2-フェニルエチルアミン）*1* を塩基存在下に塩化アシルと反応させて得られる *N*-アシル-2-フェニルエチルアミン *2* を五塩化リン（PCl$_5$），五酸化二リン（P$_2$O$_5$），塩化ホスホリル（POCl$_3$），ポリリン酸のような酸性脱水剤の存在下に加熱すると 3,4-ジヒドロイソキノリン *9* が生成する．この反応は **Bischler-Napieralski 反応**として知られている．収率は一般に良好であり，生成する 3,4-ジヒドロイソキノリンはパラジウム炭素などの脱水素化剤により容易に芳香化してイソキノリン *10* に変換できる．POCl$_3$ を用いた反応ではイミドイルクロリド *6* からできるニトリリウム *7* の分子内求電子置換により閉環してジヒドロイソキノリンを与える．閉環位置のパラ位に電子供与性基が存在すると閉環しやすく，電子求引性基の存在は閉環を困難にする．

67・2 Pictet-Spengler 反応

フェネチルアミンとアルデヒドから得られるイミン *12* を希塩酸などの酸触媒で環化して 1,2,3,4-テトラヒドロイソキノリン *15* を得る方法を **Pictet-Spengler 反応**という．生成するテトラヒドロイソキノリンは脱水素すればイソキノリンとなる．ベンゼン環上の閉環位置のオルト位またはパラ位に電子供与性基があると穏和な条

187

件下でも容易に環化が起こるため天然物合成などに広く利用されている.

ポ メ ラ ン ツ　フ リ ッ チ
67・3　Pomeranz-Fritsch 反応

　　Pomeranz-Fritsch 反応によるイソキノリン合成は，Bischler-Napieralski 反応や Pictet-Spengler 反応とは閉環の方向が異なっている.ベンズアルデヒド **16** とアミノアセトアルデヒドのジアルキルアセタール **17** から得られるベンジリデンアミノアセタール **18** を硫酸や塩酸のような酸触媒により閉環させるこの方法では，一挙に芳香環が生成し直接イソキノリン **23** ができる.ベンゼン環上の電子供与性置換基により反応が促進される.芳香族アルデヒドの代わりにアセトフェノンのような芳香族ケトンを用いると 1 位置換イソキノリンを得ることができるが，一般に収率は低い.

X. 中性な活性中間体の
関与する反応

反応 68　ラジカル環化反応
反応 69　アルケンへのラジカル付加反応
反応 70　ベンジル位とアリル位のハロゲン化反応
反応 71　アルカンの光ハロゲン化反応
反応 72　カルベンの反応

68 ラジカル環化反応　　ラジカル反応開始剤の反応

概略　奇数個の価電子をもち，その軌道の一つに対をつくっていない（不対）電子を1個もっている化学種を**ラジカル**とよび，一般的に高い反応性をもつ．分子内の適切な位置に炭素-炭素不飽和結合をもつ化合物においては，炭素ラジカルを発生させると，反応点が近くにくるときは，速やかに分子内付加反応が進行して炭素-炭素結合形成反応が進行し環状化合物を生成する．

たとえば，6-ブロモヘキサ-1-エン **1** に**水素化トリブチルスズ**（Bu$_3$SnH）と**AIBN**（α,α′-アゾイソブチロニトリル）を作用させ，発生させた5-ヘキセニルラジカル **2** の分子内環化反応では，5員環（5-エキソ体）**3** が6員環（6-エンド体）**5** に優先して生成する（**3**：**5** ＝ 98：2）．

解説　ほとんどすべてのラジカルに共通する特性は，化学的反応性が高いことである．これは，ラジカルが，空軌道，共有電子対，ラジカルのいずれとも反応するためである．

AIBN の熱分解に伴う Bu$_3$SnH からの Bu$_3$Sn ラジカル生成反応と基質との反応は，以下のように進行する．

類似反応　分子内ラジカル環化反応は，5員環化合物の合成（たとえば **7** から **8**）にも有用である．一方，上記 **1** よりも1炭素長い **9** から発生させたラジカル **10** からは 6-エキソ体 **11** が 7-エンド体 **12** よりも優先する．また，一般に分子内ラジ

190

カル環化反応では3員環，4員環化合物の合成は困難である．

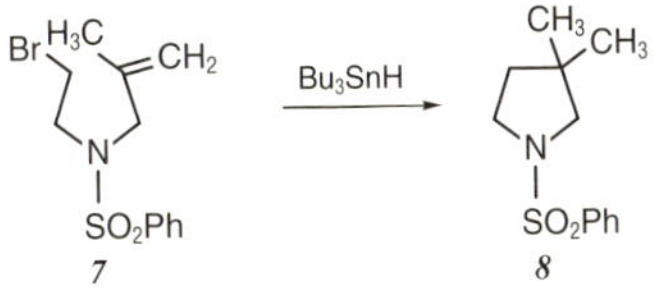

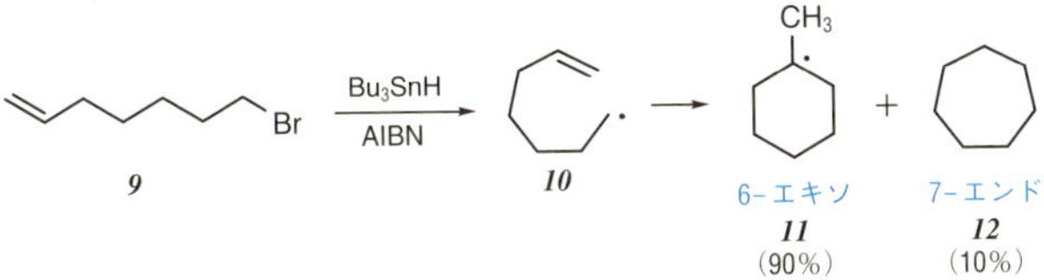

Nagarajan らによるシルフィネン **17** の全合成に用いられたラジカル環化反応を以下に示す．原料 **13** から誘導された中間体 **14** に Bu₃SnH と AIBN を作用させると，チオ炭酸エステルが均一結合開裂（ホモリシス）し，ラジカル **15** が生成する．**15** の分子内環化反応によって **17** の基本骨格をもつ三環性化合物 **16** が得られる．

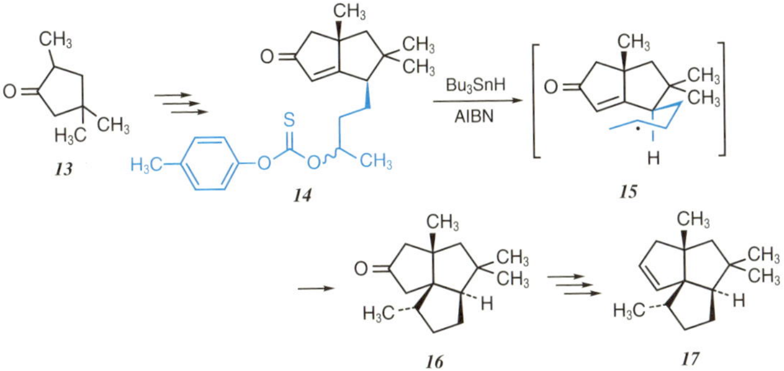

応用　基質を的確にデザインすることによって，二つのラジカル環化反応を一挙に行い（**タンデムラジカル環化反応**），多環性化合物を構築することができる．以下は Curran によって行われた $\Delta^{9(12)}$-カペネレン **20** の全合成の最終ステップである．基質 **18** に Bu₃SnH を作用させると，C–Br 結合が均一結合開裂してラジカルが発生し，中央のシクロペンテン環と反応して二環性ラジカル中間体 **19** を与える．さらに **19** のラジカルが分子内三重結合と反応して **20** が得られる．

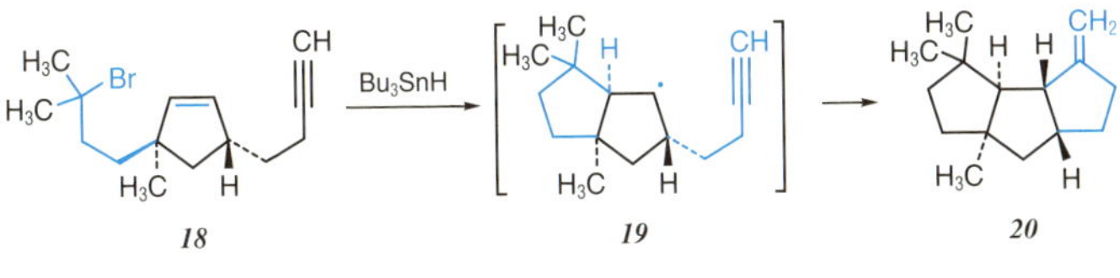

ラジカル・カルベン

69 アルケンへのラジカル付加反応

概略 過酸化物の存在（または光照射）下，HBr をアルケンや芳香環などの二重結合に反応させると，容易にラジカル反応が進行し，付加物を生成する．スチレン *1* へのラジカル付加では，β 位に Br が付加した *2* が主生成物として得られる．

解説 過酸化ベンゾイル *4* など過酸化物の酸素－酸素結合は非常に弱く，加熱すると均一結合開裂してラジカル（R-O・）*5* を生成する．ここに HBr が存在するとラジカル種の Br・ が生成する．HBr は光照射によっても開裂して Br・ を生じる．ラジカルと安定分子間の反応では，付加，引抜きのいずれにおいても新しいラジカル種を再生するので，**連鎖反応**となる．この連鎖反応が反復する段階を**連鎖成長**という．生成したラジカルが会合，または不均化を起こすと安定分子になって反応が停止する．これを**連鎖停止**とよぶ．ラジカルと安定分子間の反応は，反応基質と生成物の構造的関係から，付加と置換に分類される．

上記 *1*→*2* の反応では，HBr が反 Markovnikov 則的に付加している．一方，HBr が *1* に対してイオン的に付加反応すると，Markovnikov 則付加（安定なベンジル型カルボカチオンを経由）して *3* を主生成物として与える．以上のことから，*1*→*2* のような付加反応を**異常付加**とよぶ．ただし，HCl や HI ではこのような異常付加は起こらない．*2* が優先するのは，ラジカル種 *6* のベンゼン環による共鳴効果（*6a* ⟷ *6b* ⟷ *6c*）によって説明できる．また，ラジカルと臭素ラジカルが反応して *7* を，また 2 分子の *6* がカップリングして *8* が生成するとラジカル反応は停止する．

関連事項 ビニル化合物のラジカル重合　ビニル単量体中でわずかな量の
ラジカルを発生させるとラジカル重合が開始する．たとえば，スチレン **1** 中で過酸
化物 **9** からラジカル **10** を発生させると，**11** が **1** へラジカル付加し，ポリスチレン
ポリマー **12** を与える．ラジカル **12** の H・が引抜かれてアルケン **13** が生成したり，
12 が H・と反応して **14** になると，ラジカル重合反応は停止する．

応用　アルキルラジカルがアルケンに付加することによって，炭素–炭素結
合生成反応が進行する．アルキル水銀 **15** から発生したシクロヘキシルラジカル **16**
は，求核的ラジカルとしてアクリル酸メチル **17** に付加して **18** を与える．この反応
速度を 1 とすると，スチレン **1**，アクリロニトリル **20**，メチリデンシアノ酢酸メ
チルエステル **22** との相対的反応速度（k_{rel}）はそれぞれ 0.15, 3.6, 310 であり，
二重結合に結合している官能基の電子求引性が大きいほど（アルケンの LUMO の
エネルギー準位が低いほど）速い．

ラジカル・カルベン

70 ベンジル位とアリル位のハロゲン化反応

概略 炭素-炭素二重結合に隣接した位置（CH$_2$＝CHCH$_2$-）やベンゼンなど芳香環に隣接した位置（ArCH$_2$-）は，それぞれ**アリル位**および**ベンジル位**とよばれ，特殊な反応性を示す．これは，これらのアリルラジカルが，隣接する二重結合や芳香環によって共鳴安定化されるためである（**反応69**参照）．シクロヘキセン*1*のアリル位の水素原子が引抜かれて**アリルラジカル**（*2*）が生成し，これがBr$_2$と反応するとブロモ体*3*を与える．

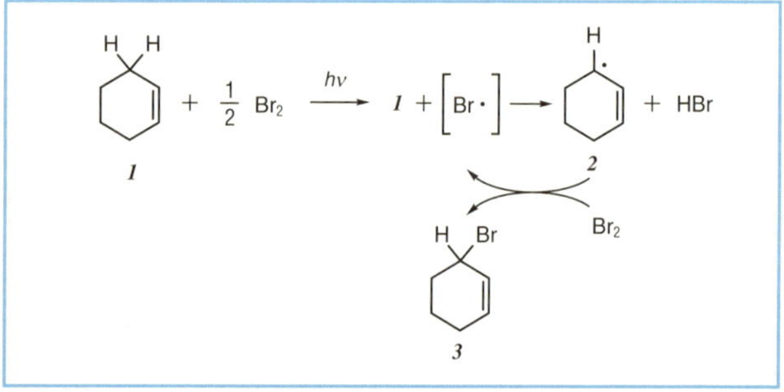

解説 一般に，ベンジル位の安定化の度合いはアリル位のそれよりも大きい．代表的なC-H結合の結合解離エネルギーを以下に示す．アリル位やベンジル位は，カルボカチオンに対しても安定化の寄与がある．対応するアルカン（またはアルケン，アルキン）からの水素原子の引抜かれやすさの順序もほぼ同じである．（図70・1）

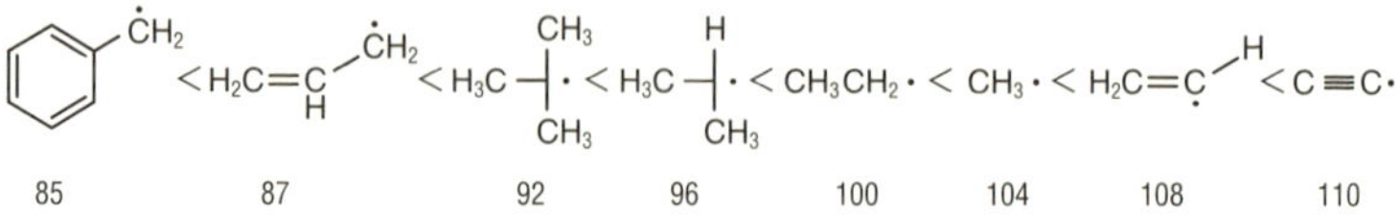

図70・1 対応するR-H結合の結合解離エネルギー（kcal/mol）

なお，上記反応でBr$_2$の濃度が高いと，二重結合に対するBr$_2$の付加反応によって，1,2-ジブロモシクロヘキサンが生成しやすい（**反応20**参照）．これを防ぐために，*N*-ブロモスクシンイミド（NBS，後述）を用いるとよい．NBSの光分解によって生成した臭素ラジカルと*1*の反応によって*2*とHBrが生成し，HBrとNBSの反応によって低濃度のBr$_2$を発生させることが可能である．

類似反応 アルデヒドの自動酸化 ベンズアルデヒド*4*の入った試薬瓶の底に安息香酸*7*の結晶が析出することがある．このように穏和な条件下での酸素による酸化反応は**自動酸化**とよばれる．ビラジカルである酸素分子（O$_2$）によってカルボニル炭素に結合している水素を引抜きラジカル*5*を生成する．O$_2$は連鎖成長段階におけるラジカル種としても働き，ベンゼンカルボペルオキソ酸（過安息香

酸）**6** が生成する．ベンゼンカルボペルオキソ酸とベンズアルデヒドとの不均化反応によって安息香酸 **7** が生成する．

　さらに石油化学工業では，**クメン**（イソプロピルベンゼン）**8** の自動酸化（**9** を経由）によって**クメンヒドロペルオキシド**（**10**）を合成し，これを酸触媒転位と分解によってフェノール **11** とアセトンを大量に製造している（**クメンヒドロペルオキシド法**）．

応 用　Br_2 または *N*-ブロモスクシンイミド（NBS）を光照射すると，前者では Br-Br，後者では N-Br の σ 結合が均一結合開裂して臭素ラジカルが発生する．臭素ラジカルは，上記ベンジル位やアリル位から水素原子を水素ラジカルとして引抜き，水素ラジカルは Br_2（または NBS）と反応して臭素化物を生成する．トルエン **12** から，モノブロモ体 **13**，ジブロモ体 **14**，トリブロモ体 **15** が生成する．

NBS：*N*-ブロモスクシンイミド

71 アルカンの光ハロゲン化反応

概略 アルカンと Cl_2 を混合して光照射すると，塩素ラジカルが発生し，塩素ラジカルがアルカンから水素を引抜く（**1→2**）．シクロヘキシルラジカル **2** と Cl_2 の反応，あるいは **2** と塩素ラジカルのカップリング反応によってクロロシクロヘキサン **3** が生成する．

解説 上記例では，シクロヘキサン **1** がもつ 12 個の水素は全部等価であり，どの水素が引抜かれても生成物は 1 種類 **3** である．一方，直鎖アルカンでは引抜かれる水素が数種類存在し，たとえばプロパン **4** の塩素化では，1-クロロプロパン **7** と 2-クロロプロパン **8** が，それぞれ 45％，55％生成する．

塩化アルキルの生成比には，水素引抜きで生じるラジカルの相対的安定性と生成する結合と切断される結合の強さが影響する．**4** の塩素化では，第二級 C–H 結合の方が第一級 C–H 結合より弱く，第二級ラジカル **6** の方が，第一級ラジカル **5** より安定である．しかし，第一級 C–H 結合が六つあるのに対し，第二級 C–H 結合は二つしかない．これらの要素によって，反応生成物の生成比が決まると考えられる．

類似反応 アルカンの Cl_2，Br_2 による直接ハロゲン化反応は，種々の異性体やモノ置換体や多置換体の混合物を与えるので，高収率の反応は少ない．

クロロシクロペンタン **9** やクロロシクロヘキサン **10** のようにすでに塩素によって置換されている化合物の場合，$MoCl_5$ を用いると隣接した炭素に，穏和な条件下塩素化でき，高収率で 1,2-ジクロロ体が得られる．

72 カルベンの反応

概略 カルベンは中性で2価の炭素化学種であり，ジアゾメタン **1**（CH_2N_2）の光照射（**1→2**）やハロアルカンに強塩基を反応させると生成する（たとえば **3→4**）．最外殻電子が六つしかなく，形式電荷はない．オクテット則を考えると電子不足の状態にあるためカルベンはアルケン **5** に素早く付加してシクロプロパン **6** が生成する．

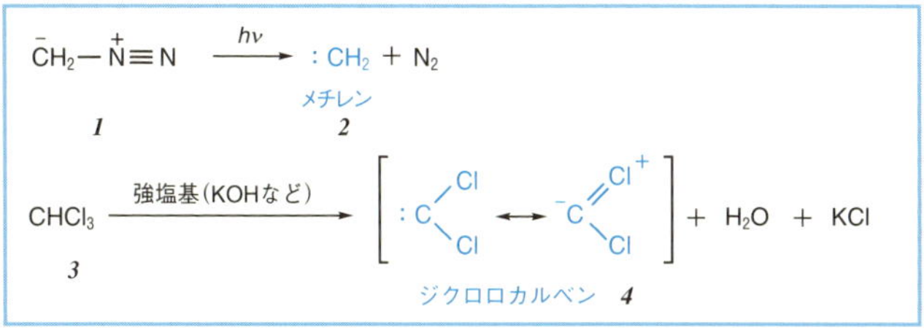

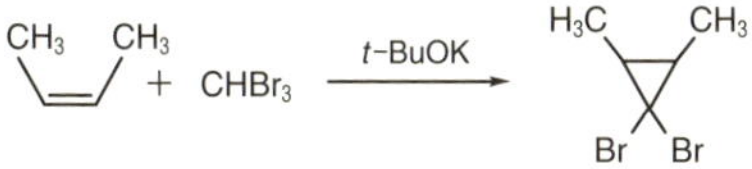

これと類似の窒素，ケイ素の誘導体をそれぞれ，**ナイトレン**，**シリレン**とよぶ．

解説 カルベンは非常に反応性が高いので，アルケンに素早く付加してシクロプロパン環が生成する．単離可能なカルベンおよびナイトレンは，図72・1の **7**，**8** のようなものを除いてまれである．

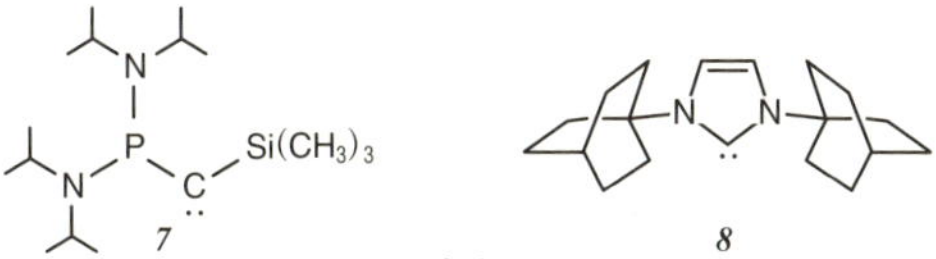

図72・1 安定なカルベン

カルベンには，二つの非結合性電子のスピン状態により三重項 **10**，一重項 **12** のカルベンがある．三重項カルベン **10** のアルケンへの付加（**9→11**）は，二重結合へのラジカル付加と考えられる一方，一重項カルベン **12** の付加（**9→13**）は協奏的反応（**ペリ環状反応**）である．

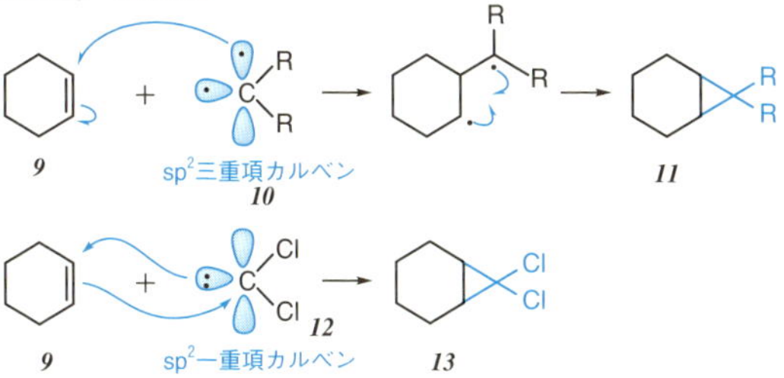

197

類似反応　実際の有機合成で用いられる反応活性種でカルベンに類似した反応性を示すもの，たとえば**Simmons-Smith 反応剤**のような**カルベノイド**とよばれる有機金属反応剤がある．この活性種はヨウ化ヨードメチル亜鉛(II) *15* であると考えられ，立体特異的にアルケンのシクロプロパン化反応（*9*→*14*）が進行する．

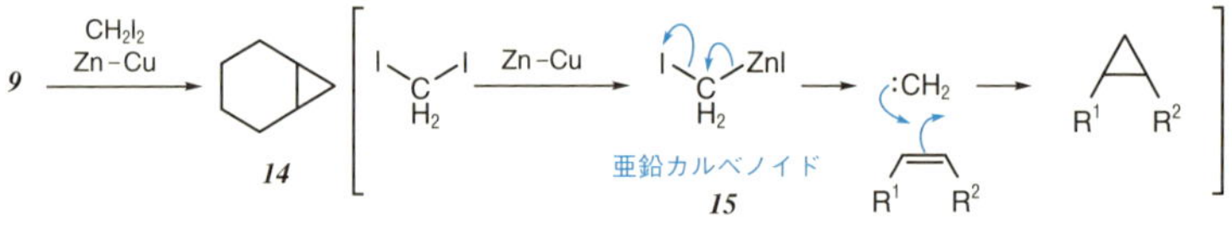

そのほか，Fischer 型カルベン錯体 *16* やカルベンの Ru 錯体 *17* は安定なカルベン錯体であり，特に**Grubbs 錯体**とよばれる *17* はアルケンメタセシス（オレフィンメタセシス）反応（たとえば *18*→*19* ＋ エチレン）の優れた触媒である（**反応100** 参照）．

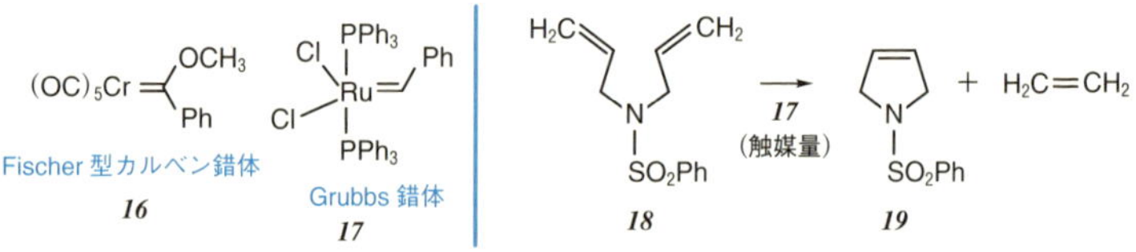

Curtius 転位　酸塩化物 *20* から調製したアシルアジド *21* を加熱すると窒素分子（N$_2$）を放出しながら分解し，N 上に 6 電子をもつアシルナイトレン *22* が発生する．ナイトレンはカルベンと同様に反応性が高く，Wolff 転位型の転位反応を経てイソシアナート *23* を与える．*23* が水の付加を受けると，カルバミン酸 *24* を経てアミン体 *25* が生成する．このような反応を**Curtius 転位**（**反応92** 参照）とよぶ（図72・2）．協奏的な反応機構も議論されている．

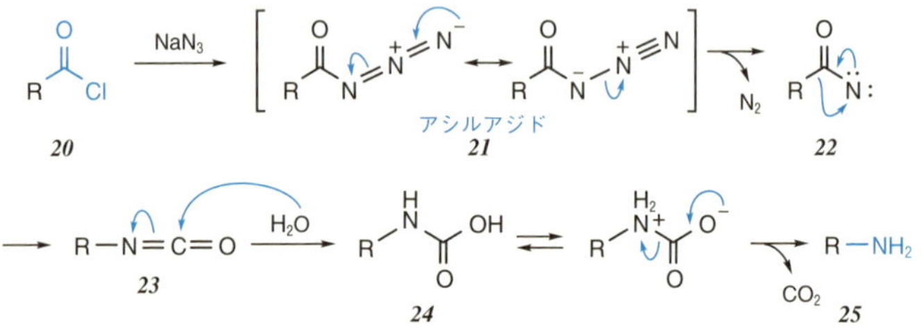

図 72・2　Curtius 転位

ナイトレンを用いる閉環反応　C＝N 結合とアジド基が隣接する芳香族化合物 *26* を加熱すると，ナイトレン中間体 *27* を経てインダゾール誘導体 *28* を得ること

ができる.

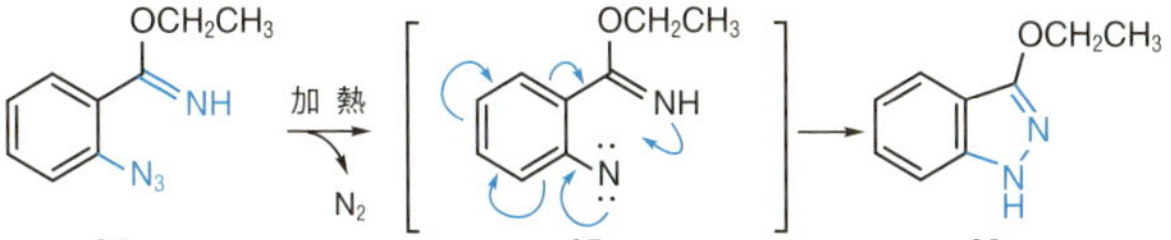

応用　Merck 社の合成グループによって，カルベノイドの NH 基への分子内挿入反応による環化反応（ロジウム触媒による）が（＋)-チエナマイシン **32** の全合成に用いられた．α-ジアゾケトン **29** を触媒量の $Rh_2(OCOCH_3)_4$ で処理すると，N_2 の脱離を伴ってロジウムカルベン中間体（錯体）**30** が生成し，分子内挿入反応によって **32** の前駆体 **31** が得られた.

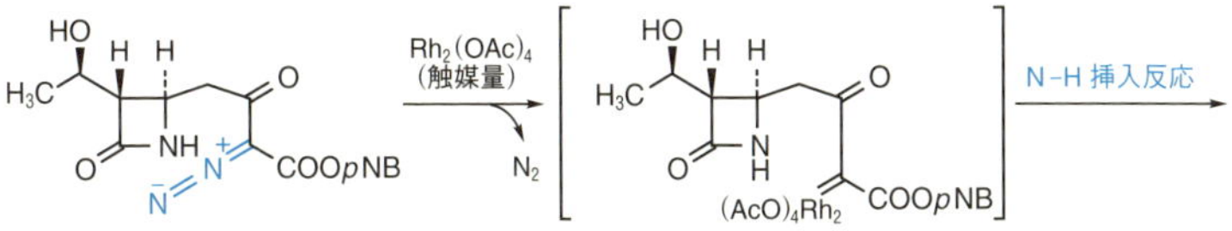

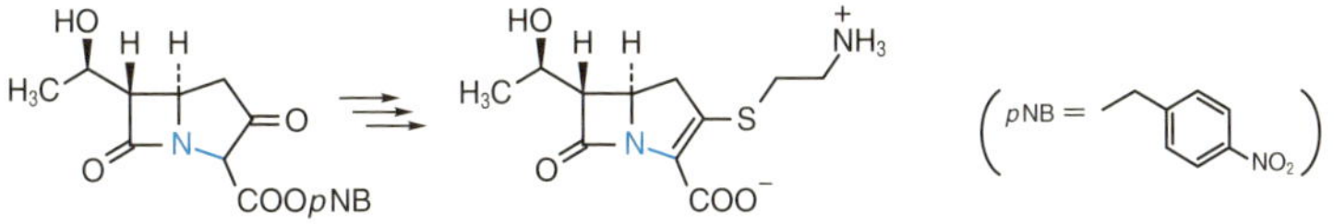

Wolff 転位　酸塩化物 **20** とジアゾメタンから調製したジアゾケトン **33** を水中で加熱すると窒素分子（N_2）を放出しながら分解し，α-ケトカルベン **34** が発生する．**34** は Curtius 転位型の転位反応を経てケテン **36** を与える．**36** が水の付加を受けると，カルボン酸 **37** が生成する．このような反応を **Wolff 転位**とよぶ（図 72・3）．なお，**33** の加熱をアルコール中で行うと，対応するエステルが生成する（**Arndt-Eistert 反応**）．

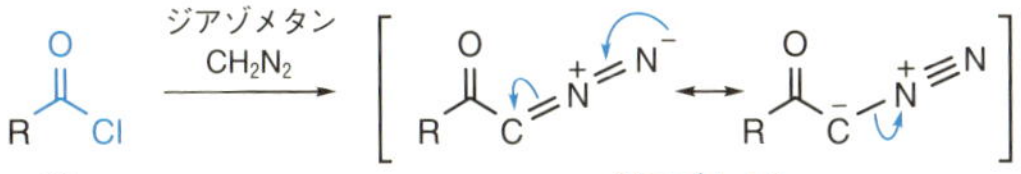

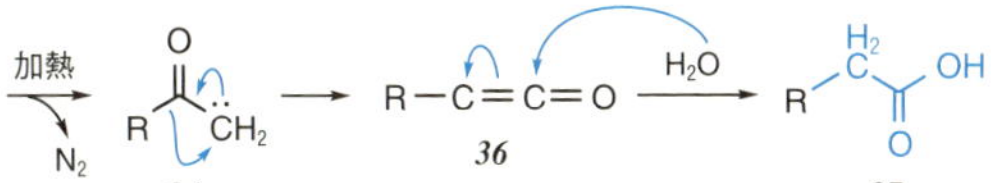

図 72・3　Wolff 転位

XI. ペリ環状反応

反応 73　電子環状反応
反応 74　Diels-Alder 反応
反応 75　1,3-双極付加反応

73 電子環状反応　π電子のかかわる環構造の生成と消滅

概略　**電子環状反応**は，一つの共役π電子系の両端でσ結合が一つ新しく生じる，または切断する反応である．必ず環の生成もしくは消滅を起こす．**ペリ環状反応**の一つである．

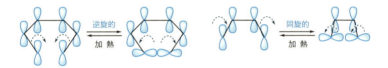

解説　電子環状反応は熱的な条件または光照射による条件において起こる．反応は立体特異的に進行し，その説明は Woodward-Hoffmann によって明快になされた．両末端が同じ方向に回転することを**同旋的**（conrotatory）**回転**とよび，両末端が反対方向に回転するとことを**逆旋的**（disrotatory）**回転**とよぶ．

回転の方向は，含まれる電子数と反応条件によって一義的に決まっている（表73・1）．ヘキサトリエンとシクロヘキサジエン，シクロブテンとブタジエンでは，熱反応ではそれぞれ逆旋的，同旋的に反応が起こる．光照射では，回転の方向がそれぞれ逆になる．ヘキサトリエンとシクロヘキサジエン系では結合の消滅と生成に関わる電子が6電子，シクロブテンとブタジエン系では含まれる電子が4電子である．これらは一般性のあるルールとして受け入れられている．

表73・1　2種類の電子環状反応における回転様式

	電子数	熱反応	光照射反応
⬡ ⇌ ⬡	$6(4n+2)$	逆旋的	同旋的
□ ⇌ ⋌	$4(4n)$	同旋的	逆旋的

フロンティア軌道論を分子内反応に適用し，軌道位相を考えた電子の非局在化によっても回転の方向は理解できる．分子を二つの部分に分け，その間の HOMO-LUMO の電子の受渡しが，特定の回転方向では可能であることを示している（図

73・1).

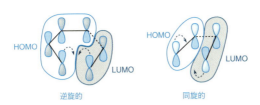

図 73・1　熱による電子環状反応における結合を形成する電子の非局在化

　結合の開裂において結合の切断方向は一義的に決まったとしても図 73・2 に示すように新たな異性体の生成が考えられる．置換基 A と B が異なるとき，5 から同旋的な結合開裂によって二つの異性体（6, 7）が生成する可能性がある．置換基 A, B によっては生成物に偏りを生じることが知られており，このような異性体の選択性を**トルク選択性**（torque selectivity）とよんでいる．

図 73・2　同じ回転様式でも回転方向（トルク）の違いによる異性体が生成

　適用例　生体内（特に皮膚）でのビタミン D_3 *11* の生合成には電子環状反応が含まれている．すなわち出発物質である 7-デヒドロコレステロール *8* は光照射によって 6π 電子系の同旋的なシクロヘキサジエンの開環を起こし，さらにメチル基の水素原子の [1,7]シグマトロピー転位（反応 88，反応 89 参照）によってトリエンの移動が起こり，ビタミン D_3 を生成する．この過程には酵素などの関与はない．電子環状反応はまさにわれわれの体で起こっている反応である．

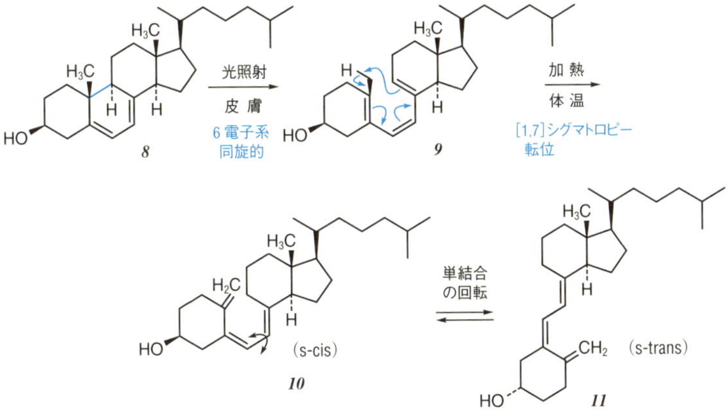

74 Diels-Alder 反応　　π電子のかかわる環構造の形成反応

概略　Diels-Alder 反応は，共役ジエンとアルケンとの間で6員環構造が形成される反応で，**ペリ環状反応**の一つである．

解説　共役ジエンに電子供与性基が，アルケンに電子求引性基がある場合が反応に有利である．反応は以下のような矢印で電子の動きを形式的に描くことができるが，ブタジエン *1* と無水マレイン酸 *4* のそれぞれが，電子の授受と供与を行っている点に注意してほしい．このことは，**フロンティア軌道論**によって明確に表現される．すなわちブタジエンの HOMO とジエノフィル（求ジエン体）の LUMO が軌道の重なりをもち，電子がブタジエンからジエノフィルに非局在化すると同時に，ジエノフィルの HOMO とジエンの LUMO の軌道の重なりにより，電子がジエノフィルからジエンに非局在化する．この双方向の電子の非局在化による安定化が反応を推進する（図 74・1）．

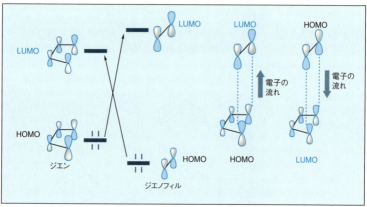

図 74・1　Diels-Alder 反応における電子の非局在化

適用例　Diels-Alder 反応は二つの結合を同時に形成することができるため大変有用な有機合成反応であり，さまざまな合成応用がなされている．次の例では分

子間 Diels-Alder 反応によって天然物 **9** を合成している.

Diels-Alder 反応においてジエンもしくはジエノフィルが環構造をもつ場合,**エンド付加体とエキソ付加体**を生じる可能性がある.**10** と **4** の反応では,エキソ付加体は生成しないで,エンド付加体が生成する.

これは Diels-Alder 反応の**エンド則**とよばれる.多くの教科書で,エンド付加における二次的な π 軌道の相互作用 **13** をエンド則の根拠とするものが多いが,依然として議論が多い.

また,シクロペンタジエンのように環状構造によってジエンが単結合に対して同方向(cisoid)に固定されている方が反応には有利である.

Diels-Alder 反応の不斉反応への応用が行われている.不斉 Diels-Alder 反応としてはジエノフィルもしくはジエンに不斉分子(不斉補助基)を結合させて π 面の選択を反応前に行う場合と(**14→16**),π 面を反応時に区別する場合(**17→20**)が多い.

これらの反応は不斉合成反応として多く用いられている.

205

75 1,3-双極付加反応
1段階で5員環を形成する反応

概略 Diels-Alder 反応は，[4+2]環化で6員環を生成するが，3原子から成る 1,3-双極子 **1** とアルケン **2** との反応によって5員環生成物が合成できる．この反応を **1,3-双極付加反応**，あるいは [**3+2**]環化反応とよぶこともある．

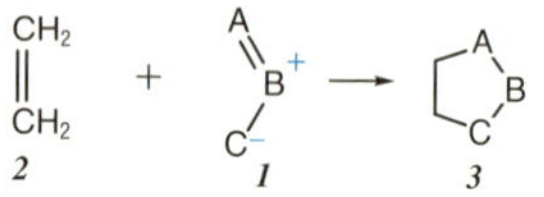

解説 1,3-双極子としては，ニトロン **4**，ニトリルオキシド **6**，アジド **7** などが知られている（図75·1）．オゾン **5** も 1,3-双極子であり，後で述べるようにオゾン分解（オゾン酸化）の反応機構には 1,3-双極付加反応が含まれている（**反応81** 参照）．

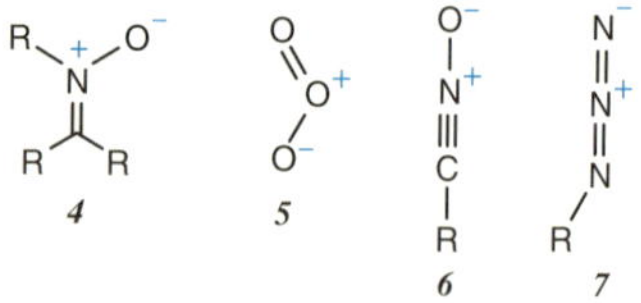

図 75·1 1,3-双極子

ニトロン **8** とアルケン **9** との 1,3-双極付加反応の例をあげる．アルケン上の置換基は電子求引性基でも電子供与性基でも反応可能である点が，Diels-Alder 反応（**反応74** 参照）との大きな相違である．下の例では，生成物 **10** の N-O 結合を酢酸酸性条件下亜鉛で還元的に切断し，アミノアルコール **11** を得ている．また環化の際，立体的に混み合わない配置 **12** で位置選択的に反応が進行する．

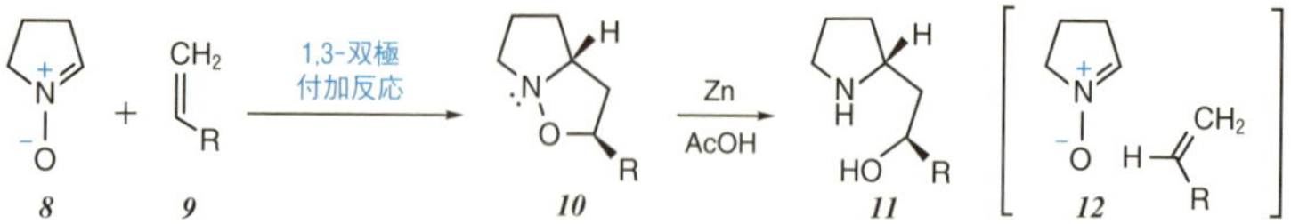

適用例 アジドとシアノ基との間の 1,3-双極付加反応によってテトラゾール **15** を合成することができる．次の例は，トリメチルシリルアジド **14** を用いてアルキル酸化スズを触媒として用いた例である．テトラゾールの NH 基は酸性であり，テトラゾールはカルボン酸の生物学的等価体（バイオアイソスター）として創薬化学において頻繁に用いられる．高血圧症の治療薬であるアンギオテンシンⅡ受容体

206

遮断薬であるロサルタン **16** はテトラゾール構造をもっており，対応するシアノ体から合成される．

H₃C... (reaction scheme with structures **13**, **14**, **15**, **16**)

アルケンのオゾン分解（オゾン酸化）は別の章（**反応 81**）で取上げられているが，1,3-双極付加反応として取上げておく．還元的な後処理によってアルデヒド **18** を合成する例である．

(reaction scheme with structures **5**, **17**, **18**, **18**)

アルケン **17** とオゾン **5** との 1,3-双極付加反応で一次オゾニド **19** が生成するが，逆 1,3-双極付加反応が起こり酸素-酸素結合が開裂し新たな 1,3-双極子 **20** とアルデヒドが生成する．再び 1,3-双極付加反応でオゾニド **21** が生成する．オゾニドをジメチルスルフィドで還元的に後処理すると，硫黄原子がオゾニドの酸素原子に求核付加して，オゾニドが分解して，アルデヒド **18** とジメチルスルホキシド（DMSO）**22** を生成する．酸素-酸素結合が弱いことに由来する反応である．

(reaction scheme with structures **5**, **17**, **19** (一次オゾニド), **18**, **20**, **21** (オゾニド), **18**, **22** (DMSO), **18**)

また，アルケンのオゾン分解をアルコール存在下で行い，ジメチルスルフィド (CH₃)₂S で還元的に処理すると，アセタールとアルデヒドが生成する．環状アルケン **23** に適用すると二つのアルデヒドの一方がアセタールとして保護された **24** が生成し，有用な出発原料になる．反応はオゾニド形成に優先して **25** にメタノールが

反応して **26** を生成し，一つのアルデヒドがアセタール **27** を形成後，過酸結合
(O-O) が (CH$_3$)$_2$S で還元されアルデヒド **24** を生成する．

XII. 酸 化 反 応

反応 76　クロム酸による酸化

反応 77　Swern 酸化

反応 78　マンガンによる酸化

反応 79　過酸による酸化

反応 80　その他の酸化反応（1）

反応 81　その他の酸化反応（2）

反応 82　その他の酸化反応（3）

76 クロム酸による酸化

基質に対して酸素原子の導入や水素原子の除去，さらには電子を奪う反応を総称して**酸化反応**とよぶ．

概　略　酸化に用いられるクロム酸反応剤としては，**三酸化クロム**（無水クロム酸：CrO_3）や**ニクロム酸アルカリ塩**が一般的である．六価クロムは基質を酸化することによって最終的に自身は三価クロムにまで還元される．六価クロムは人体に有害であるため，反応後の廃液を含めその使用には注意を要する．反応は六価クロムの赤橙色から三価クロムの暗緑色への変化によっても観察できる．

76・1　ニクロム酸カリウム（$K_2Cr_2O_7$）および
　　　　　　ニクロム酸ナトリウム（$Na_2Cr_2O_7$）による酸化

これらは強力な酸化剤であり，第一級アルコールはアルデヒドへ，第二級アルコールはケトンへ酸化される．この酸化はクロム酸の希硫酸溶液を用い，溶媒としてアセトンか酢酸溶液中で行われるのが通常である．また，反応はクロム酸エステル中間体 **3** を経て進行する．

第一級アルコールを水溶液中で酸化すると，最初に生成するアルデヒド **6** が水和を起こし **7**，さらに酸化が進行するためカルボン酸 **10** にまで酸化される．

したがって，この酸化反応を無水溶媒中で行えば第一級アルコールからアルデヒド **6** を得ることができる（**反応 76・3** 参照）．第三級アルコールが酸化されないのは，中間に生成したクロム酸エステル **3** に脱離する水素が存在しないためと理解できる．上述したようにこの反応の色の変化（赤橙色→暗緑色）で第一級および第二級アルコールと，第三級アルコールを識別することができる．

76・2　Jones 酸化（CrO_3-H_2SO_4-アセトン-H_3O^+）

CrO_3 を希硫酸に溶かし，水-アセトン溶媒中で行う酸化を **Jones 酸化**という．この酸化は第二級アルコールからケトンへの酸化に適しており，分子内に二重結合や三重結合が存在していてもそれらとは反応しない利点をもつ．しかし，第一級アルコールからアルデヒドへの選択的変換には適さない．

76・3　Collins 酸化（CrO$_3$-ピリジン錯体による酸化）

無水クロム酸を 10 当量のピリジンにゆっくり加えると深赤色結晶が得られ，これを **Collins 反応剤**とよぶ．クロム酸にピリジンを加えると発火する危険性がある．この反応剤を用いた酸化反応は**Sarett 酸化**ともよばれる．一般に CH$_2$Cl$_2$ などの非水有機溶媒中で反応を行えるため，第一級アルコールからアルデヒド **6** を合成する方法としても使用できる．また，酸に不安定な基質に対して特に有用な酸化である．

76・4　PCC（クロロクロム酸ピリジニウム：PyH$^+$・CrO$_3$Cl$^-$）酸化

酸や塩基に対して不安定な基質の酸化に有用である．Jones 酸化や Collins 酸化は一般に第二級アルコールからケトンの合成に用いられるのに対し，この反応剤はアルデヒド合成にも応用可能である．ただし，弱酸性であり，酸に不安定な置換基があるときは中和の目的で酢酸ナトリウムなどを共存させて反応を行う．生成物が共役系になるとき **12** のように熱力学的に安定な化合物（トランスアルケン）を与えることが多い．

HO～～～O○　—PCC／CH$_2$Cl$_2$→　O=～～～O○
11　　　　　　　　　　　　　**12**

第三級アリルアルコール **13**，**15** を PCC で酸化すると，転位が進行することも知られている．この反応は α,β-不飽和カルボニル化合物 **14**，**16** の合成に有用である．

13　—PCC／CH$_2$Cl$_2$→　**14**　　　　**15**　—PCC／CH$_2$Cl$_2$→　**16**

76・5　PDC（二クロム酸ピリジニウム：(Py・H$^+$)$_2$Cr$_2$O$_7{}^{2-}$）酸化

ほぼ中性の酸化剤であり，アリルアルコール（**17**，**19**）やベンジルアルコールの酸化に用いられる．

17　—PDC／CH$_2$Cl$_2$ または DMF→　**18**　　　　R^1–C≡C–CH(OH)R^2　—PDC／CH$_2$Cl$_2$→　R^1–C≡C–C(=O)R^2
19　　　　　　　　　　　　　　　　　　　**20**

使用する溶媒によって酸化力が異なり，第一級アルコール **22** の CH$_2$Cl$_2$ 中での酸化ではアルデヒド **21** が生成するのに対し，DMF（N,N-ジメチルホルムアミド）中ではカルボン酸 **23** にまで酸化される．

21　←PDC／CH$_2$Cl$_2$—　**22**　—PDC／DMF→　**23**

酸

化

211

77 Swern 酸化

概略 Swern 酸化はジメチルスルホキシド（DMSO）*1* と塩化オキサリル（*2*）を反応剤として用いる酸化反応であり，第一級アルコールからアルデヒドを，第二級アルコールからケトンを合成する反応である．

反応機構 反応は次のように進行する．

まず，塩化オキサリル *2* が DMSO *1* を活性化し，活性反応種 *4* を生成する．ついで，第一級アルコール *5* が反応しスルホニウム塩 *6* となり，ここで塩基（トリエチルアミン）が酸素原子の α 位水素を引抜くことにより，対応するアルデヒド *7* を与える反応である．

特徴 本反応においては酸素原子の α 位水素が比較的弱い塩基によって容易に引抜かれているが，これはスルホニウム塩の生成による I 効果のためであり，その水素原子の酸性度が増加しているからである．本反応においては副生成物も少なく，また反応条件も穏和（一般に低温かつ中性に近い条件）であることからアルコールの酸化に優れた方法の一つであるが，硫黄化合物 *8* や CO が生じることが欠点でもある．

応用 本反応における活性反応種 *4* を生み出す方法として塩化オキサリルの代わりに NCS（N-クロロスクシンイミド）や塩素（Cl_2）も用いられている（**Corey-Kim 酸化**）．

また，同様に DMSO の活性化法として無水酢酸あるいは無水トリフルオロ酢酸も用いられるが，この際の脱離基はアセトキシ基やトリフルオロアセトキシ基になる．さらに SO_3-ピリジン錯体を用いた DMSO の活性化による酸化反応は同一分子内に酸化されやすい官能基が存在しても使用可能な反応である．

同様な酸化反応は **Moffatt 酸化**として知られているが，この反応においては次図

に示すように DMSO の活性化に **DCC**（*N,N′*-ジシクロヘキシルカルボジイミド）**9** が用いられ，反応中間体として**スルホニウムイリド**（**13**）を生成する．さらに DCC の活性化には酸が必要である．

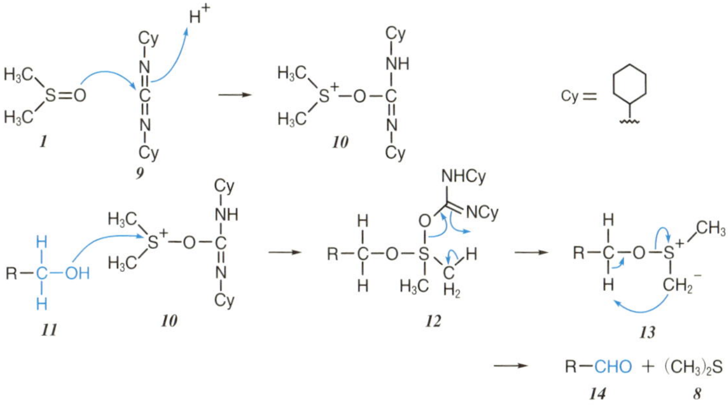

いずれにしてもこれらの反応は基質として用いたアルコールの酸素原子の α 位水素を活性化することが重要であり，反応機構は本質的に同一と考えられる．

医薬品合成への応用　Swern 酸化は抗腫瘍活性物質であるパクリタキセル（タキソール）の合成においても用いられており，多くの酸素官能基をもつ化合物にも異性化などの副反応を起こすことなく適用可能である．反応は穏和な条件で進行することから生成物に共役系を含むアリルアルコールなどの化合物の酸化にも多々使用される．

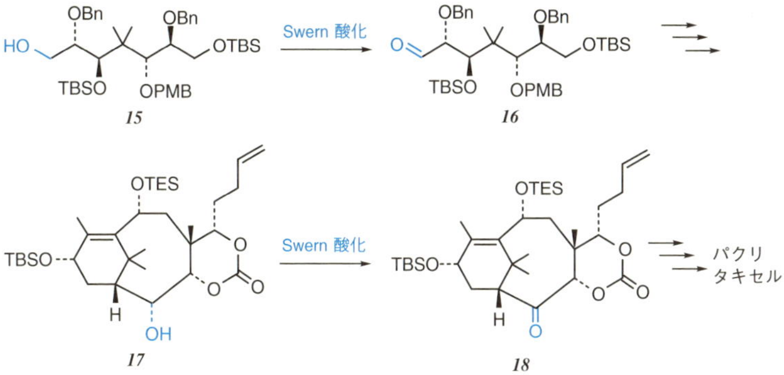

Bn ＝ ベンジル基，PMB ＝ *p*-メトキシベンジル基，TBS ＝ *t*-ブチルジメチルシリル基
TES ＝ トリエチルシリル基

酸

化

213

78 マンガンによる酸化

マンガン化合物は古くから用いられている酸化剤である．過マンガン酸カリウム（$KMnO_4$）や活性二酸化マンガンが様式の異なるさまざまな酸化反応に利用されている．

78・1 過マンガン酸カリウム（$KMnO_4$）による酸化

$KMnO_4$ は酸性条件下では酸化力が強過ぎ，官能基を複数もつ化合物の選択的酸化には適当ではない．そのため，中性もしくはアルカリ性条件において比較的単純な構造の化合物の酸化に用いられる．

$KMnO_4$ は，アルカリ水溶液中で炭素-炭素二重結合 *1*，*4* と反応し，二重結合の開裂した化合物 *3*，*5* を与える．

この反応は化合物の二重結合の位置を決定するために用いられることがある．また，反応条件を適切に設定すればジオールを生成する．

たとえば，ビシクロ[2.2.1]ヘプタ-2-エン（ノルボルネン）*6* の二重結合に対して $KMnO_4$ が付加し，*cis*-ジオール *7* を形成するが，酸性条件だと反応はさらに進行し，ジオール開裂する結果，ジアルデヒド *8* が生成する．また，この際に反応剤が基質に付加する方向は立体障害の少ない側から起こる．

アルカリ性水溶液中で $KMnO_4$ を用いた酸化反応をアルキルベンゼン誘導体に応用すると，ベンジル位が選択的に酸化される．これは反応活性なベンジル位で，ベンジル水素の引抜き反応が最初に起こるためである．アルキル基の長さに関係せずに安息香酸誘導体を与える．

また，ベンジル位に不飽和結合をもつ化合物も同様に安息香酸誘導体にまで酸化

される.

$$Ar-CH_2CH_2CH_2-R$$
$$Ar-CH=CH-R$$
$$Ar-C\equiv C-R \xrightarrow{KMnO_4} \xrightarrow{H_3O^+} Ar-COOH$$
$$\underset{O}{Ar-C-CH_2R}$$

78・2　二酸化マンガン（MnO₂）による酸化

　現在では二酸化マンガンを活性化させた活性二酸化マンガンが市販されており，これを用いてアリルアルコールやベンジルアルコールおよびプロパルギルアルコールの選択的酸化が行われる．活性二酸化マンガンは水にも有機溶媒にも不溶なので，反応は不均一系で行われるが，二重結合の異性化などの副反応が起こらず，対応するアルデヒドやケトンが得られること，後処理も沪過のみで済むという利点がある.

　たとえば，(2E,4S)-2,4-ジメチルヘキサ-2-エン-1-オール **9** に活性二酸化マンガンが作用し，アルデヒド **10** が生成する.

H₃C（構造式） **9** $\xrightarrow[\text{CH}_2\text{Cl}_2, 室温]{\text{MnO}_2}$ H₃C（構造式） **10**

　また，孤立のヒドロキシ基とアリルアルコールが共存する場合 **11** でもアリルアルコールのみ選択的に酸化し，**12** を得ることができる．これはアリル位ラジカルの安定性が高いためである.

11 $\xrightarrow{\text{MnO}_2}$ **12**

　また，MnO₂ はフェノール類の酸化的カップリング反応にも用いられる．レチクリン **13** を MnO₂ で酸化し，植物体内で起こっている生合成過程を模倣してモルヒ

13 $\xrightarrow{\text{MnO}_2}$ **14** $\Longrightarrow$ **15**

215

酸

化

ネ **15** を合成した Barton らの例は有名である.

医薬品合成への応用　トルエン誘導体を $KMnO_4$ 酸化すると安息香酸誘導体になる. この反応はヒスタミン H_1 受容体拮抗薬である**フェキソフェナジン**（**18**）の部分構造合成に使用されている.

79 過酸による酸化

概　略　酸化反応によく用いられる過酸としては無機化合物として過酸化水素（H_2O_2）があり，また有機過酸としてはエタンペルオキソ酸（過酢酸，CH_3COOOH）やベンゼンカルボペルオキソ酸（過安息香酸）誘導体などが知られている．

79・1　過酸化水素（H_2O_2）による酸化

H_2O_2 はアミン類や硫黄化合物の酸化によく用いられる．たとえば第三級アミン **1** を H_2O_2 と反応させると対応する N-オキシド **2**（もしくは **3** とも書く）が生成し，第一級アミン **4** からはニトロソ化合物 **5** を生じる．反応剤も生成物も爆発性があるので取扱いに注意が必要である．

また，二価の硫黄化合物であるスルフィド **6** に H_2O_2 を1当量反応させるとスルホキシド **8** になり，さらにもう1当量反応させるとスルホン **11** にまで酸化される．

H_2O_2 は，また α-ジケトン **12** や α-ケトカルボン酸 **14** の酸化的開裂にも用いられる．それぞれ対応するカルボン酸 **13** が得られる．

過酸によるエポキシドの合成は有機化学反応において重要な変換反応であり，後述するように孤立アルケンに対しては有機過酸が酸化剤として用いられる．しかしながら α,β-不飽和カルボニル化合物 **15** においては基質の電子密度が低いため，基質から試薬への電子移動は起こりにくい．このような化合物のエポキシ化反応には通常アルカリ性過酸化水素が用いられる（求核的エポキシ化）．

酸

化

217

79・2　有機過酸による酸化

有機過酸としては比較的安定な反応剤として **m-クロロベンゼンカルボペルオキソ酸**（m-クロロ過安息香酸，mCPBA）**18** が用いられる．有機過酸は H_2O_2 と同様にアミンや硫黄を酸化する．また，エポキシド形成としては孤立アルケンのような電子密度の豊富な系に用いられる．この反応においては基質の π 電子が反応剤（過酸）を攻撃することから始まり，生成したエポキシド **19**，**22** はシスである．酸化反応は一般に親電子反応であり，分子内に複数の二重結合が存在するときは電子密度の豊富な二重結合が優先して反応する（**21**→**22**，**反応 23** 参照）．

また，**26** のように基質にヒドロキシ基などが存在すれば，反応剤と水素結合を形成した **27** を経るため，エポキシ化における立体化学の制御も可能になる（アセチル体の **23** と逆の立体化学になる）．

エポキシドは求核剤により，容易に開環し，対応するトランス配置の生成物を与えるため，合成中間体として幅広く利用されている．抗精神病薬であるミアンセリン塩酸塩 **34** はスチレンオキシド **29** を 2-(メチルアミノ)エタノールにて開環し，

ジクロリド **31** に変換後 o-アミノベンジルアルコールと反応させ，最後に閉環して塩酸塩とすることにより合成できる.

過酸を用いた反応では立体選択的に酸素原子が導入できる Baeyer–Villiger 転位も有名であるが，これは転位反応（**反応 91**）で扱う.

80 その他の酸化反応 (1)

80・1 四酸化オスミウム (OsO₄) 酸化

アルケン *1* に四酸化オスミウムを反応させると，環状オスミウムエステル *2* を形成し，これを亜硫酸ナトリウム（Na₂SO₃）や硫化ナトリウム（Na₂S）のような反応剤で還元的に処理すると *cis*-ジオール *3* が生成する．この反応は立体障害の小さい側から起こる．

四酸化オスミウムは猛毒であるため，現在では触媒量を用い，**補助酸化剤** (co-oxidant) の共存下に行うのが一般的である．補助酸化剤としては H_2O_2，ヘキサシアニド鉄(III)酸カリウム（$K_3[Fe(CN)_6]$），モルホリン *N*-酸化物，*t*-BuOOH などがある．

80・2 過ヨウ素酸およびその塩による酸化

過ヨウ素酸は *vic*-ジオール（1,2-ジオール）の開裂に用いられることが多い．反応は環状エステル *6* を経由して進行し，カルボニル化合物 *7*, *8* を生成する．

$$HIO_4 + 2H_2O \rightleftarrows H_4IO_6^- + H^+$$

四酸化オスミウム酸化において，過ヨウ素酸ナトリウムを共存させるとアルケンは1段階で結合開裂した化合物 *7*, *8* を与える．この反応は **Lemieux-Johnson 酸化**とよばれる．また，1,2,3-トリオール構造をもつ化合物 *9* を過ヨウ素酸で酸化すると α-ヒドロキシアルデヒド *10* が生成するが，これはさらに酸化を受けてギ酸 *12* とアルデヒド *11* になる．この反応はポリアルコール類の構造決定にも使用される．

80・3　四酢酸鉛〔$Pb(OCOCH_3)_4$〕による酸化

上述した *vic*-ジオール（1,2-ジオール）の開裂は四酢酸鉛によっても進行する．やはり環状の鉛エステルを経由する．三つの開裂反応とも *cis*-ジオールの方が環状エステルの形成が容易であるため *trans*-ジオールに比べて反応は速いが，どちらからもジカルボニル化合物 ***14*** が生成する．

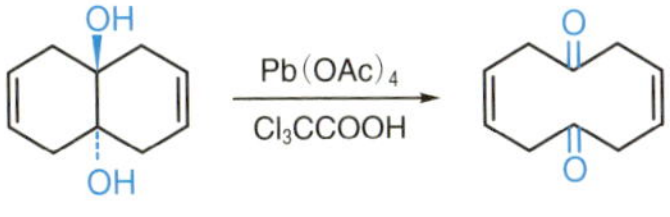

13　***14***

また，四酢酸鉛はカルボン酸 ***15*** を脱炭酸を伴いながらアセトキシ基に変換する．生成した化合物 ***16*** は加水分解によりアルコール ***17*** へと変換される．

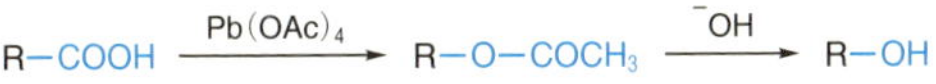

15　***16***　***17***

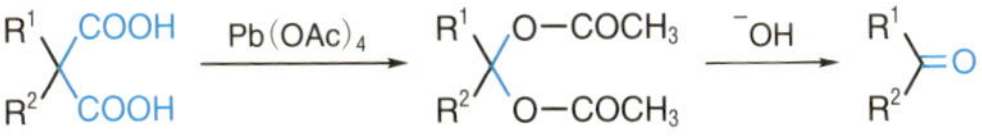

18　***19***　***20***

一方，同じ炭素に結合したジカルボン酸 ***18*** に四酢酸鉛を反応させると，*gem*-ジアセトキシ（1,1-ジアセトキシ）化合物 ***19*** になり，これは加水分解によりケトン ***20*** に変換できる．また，カルボニルの α 位でのアセトキシ化も特徴的な反応である．エノール化されやすい化合物ほどこの反応が起こりやすい．

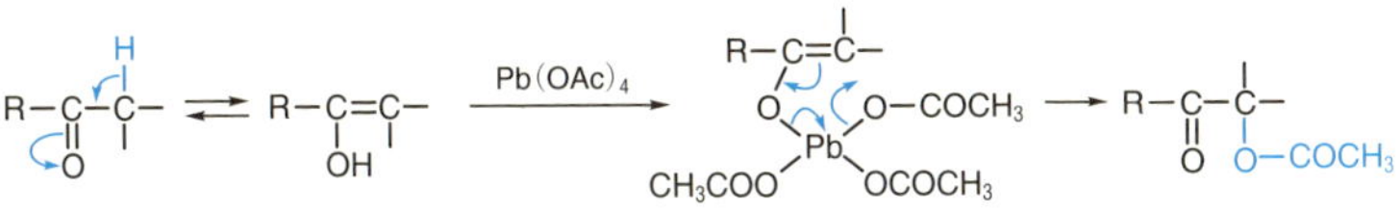

21　***22***　***23***　***24***

応用例　D-マンニトールから導かれるアセトニド ***25*** を四酢酸鉛あるいは過ヨウ素酸で酸化するとジオール開裂が進行し，グリセルアルデヒド ***26*** が得られる．

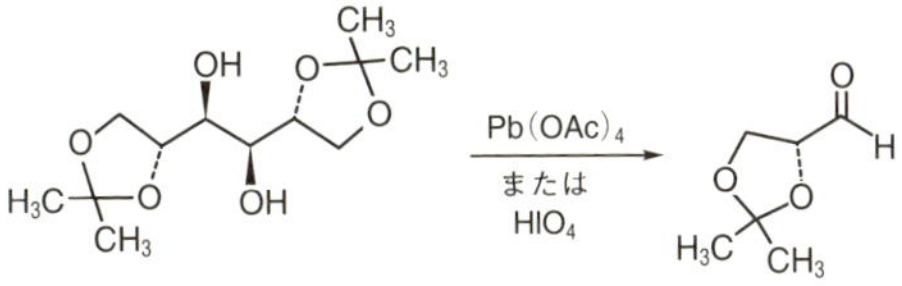

25　***26***

81 その他の酸化反応 (2)

81・1 オゾン酸化

オゾン（O_3）は酸素あるいは空気ガスを高エネルギーの紫外光に通すことにより発生する.

$$O_2 + 紫外光 \longrightarrow O + O \qquad (1)$$
$$O + O_2 + M \longrightarrow O_3 + M + 熱 \qquad (2)$$
$$O_3 + 紫外光 \longrightarrow O_2 + M + 熱 \qquad (3)$$

ここで M は放出されたエネルギーの一部を吸収できる粒子を示し，(3)式で生成した酸素はまた(2)式の段階に戻って再使用される．この反応においては紫外光の高エネルギーが熱に変換されている.

アルケンに O_3 を反応させると**オゾニド**（**2**）が形成され，これに Zn やジメチルスルフィド〔硫化ジメチル: $(CH_3)_2S$〕，亜硫酸水素ナトリウム（$NaHSO_3$），トリフェニルホスフィン（Ph_3P）あるいは接触還元などの還元的分解を行うと対応するカルボニル化合物 **5**, **6** になる．一方，酸化的分解を行うとカルボン酸 **8**, **9** になる.

アルケンが水素をもつ場合はオゾニドの還元によりアルデヒドを生成するが，還元剤として $NaBH_4$ や $LiAlH_4$ などの水素化金属反応剤を用いるとアルデヒドはアルコールにまで還元される．一方，オゾニドを H_2O_2 や $KMnO_4$ などの酸化剤で反応

させるとカルボン酸にまで酸化される.アルキルベンゼン **10** もオゾン酸化後,H_2O_2 処理により,ベンゼン環が酸化されて対応するカルボン酸 **11** になる.

オゾン酸化は構造未知化合物の二重結合の位置決定に用いられることがある.オゾンは求電子剤であり,したがって三重結合より二重結合が速く反応する.

81・2　ニトロキシルラジカルによる酸化

非常に安定なニトロキシルラジカルである **TEMPO**（2,2,6,6-テトラメチルピペリジン *N*-オキシル）を触媒として用い,アルコールを酸化する反応が汎用されている.この酸化反応の活性種は TEMPO を一電子酸化することで生成するオキソアンモニウムイオンである.次亜塩素酸塩や $PhI(OAc)_2$ のような共酸化剤を用いて穏和な条件で簡便に反応が行えることが特徴である.

アルコールがオキソアンモニウムイオンに付加する際,周囲に存在する四つのメチル基が立体的に大きな妨げとなる.そのため,一般に立体障害の小さい第一級アルコールは速やかに酸化され,立体的に込み入った構造の第二級アルコールの酸化は進みにくい.

これに対し,**AZADO**（2-アザアダマンタン *N*-オキシル）はアルコールとの反応点の周囲の立体障害が小さく,TEMPO では酸化されない第二級アルコールも酸化される.

　応用例　AZADO による酸化は抗腫瘍活性を示す天然物である(−)-irciniastatin B の全合成に用いられている.合成の終盤において,多様な保護基や複雑な立体構造をもつ第二級アルコール **12** を良好な収率でケトン **13** に酸化することに成功している.

223

SEM = 2-(トリメチルシリル)エトキシメチル基, TBS = t-ブチルジメチルシリル基
Teoc = 2-(トリメチルシリル)エトキシカルボニル基, TIPS = トリイソプロピルシリル基

82　その他の酸化反応（3）

82・1　二酸化セレン（SeO_2）による酸化反応

二酸化セレンはアルケンのアリル位でヒドロキシ化を起こし，アリルアルコールを与える．この反応剤は水溶液中で亜セレン酸（H_2SeO_3）になり，アルケンとのエン（ene）反応に続き，[2,3]シグマトロピー転位を起こす．

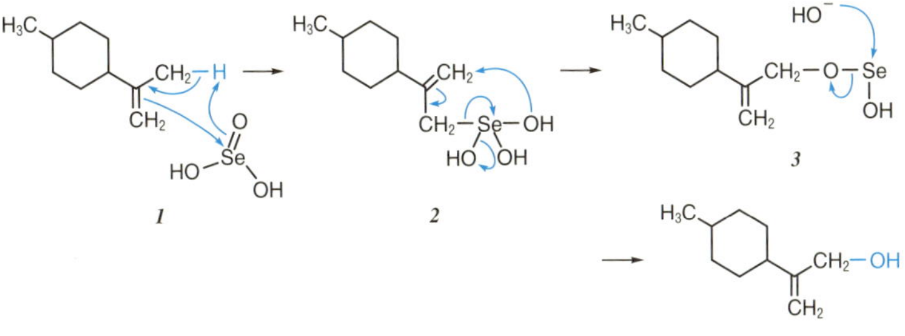

一般にヒドロキシ化はメチレンがメチンやメチルより優先される．同じメチル基でもより多く置換されているメチレン炭素の α 位で反応は起こる．さらに，二重結合が環内にあるときはヒドロキシ化も環内で起こりやすい．

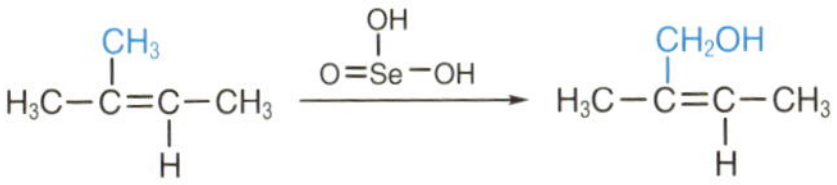

5　*6*

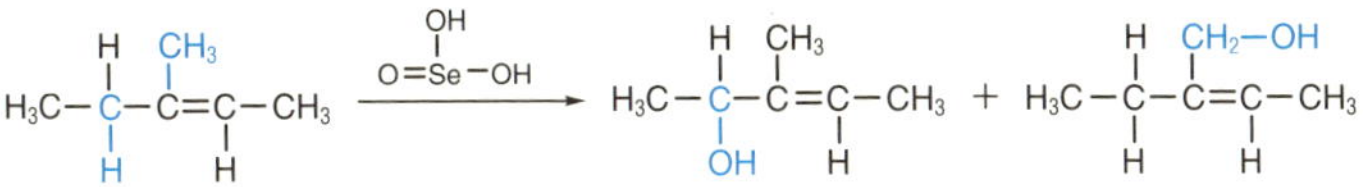

7　*8* 主生成物　*9* 少量

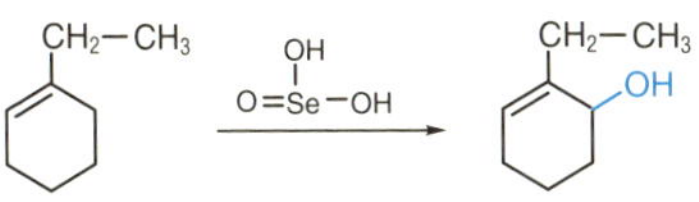

10　*11*

また，二酸化セレンはケトンの α 位も酸化し，α-ジケトン ***16*** を与える．

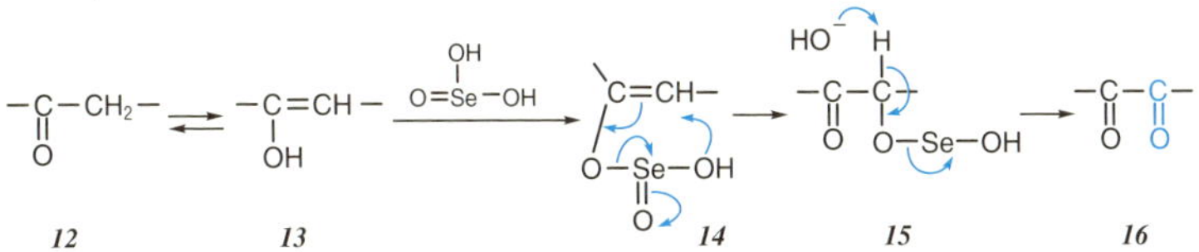

12　*13*　*14*　*15*　*16*

82・2 Oppenauer 酸化

アセトン溶媒中**アルミニウムトリブトキシド**（**18**）を用いてアルコール類を酸化する方法であるが，特に**第二級アルコールの酸化**に適している．反応機構からわかるようにアセトンは水素受容体の役割を担っているが，アセトン以外にも種々のアルデヒドやケトンが用いられる．

この反応は6員環遷移状態 **20** を通って進行するが，平衡反応であるため生成するケトンを反応系外に出すか，あるいは過剰のアセトンを用いる必要がある．

これと対照的な逆反応にイソプロパノール中アルミニウムトリイソプロポキシドを用いてケトンをアルコールに還元する Meerwein-Ponndorf-Verley 還元がある（**反応87・2**参照）．

XⅢ. 還 元 反 応

反応 83　接触還元
反応 84　ヒドリド還元剤による還元
反応 85　アルカリ金属・アルカリ土類金属
　　　　　　　　　　　　による還元
反応 86　カルボニルからメチレンへの還元
反応 87　その他の還元反応

83 接 触 還 元

概略 基質に対して水素原子の導入や酸素原子の除去，さらには電子を与える反応を総称して**還元反応**とよぶ．そのうちでも有機化合物に触媒の存在下，気相あるいは液相で水素を添加する反応を**接触還元**とよぶ．接触還元には不飽和結合に水素を添加する**接触水素化**と，炭素-酸素，炭素-窒素，炭素-ハロゲン，炭素-硫黄結合などのσ結合の開裂を伴う**接触加水素分解**が知られている．触媒として用いられる金属は，Pd, Pt, Co, Ni, Rh, Ru などが一般的である．

接触水素化

接触加水素分解

83・1 接触水素化

接触水素化は低水素圧下および高水素圧下でも行われる．反応条件によってはカルボニル基も還元されるが，ここではおもに炭素-炭素不飽和結合に対する水素添加について解説する．また，液相で行う接触水素化では，溶媒として水やアルコールなどの極性溶媒からヘキサンなどの非極性溶媒までほとんどすべての溶媒を用いることができ，中性条件下で反応を行える．基質の安定性が液性に依存する場合は酸性でもアルカリ性でも反応が行えるという利点がある．

特徴 接触水素化においては一般に水素はシス付加で進行する（例外もあり，確立した機構は明確にされていない）．この反応は金属触媒表面で起こる不均一反応であり，水素を受取った触媒相と反応基質の界面で起こる界面反応と理解される．したがって，*cis*-アルケン *11* からはメソ体 *12* が生成し，*trans*-アルケン *13* からはラセミ体 *14* が生成する．アルケンに対する臭素の付加と立体化学が逆になることは興味深い．（**反応 20** 参照）

また，水素添加は基質の立体障害の少ない側から起こることも知られている.

15   *16*   *17*   *18*

炭素–炭素不飽和結合に対する水素添加は一般的に容易に進行し，アルケンおよびアルキン共にアルカンにまで還元されるが，触媒の活性を減じてこの反応を行えばアルキンは部分還元されてアルケンを生成することも知られている. この反応はLindlar 還元とよばれ，触媒活性を減じるために触媒毒であるキノリンなどのアミン類や，$BaSO_4$ や $CaCO_3$ などが一般に用いられる. ここで生成するアルケンは水素のシス付加により，(*Z*)–アルケン *20* である.

19   *20*

83・2 接触加水素分解

窒素や酸素に結合したベンジル基は接触還元条件下に脱ベンジル反応が起こる. この反応は中性下で行えるため，有機化合物合成において有用な反応となっている. 通常パラジウム（Pd）や亜クロム酸銅（$CuCr_2O_4$）が触媒として用いられるが，これらの触媒では芳香環の還元が起こりにくく，選択性が増大するためである.

炭素–ハロゲン結合も Pd 触媒を用いて容易に切断されるが，この際生成するハロゲン化水素は触媒毒として作用するので酢酸ナトリウムのような除去物質の存在下に行われるのが通常である. 脱ハロゲン能力は Ni が最も強力であるが，触媒毒に侵されやすい欠点があり過剰に用いる必要がある. 一般に Ni は炭素–硫黄結合の切断に用いられる.

次に接触還元によって還元されうる一般的な官能基を示す.

基　質	生成物	基　質	生成物
RCOCl	⟶ RCHO	$R^1CH=NR^2$	⟶ $R^1CH_2NHR^2$
RNO_2	⟶ RNH_2	$R-C\equiv N$	⟶ RCH_2NH_2
$R^1CH=CHR^2$	⟶ $R^1CH_2CH_2R^2$	$RCH=O$	⟶ RCH_2OH
$R^1\!\!=\!\!\!=\!\!R^2$	⟶ $R^1CH_2CH_2R^2$	R^1-CO-R^2	⟶ $R^1-CH(OH)-R^2$
Ar − X (X = ハロゲン)	⟶ Ar − H		

このなかで，酸塩化物 *21* からアルデヒド *22* を合成する反応は Rosenmund 還元

とよばれ，上述した触媒毒を用いて触媒の活性を減じて行うのが一般的である．

$$R—COCl \xrightarrow[\text{Pd, BaSO}_4]{H_2} R—CHO$$

21   **22**

　また，ニトリルから第一級アミンへの還元は通常高水素圧下で行い，触媒としてラネーニッケルかラネーコバルトが用いられる．この際，副生成物として第二級アミンが生成するので，これを防ぐためにアンモニアを飽和させておく方法がとられる．

医薬品合成への応用　　イソプロテレノール塩酸塩 **24** やフェニレフリンの合成にみられるようにベンゼン環に共役するケトンは接触還元条件で対応するアルコールになる．

230

84 ヒドリド還元剤による還元

概略 還元剤として用いられるヒドリド還元剤としては**テトラヒドリドアルミン酸リチウム**（水素化アルミニウムリチウム，**LiAlH₄**），**水素化ジイソブチルアルミニウム**（DIBAL，反応 87・3 参照），**テトラヒドリドホウ酸ナトリウム**（水素化ホウ素ナトリウム，テトラヒドロホウ酸ナトリウム，**NaBH₄**），**ジボラン**（B₂H₆）などが代表的であるが，そのほかに水素化ケイ素化合物や水素化スズ化合物（**反応 87・4 参照**）も用いられる．

金属やホウ素に水素が結合した化合物はその電気陰性度の差により，水素が負に荷電し**ヒドリド**（H⁻）が生じる．このヒドリドが求核剤として反応するため，一般に極性のない炭素-炭素不飽和結合などはこの反応剤では還元されず，分極した多重結合であるアルデヒドやケトンのようなカルボニル基を始めイミン，ニトリル，ニトロソ化合物などのような極性基が還元されるのが普通である．

ここではおもに，3種のヒドリド還元剤について解説する．

84・1 テトラヒドリドアルミン酸リチウム（LiAlH₄）

LiAlH₄ は金属水素化物のうち最も強力な還元剤であり，一般に還元されうる官能基はほとんどすべて還元することができる．したがって，還元される官能基が複数存在する場合には選択性を出すことが困難になる．また，水やアルコールなどのプロトン性溶媒と急激に反応するため，反応は常に無水の非プロトン性溶媒で行う必要がある．一般によく用いられる溶媒はエーテル，テトラヒドロフラン，ジオキサン，ジメトキシエタンなどのエーテル系溶媒である．LiAlH₄ には4個の水素が存在するが理論的にはすべての水素が反応に関与し，次のように進行する．

ここでの反応速度は(1)が最も速く，以下（2）＞(3)＞(4) の順であり，したがって，実際の実験においては反応を速やかに完結させるため過剰量の反応剤を使用するのが一般的である（活性な反応剤の分解も考慮している）．$LiAlH_4$ で還元されうる官能基は以下のようなものがある．

基　質	生成物	基　質	生成物
$R-CHO$	$R-CH_2OH$	$R-CONR'R''$	$R-CH_2NR'R''$
		$R-NO_2$	$R-NH_2$
$\overset{R}{\underset{R}{>}}C=O$	$\overset{R}{\underset{R}{>}}CH-OH$	$R-X$ ($X =$ ハロゲン)	$R-H$
$R-COOR'$ ($R'=$ アルキル または H)	$R-CH_2OH$		
$R-CN$	$R-CH_2NH_2$		
$\overset{R}{\underset{R}{>}}C=NOH$	$\overset{R}{\underset{R}{>}}CH-NH_2$	$\overset{R}{\underset{R}{>}}CH-OSO_2Ar$	$\overset{R}{\underset{R}{>}}CH_2$
$R-CONHR'$	$R-CH_2NHR'$		

エポキシド：$R^1-\overset{H}{\underset{}{C}}-\overset{R^2}{\underset{}{C}}-R^3 \longrightarrow R^1-\overset{H}{\underset{H}{C}}-\overset{R^2}{\underset{OH}{C}}-R^3$

上記の例からもわかるように $LiAlH_4$ によっても加水素分解反応は進行する．また，通常用いられる金属水素化物のなかで，$LiAlH_4$ はカルボン酸やエステルを両方とも還元できる数少ない還元剤の一つである．

84・2　テトラヒドリドホウ酸ナトリウム（$NaBH_4$）

$NaBH_4$ も存在する水素 4 個がすべて還元に使用されうる．

$$\overset{R}{\underset{R}{>}}C=O \; + \; \overset{+ \; -}{NaBH_4} \; \longrightarrow \; \overset{R}{\underset{R}{>}}CH-O-\bar{B}H_3 \qquad (6)$$

$$\overset{R}{\underset{R}{>}}CH-O-\bar{B}H_3 \; + \; \overset{R}{\underset{R}{>}}C=O \; \longrightarrow \; \left(\overset{R}{\underset{R}{>}}CH-O\right)_2 \bar{B}H_2 \qquad (7)$$

$$\left(\overset{R}{\underset{R}{>}}CH-O\right)_2 \bar{B}H_2 \; + \; \overset{R}{\underset{R}{>}}C=O \; \longrightarrow \; \left(\overset{R}{\underset{R}{>}}CH-O\right)_3 \bar{B}H \qquad (8)$$

$$\left(\overset{R}{\underset{R}{>}}CH-O\right)_3 \bar{B}H \; + \; \overset{R}{\underset{R}{>}}C=O \; \longrightarrow \; \left(\overset{R}{\underset{R}{>}}CH-O\right)_4 \bar{B} \qquad (9)$$

しかしながら，この反応においては段階(6)の反応速度が最も遅く，したがってここが律速段階となる．また，反応性は弱く還元されうる官能基は特殊な例を除いて，アルデヒドやケトンなどのカルボニル基および酸塩化物やイミニウム塩であり，カルボン酸やエステル，ニトロ基やニトリルなどは一般に還元されない．したがって同じ分子内に還元されうる官能基が複数存在していても，その反応性に差があるときは選択的に還元できるという利点がある．また，反応性が低いため溶媒としては水やアルコール類，さらには酢酸やアルカリ水溶液中でも還元を行える．環状のイミドも本反応剤で還元される官能基であるが，これは一つのカルボニル基が窒素と共役しアミドとして存在するために残りのカルボニル基がケトン様の性質をもつためである．また，α,β-不飽和ケトンを $NaBH_4$ で還元すると炭素-炭素二重結合の還元された生成物も生じるが，このとき塩化セリウム（$CeCl_3$）を存在させ，カルボニル基の極性を高めてやると選択的にケトンのみ還元することも可能になる（Luche 還元，$7 \rightarrow 8$）．

84・3　ジボラン（B_2H_6）

　ヒドロホウ素化（**反応 25 参照**）で登場したボラン（BH_3）**9** はホウ素原子がオクテット則を満たしておらず電子が不足しているため，通常は二量体のジボラン **10** として存在しているが，テトラヒドロフラン（THF）のようなエーテルやジメチルスルフィドの存在下では酸素原子やイオウ原子の非共有電子対がホウ素に配位した安定なアート錯体 **11**，**12** を形成する．実際の反応に際しては，これらの単量体が還元剤として働くと考えられる．

　前述の $LiAlH_4$ もカルボン酸をアルコールに還元するが，通常，この反応を完結させるためには加熱が必要である．また，エステルやニトロ化合物など，さまざまな基質を還元するために官能基選択性が低い．一方，ボランは他の官能基よりもカルボキシ基に対して速やかに反応するため，選択的な還元が可能である．

医薬品合成への応用　鎮痛剤であるペンタゾシン *22* の合成は 1-ベンジル-3,4-ジメチルピリジン *17* の塩に Grignard 反応剤にて *p*-メトキシベンジル基を導入後，NaBH$_4$ 還元によりテトラヒドロピリジン *19* とし，Grewe 閉環，さらには接触還元
条件下，脱ベンジルを行い，最後にジメチルアリル基を導入することにより達成される.

　一方，LiAlH$_4$ を用いた医薬品合成にはメタンフェタミン塩酸塩 *26* の合成が知られている. ここでは第一級アルコールのトシラートの還元，およびカルバミン酸エステルから *N*-メチル基への変換が一挙に行われている.

234

85 アルカリ金属・アルカリ土類金属による還元

還

元

概略 Li, Na, K などのアルカリ金属および Ca などのアルカリ土類金属は，液体アンモニアや低級分子のアルキルアミン，あるいはエーテル類の溶媒中で基質に電子を与えることによって還元をひき起こす．アルデヒドからは第一級アルコールが生成し，ケトンからは第二級アルコールが生成するが，この反応においては電子が金属から基質に移行する電子移動によって**アニオンラジカル**が生成し，還元が進行する．したがって，生成物に新たに入ってくる水素はプロトンであり，反応機構上，金属水素化物による還元とは根本的に異なる．

応用 この反応を α,β-不飽和ケトン **6** に応用するとケトンの還元の代わりに，炭素-炭素二重結合を選択的に還元できる．反応は金属からカルボニル基への電子移動で始まるが，共役系が存在するため電子移動がさらに起こるためである．

ここで生成する化合物はトランス配置の二環性化合物 **9** であり，同じ原料を接触還元に付すとシス配置の化合物が生成する．接触還元は立体障害の少ない方から還元が起こりシス配置を与えるが，金属還元ではプロトンを取るときにより安定な化合物を与えるためである．

また，この反応は炭素-炭素三重結合 **10** から（*E*）-アルケン **12** を選択的に合成するときにも用いられる．接触還元における Lindlar 還元（**反応 83・1 参照**）が（*Z*）-アルケンを与えるのと対照的である．

この反応においては一電子還元によって生じるビニルラジカル中間体が熱力学的に安定な *E* 配置をとるためである．一般に三重結合をこの反応で還元すると二重結合で止まることが多いが，まれにアルカンにまで還元されることもある．

さらにこの反応は酸素や窒素に結合したベンジル基の切断などにも用いられる．

235

この種の還元反応のうち，特に芳香環を部分還元する反応は**Birch還元**として知られている．また，Birch還元においては溶媒として用いる液体アンモニア自身もプロトン源であるが，その性質は弱いため，一般にプロトン源としてエタノールやプロパノールのようなアルコール類が用いられる．

Birch還元においては芳香環に電子供与性基が存在する場合，金属からの電子移動は比較的電子密度の低いメタ位で起こり，その結果(1)式のように反応は進行し，一方，電子求引性基が存在するときは比較的電子密度の低いオルト位あるいはパラ位で電子移動が起こり(2)式のように反応が進行する．ここでわかるように還元反応は求核反応の一種である．したがって芳香環が複数存在するときは電子密度の低い芳香環で還元が進行する．

医薬品合成への応用　Birch還元はノルエチステロン **30**（経口避妊薬）のような医薬品の合成にも利用されている．

86　カルボニルからメチレンへの還元

86・1　ヒドラジンを用いた還元

ヒドラジン存在下，KOH やアルカリ金属のアルコキシドを用いてカルボニル基をメチレンにまで還元する反応は Wolf-Kishner 還元とよばれる．

本反応は塩基性で高温下の激しい条件下に行われるが，ヒドラゾン形成後に生成した水および過剰のヒドラジンを留去してからトリエチレングリコールなどの溶媒を用いて反応を行うと収率が向上する．これを Huang-Minlon 法という．ヒドラジンの代わりに p-トルエンスルホニル（トシル）ヒドラジンを用い，NaBH$_4$ やNaBH$_3$CN などと処理しても同様な反応が起こる．この反応は塩基に弱い官能基が存在していても使用できるため利用価値が高い．

α,β-エポキシケトンから得られるヒドラゾン 6 をアルカリ処理するとアリルアルコール 9 が生成する．

この反応は特に Wharton 反応とよばれる．この反応の応用として α-ハロケトン10 からアルケン 12 を合成することもできる．

同様な反応として Shapiro 反応が知られている．α 位に水素をもつケトン 13 にトシルヒドラジンを縮合させ，生成するヒドラゾン 14 にアルキルリチウムや LDA（リチウムジイソプロピルアミド）などを作用させてアルケン 20 を形成する反応である．

また，ヒドラジンは過酸化水素水やヘキサシアニド鉄（Ⅲ）酸カリウムなどの酸化剤と反応させると，ジイミド **21** になる．**21** はアルケン **22** に対し 6 員環遷移状態 **23** を経由して水素をシン付加してアルカン **24** に還元する．

したがって，アルキンからは（Z）-アルケンを経由するが，二重結合への部分還元には適さない（**反応 83・1** 参照）．

86・2　Clemmensen 還元

亜鉛あるいは亜鉛アマルガムを塩酸酸性条件下でカルボニル化合物と反応させるとメチレンに還元される．この反応は酸に弱い官能基が存在する場合には不適である（塩基性条件下で行う Wolff-Kishner 還元参照）．芳香環と共役したケトンにも適用できる（**反応 54** 参照）．塩酸の代わりに無水酢酸や塩化水素飽和エーテル溶液なども用いられ，このときは非共役ケトンも還元できる．アマルガムを用いた方が電子を出しやすいため反応は容易に進行する．

238

87 その他の還元反応

87・1 Cannizzaro 反応

強塩基の存在下にアルデヒド *1* を反応させると 2 分子からそれぞれカルボン酸 *6* とアルコール *7* が生成する. すなわち分子間で水素の授受が行われる. 反応機構は以下のように進行するが, 塩基条件下での反応であるため α 位に水素が存在する場合はアルドール縮合 (**反応 32** 参照) が優先する場合もある.

したがって, アルコールを多く得たい場合にはホルムアルデヒドをヒドリド供与体として使用する. この反応は **crossed Cannizzaro 反応**とよばれる.

87・2 Meerwein-Ponndorf-Verley 還元

アルミニウムトリイソプロポキシドとイソプロパノールを用いてケトンをアルコールに還元する. Oppenauer 酸化 (**反応 82・2** 参照) の逆反応であり, 反応機構だけ以下に記述する.

87・3 DIBAL 還元

水素化ジイソブチルアルミニウム (DIBAL) *12* は金属水素化物の一種であるが, Al 上に一つの水素をもち, かつ残りの二つのかさ高い置換基のために試薬量を含めた反応制御が容易であるという利点をもつ. 条件を適切に設定すればエステルからアルデヒドが得られるが (*13→16*), これは中間に生成するアルミニウムアルコキシド *14* がエステル酸素と配位することにより安定化されるためである.

DIBAL を用いればニトリルからイミンを経由してアルデヒドを合成することもできる (*17→19*). また, 還元性も高いことから α,β-不飽和カルボニル化合物を対応するアリルアルコールへと選択的に還元できる (*20→21*). ラクトンは環状のエ

239

ステルであり，DIBAL によりラクトールへ変換できる（**22→23**）．

87・4　水素化スズ化合物による還元

ラジカル環化反応の項目で登場した水素化トリブチルスズは，通常，α,α-アゾビスイソブチロニトリル（AIBN）などのラジカル開始剤の共存下でトリブチルスズラジカルが生じ，これがハロゲン化物の還元に汎用される（**反応 68** 参照）．

このほか，第二級や第三級のアルコールを C-O 間でラジカル開裂しやすいチオ

キソエステル **28** に誘導した後に，トリブチルスズラジカルを用いて脱酸素する
Barton-McCombie 反応も非常に有用である．

Y = SCH₃, イミダゾイル基,
OC₆H₅

医薬品合成への応用　γ-ラクトンを DIBAL で還元してラクトールとし，ピリ
ジン中無水酢酸と処理するとアセタールになる．これをチミン誘導体とカップリン
グさせた後，保護基を除去すると AIDS 治療薬のジドブジン **36** が合成できる．

XIV. 転 位 反 応

反応 88　Claisen 転位反応

反応 89　Cope 転位反応

反応 90　Beckmann 転位反応

反応 91　Baeyer-Villiger 転位反応

反応 92　Curtius 転位反応

反応 93　Wagner-Meerwein 転位反応

反応 94　ベンジジン転位反応

反応 95　ピナコール-ピナコロン転位反応

88 Claisen 転位反応
クライゼン
炭素-酸素結合の開裂を伴う転位反応

概略 炭素-酸素結合の結合切断と炭素-炭素結合生成が同時に起こる（協奏反応という）分子内の転位反応である。**ペリ環状反応**に分類される。切れる炭素-酸素結合の炭素原子，酸素原子をそれぞれ1番目と数えると，本反応では結合が形成される炭素原子はそれぞれ3番目であり，またσ結合があたかも炭素-酸素結合から炭素-炭素結合に移動したようにも見えるため，**[3,3]シグマトロピー転位**ともよばれる。

この反応と類似の反応が生体内で使われており，この反応を触媒する酵素が存在する。すなわちシキミ酸経路による芳香族アミノ酸誘導体の生合成の重要なステップである。化学反応では加熱を必要とする。ベンゼン環がアルケンの代わりに参加する反応（**3→4**）が Claisen 転位の原型である。**1→2** の例は脂肪族 Claisen 転位あるいは **Claisen-Cope 転位**とよばれる。

解説 この Claisen 転位の遷移状態には，二つの二重結合（脂肪族 Claisen 転位の場合）もしくは一つの二重結合と一つの芳香環 π 結合（Claisen 転位の場合）のもつ 4π 電子と切断される σ 結合の2電子の合計6電子が6員環の遷移構造に非局在化する。これはベンゼンのような6員環芳香族化合物の 6π 電子系を連想させ，芳香族性に似た安定化が反応の原動力であると考えられている。芳香環が参加する Claisen 転位反応の反応機構はケトン **5** を経由して再芳香族化を起こしてフェノール **4** を与える。

この **5** のプロトンの移動は1段階では起こらない。プロトンが炭素原子（1番目と名付けた）から3番目の酸素原子に1段階で移動する [1,3]シグマトロピー転位は通常（熱的）禁制であることが知られているためである。段階的な反応もしくは2分子が集まって分子間での移動が起こっていると考えられる。

244

適用例　芳香族アミノ酸である L-チロシン **9** や L-フェニルアラニン **10** の生合成経路としてシキミ酸 **6** を中間体とするシキミ酸経路が知られている．この生合成経路は微生物や植物には存在するが動物には存在しない．シキミ酸経路で L-チロシンや L-フェニルアラニンの生合成の途中で，コリスミ酸 **7** からプレフェン酸 **8** への変換反応は Claisen 転位反応であり，酵素によって触媒される．

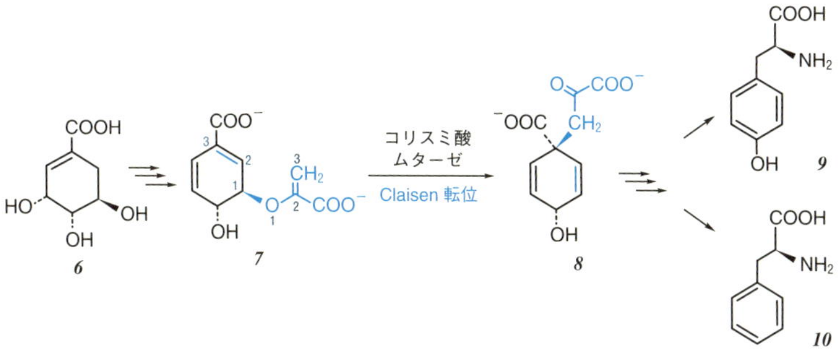

転

位

　この転位反応の遷移状態は図 88・1 のようにいす形遷移構造 **11** をとることが実験的に証明されている．

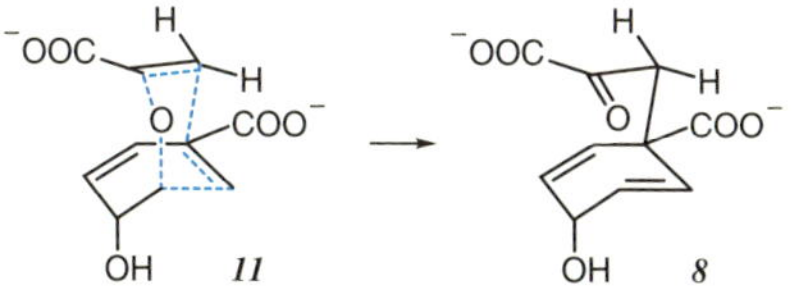

図 88・1　いす形遷移状態 (**11**)

医薬品合成への応用　ある種の微生物はシキミ酸経路に類似した生合成経路をもち 4-アミノ-4-デオキシコリスミ酸 **12** から Claisen 転位反応を経て抗生物質であるクロラムフェニコール **15** を生合成する．クロラムフェニコールは最初は微生物から単離されたが，医薬品としては化学合成品が用いられている．

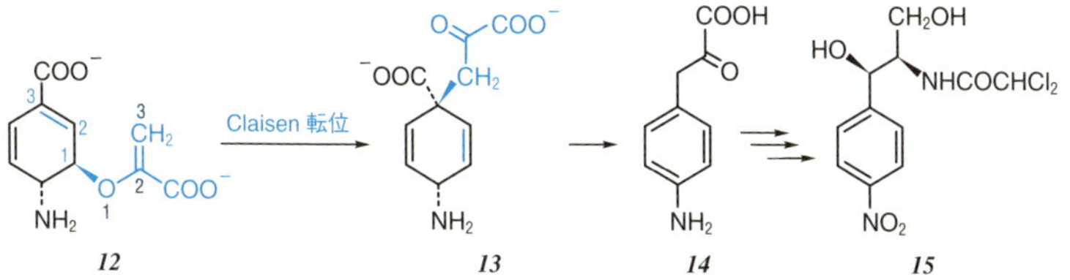

Claisen 転位反応の医薬品や天然物合成への応用は多数ありその有用性は高い．

245

89 Cope 転位反応 (コープ) — 炭素-炭素結合の開裂を伴う転位反応

概略 炭素-炭素結合の結合切断と炭素-炭素結合生成が同時に起こる分子内の転位反応である．**ペリ環状反応**に分類される．本反応では切れる炭素-炭素単結合の炭素原子をそれぞれ1番目と数えると，結合が形成される炭素はそれぞれ3番目であり，またσ結合があたかも1番目の炭素-炭素結合から3番目の炭素-炭素結合に移動したようにも見えるため，**[3,3]シグマトロピー転位**ともよばれる．つまり，Cope 転位は，炭素-酸素結合が切断される Claisen 転位と同じ[3,3]シグマトロピー転位（**反応 88 参照**）の仲間ということになる．この反応は出発物と生成物が同じなので，転位は矢印の両方向に起こる．

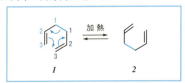

解説 Cope 転位の遷移状態には Claisen 転位と同様，二つの二重結合の 4π 電子と切断される σ 結合の 2 電子の合計 6 電子が含まれ，6 員環のいす形遷移構造に非局在化する．これはベンゼンのような 6 員環芳香族化合物の 6π 電子系を連想させ，芳香族性に似た安定化を与える．SOMO-SOMO 相互作用の次に寄与する軌道相互作用の差でいす形が舟形より有利である．

4π 電子 $+ 2\sigma$ 電子の合計 6 電子が環状の非局在化をする

反応のいす形遷移状態

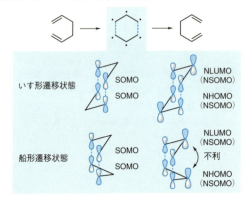

出発物が，1 位にヒドロキシ基があるアリルアルコール **3** の場合，Cope 転位によって生じるエノール生成物 **4** がカルボニル基 **5** に互変異性化することによって反応を生成物側に偏らせることができる．このようなヒドロキシ基がある場合を**オキシ Cope 転位反応**とよぶ（図 89・1）．さらに，出発物のアルコールを塩基（KH）で処理してアルコキシド **6** のカリウム塩とすると転位反応が $10^{10} \sim 10^{17}$ 倍加速され

る．この反応を**アニオン型オキシ Cope 転位**とよび，天然物合成に利用されている．

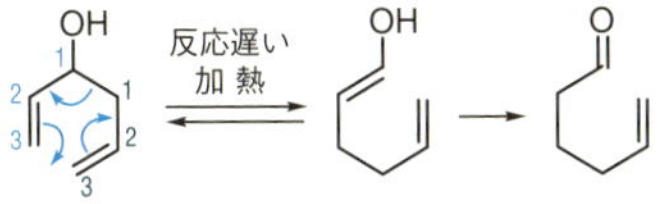

3　　4　　5

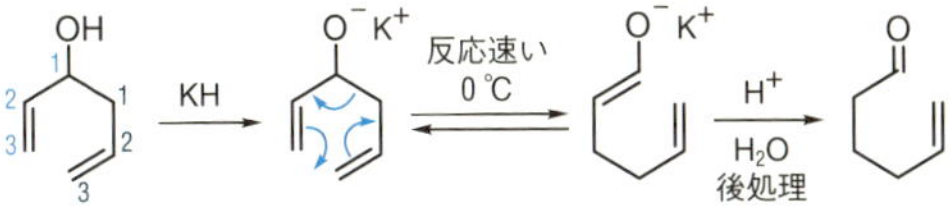

3　　6　　7　　5

図 89・1　**oxy-Cope 転位**

適用例　立体的に二つの二重結合が接近していて，開裂する炭素-炭素単結合に構造的にひずみがかかっている場合，Cope 転位の平衡を生成物側にずらすことができる．8→9 の例は 4 員環に含まれる炭素-炭素単結合が開裂し，立体的にひずみの少ない生成物を与えるので反応が進行する．

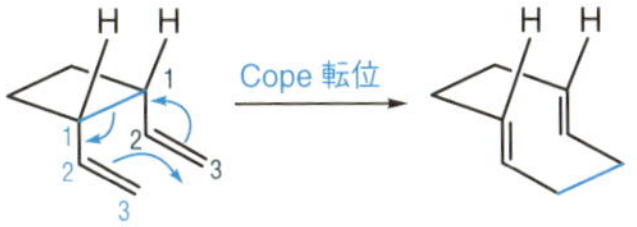

8　　9

オキシ Cope 転位反応の例を下に示した．通常 220 ℃での加熱が必要であるが，アニオン型オキシ Cope 転位では 25 ℃で反応が進行し大きな反応加速が納得できよう．

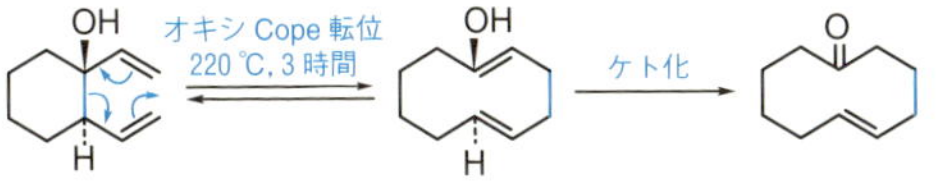

10　　11　　12（収率 90%）

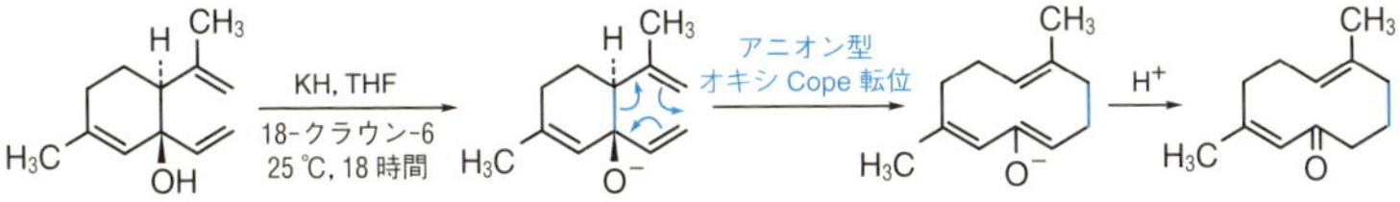

13　　14　　15　　16

次の反応は天然物の合成に利用したものである．出発物と生成物の骨格の違いに驚くかもしれないが，反応は上で説明した経路で進んでいる．クイズのつもりで紙に書いて考えてみよう．

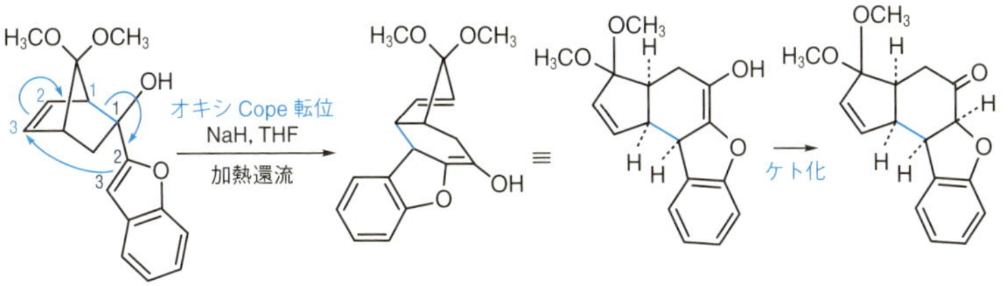

17　　18　　19　　20

90 Beckmann 転位反応

オキシムからアミドを生じる転位反応

概略 Beckmann 転位はケトンのオキシム **1** をプロトン酸（ポリリン酸，硫酸）やルイス酸〔PCl₅，活性化アルミナ（Al₂O₃）〕で処理すると，置換基が窒素原子上に移動して，最終的に水と反応するとアミド **2** を与える転位反応である．転位する置換基はオキシムのヒドロキシ基とアンチの位置にある炭素置換基であり，立体特異的な反応である．

解説 この反応を有名にしたのはシクロヘキサノンオキシム **3** を硫酸中 Beckmann 転位させて得たカプロラクタム **4** が塩基による重合反応によってナイロン **5** を与える反応のためである．この反応は高校の化学の教科書にも書かれているので見たことがあるはずだが，Beckmann 転位としての説明は通常ない．

本反応の反応機構を詳しく述べてみる．シクロヘキサノンオキシム **3** は濃硫酸中プロトン化を受けるが，最も塩基性が高いのは，オキシムの酸素原子ではなくオキシムの窒素原子である．オキシムの塩基性について，その窒素原子がイミンの窒素原子と同程度の塩基性があるとすると pK_{BH^+} は+5であり，一方，オキシムの酸素原子の pK_{BH^+} をアルコールの酸素原子と同じと考えると−1であるので，濃硫酸中 N-プロトン化 **6** が圧倒的に生成するが，転位反応は進行しない．わずかな平衡で O-プロトン化した分子 **7** が，水の脱離によってアンチペリプラナーな位置にある炭素原子が窒素原子上へ転位し，炭素カチオン **8** を生じ，水が存在すれば水の攻撃によってヒドロキシ基が導入され，**9** のケト−エノールの互変異性によりアミド **10** を生成する．教科書には下記の機構が書かれているが，実際は OH の脱離能を上げる必要がある．

転位によって生じるイミンカチオン **13a** は，直線構造をしており，共鳴が許され

るならばニトリリウムイオン **13b** の共鳴構造も書くことができる.

適用例　ケトンからオキシムを合成する際, 非対称なケトンはオキシムの C=N 二重結合に対して *E, Z* の混合物 (**17, 18**) を通常与える. 両者は安定に単離できる.

プロトン酸触媒下での Beckmann 転位反応では *N*-プロトン化を経る *E/Z* の異性化 (**18→17**) が進行し, 転位生成物が一つになる場合が多い.

活性アルミナを用いる反応の例をあげる. オキシムヒドロキシ基は **20** のように, よりよい脱離基であるトシラート (TsO-) に変換することがある.

別の天然物合成の例をあげる. オキシム周辺の立体化学が保持されていることがわかる (**22→24**).

249

91 Baeyer-Villiger 転位反応　ケトンの関与する転位反応
バイヤー　ビリガー

概略　Baeyer-Villiger 転位は，ケトン **1** を過酸 RCOOOH と反応させるとエステル **2** を生じる反応である．形式的に過酸の酸素原子をカルボニル基の隣に挿入する反応で，Baeyer-Villiger 酸化ともいう（有機過酸による酸化（1），**反応 79・2** 参照）．置換基 R^1 と R^2 のどちらに酸素原子が挿入するかは経験的にわかっている．

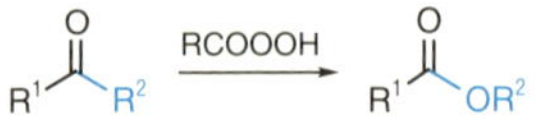

解説　ケトンに挿入される酸素原子は過酸由来である．過酸として最も典型的なものは，***m*-クロロベンゼンカルボペルオキソ酸**（*m*-クロロ過安息香酸，***m*CPBA**）であり，**トリフルオロエタンペルオキソ酸**（トリフルオロ過酢酸）も用いられる．

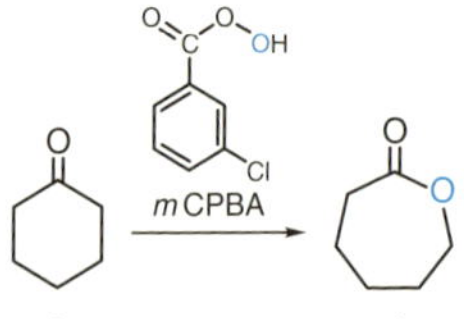

反応機構は，過酸のヒドロキシ基の求核性が高いため，過酸がケトンのカルボニル炭素を求核攻撃して生成する，四面体中間体 **5**（**Criegee 中間体**といわれている）を経て置換基（R^2）が酸素原子に転位しつつ，弱い共有結合である酸素-酸素結合を開裂し，エステル **2** を与えるものである．この際，脱離基として生成するカルボキシラートアニオンは共鳴安定化するため脱離能が高い．この転位と脱離は，転位する置換基 R^2 を含む C-C 結合と O-O 結合がアンチペリプラナーの関係になっていると一般には考えられている（図 91・1）．R^2-C 結合の σ 軌道の電子が O-O 結合の空の軌道（σ^* 軌道）に非局在化して，O-R^2 結合を形成しながら O-O 結合が開裂する．これは E2 脱離反応と似ている．

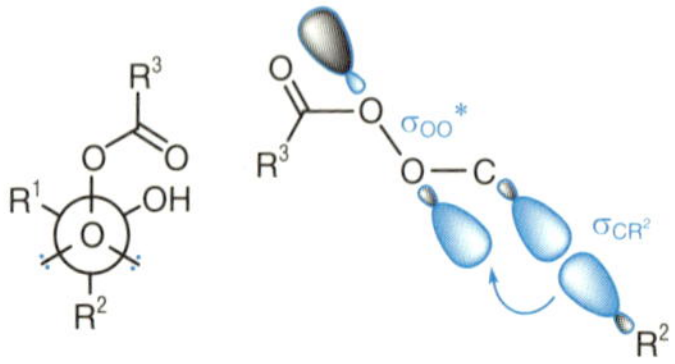

図 91・1　転位における結合の形成と開裂

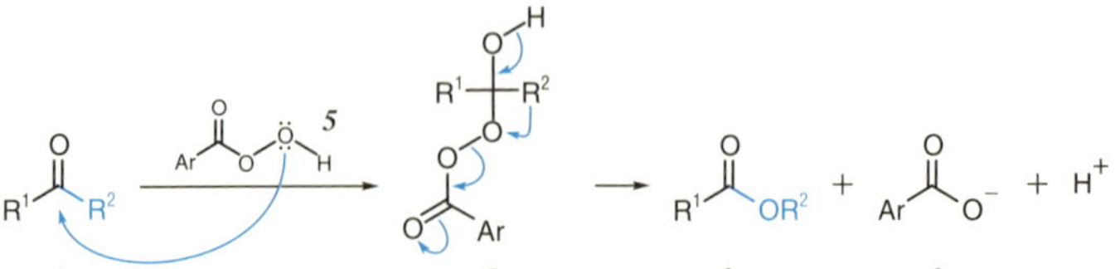

カルボニル基を再生するために置換基が転位する反応はピナコール転位（**反応**

250

95 参照）などいくつか存在する．Baeyer–Villiger 転位反応において，どの置換基（R^2）が転位しやすいかが経験的に知られている．上記の軌道相互作用から電子密度の高い C–C 結合をもつ以下の順に，*t*-ブチル基＞シクロヘキシル基＞第二級アルキル基＝ベンジル基＝フェニル基＞ビニル基＞第一級アルキル基＞シクロプロピル基＞メチル基，置換基が転位しやすい（図 91・2）．

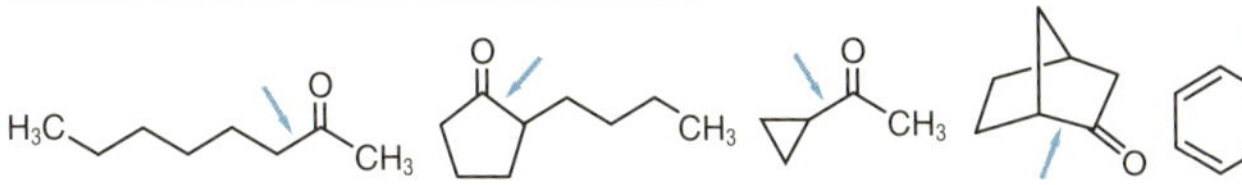

7　*8*　*9*　*10*　*11*

図 91・2　矢印の結合が転位して，酸素原子が挿入される

適用例　不飽和ケトンの場合，過酸によるエポキシ化が優先して進行する可能性があるが，立体障害によってエポキシ化が阻害されているときは，転位反応が優先的に進行する．その典型的な例が **Corey**（コーリィ）**ラクトン**（*14*）とよばれるプロスタグランジンの重要中間体の合成である．

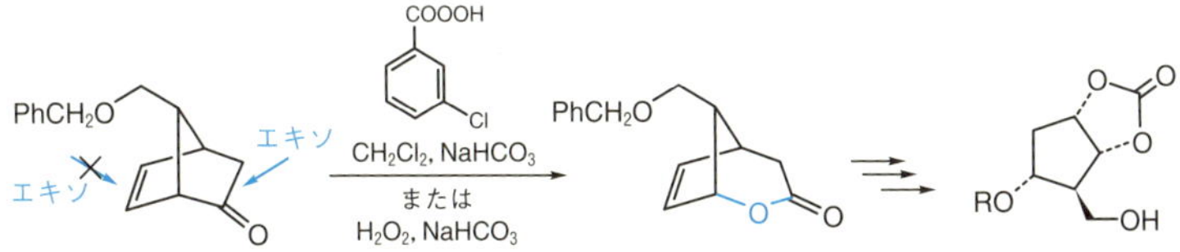

12　*13*　*14*

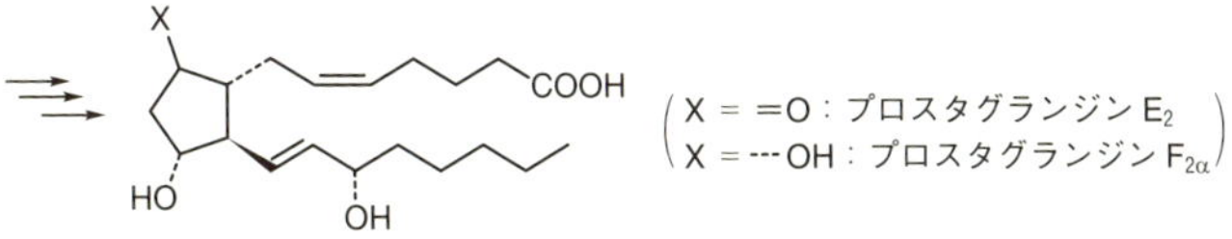

15

出発物のケトン *12* はノルボルネン構造（ビシクロ[2.2.1]ヘプタン骨格をノルボルナンとよび，その構造に二重結合を一つ含む化合物をノルボルネンという）をもち，二重結合への攻撃は通常エキソ方向から起こるが，大きな置換基の存在によって，過酸の二重結合への反応は大きく抑制されている．そのため，Baeyer–Villiger 転位が効率よく起こる．反応はエキソ方向から起こる．この際，第二級アルキル基が優位に転位する．また，Baeyer–Villiger 転位では立体化学が保持されたまま酸素が挿入される点（*16*→*17*）も本反応の合成反応としての有用性を高めている．

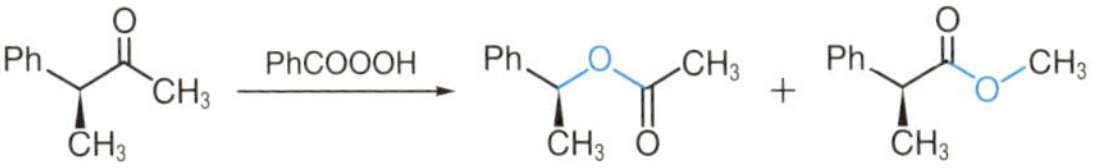

87%（98.5% 立体保持）　13%（メチル基が転位した生成物）

16　*17*　*18*

92 Curtius 転位反応
イソシアネート経由でカルボン酸をアミンに変換する転位反応

概略 **Curtius 転位**はカルボン酸 *1* を，酸塩化物 *2* やヒドラジド *3* などに誘導化して，カルボニル炭素一つを除去することにより，1 炭素少ない第一級アミン *6* を生成する転位反応である．Curtius 転位の重要な過程は**アシルアジド**（*4*）から熱による転位反応でイソシアナート *5* が生成する過程である．アシルアジドは，酸塩化物 *2* にアジ化ナトリウム（NaN$_3$）を作用させるか，あるいはヒドラジド *3* に亜硝酸（HNO$_2$）を作用させて合成する．アシルアジドは爆発性があるので取扱いには注意が必要で，通常は単離しないでイソシアナートに転位させる．

解説 **イソシアナート**は Hofmann 転位，Lossen 転位（後述）においても途中生成する．Curtius 転位では単離できる場合がある．

アシルアジドからイソシアナートの生成機構には，*4* のような窒素分子の脱離がまず起こり，アシルナイトレン *8* が生成し，ナイトレン窒素に R 基が転位して，イソシアナート *9* を生成する経路も考えられるが，むしろ，最初に示した，窒素分子の脱離と転位が協奏的な反応機構が支持されている．ナイトレンの転位反応の例として，第三級アルキルアジド *10* においてイミンの *12* の生成例が知られている．

イソシアナート *5* をアルコールと反応させる場合と，水と反応させる場合では，最終生成物が異なる．次図に示すようにアルコール（R^1 ＝アルキル，アリール基）との反応ではカルバメートエステル *13* が生成する．このカルバメートはいわば窒素を保護したアミンとみなすことができる．一方，水（R^1 ＝ H）との反応の場合は，カルバミン酸 *14* が生成するが，窒素原子上のカルボン酸は容易に脱炭酸して，

炭素数が一つ少ないアミン **6** を合成できる.

イソシアナートを経由する転位反応には，アルカリ条件下アミド **15** からイソシアナートが生成する **Hofmann** 転位，*O*-アシルヒドロキサム酸 **20** からアルカリ条件下生成する **Lossen** 転位，カルボン酸 **1** から酸触媒によって生成するアシリウムイオン（アシルカチオン）とアジドとの反応を経てアシルアジドを生成し，イソシアナートに転位する **Schmidt** 転位が知られる．Schmidt 転位はケトン **26**，アルデヒド **30** でも転位が進行し，それぞれアミド **29**，ニトリル **35** を生成する.

253

適用例 反応の種類としては似ているがCurtius転位は有用な反応である．爆発性のあるアジ化ナトリウムの代わりにジフェニルホスホリルアジド（DPPA）*34* が塩入らによって開発され，標準的な反応条件として使用されている．DPPAを使った反応例を二つあげる．

35 から *36* の変換では中間体として生成するイソシアナートをメタノールと反応させカルバマート *36* を収率よく得ている．

興味深いことに大環状のカルボン酸（マロン酸モノエステル誘導体）*37* を同様の反応条件で反応させると安定に中間体のイソシアネート *38* が収率よく単離でき，9-フルオレニルメタノール *39* とトルエン中加熱するとアミノ基がFmoc基で保護されたアミノ酸 *40* が合成できる．

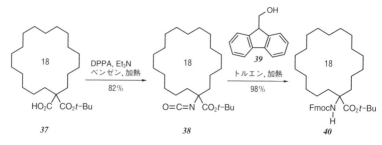

93 Wagner-Meerwein 転位反応
ワーグナー メーヤワイン

炭素カチオンのかかわる転位反応

概略 カルボカチオンを中間体として生成する過程において，不安定なカチオンから安定なカチオンを生成するようにアルキル基の転位が起こる．この反応を **Wagner-Meerwein 転位** とよぶ．同様の機構で水素（ヒドリド）が移動する反応をヒドリド転位反応とよぶことがある．

$$
\begin{array}{c}
\underset{1}{
\begin{array}{c}
H_3C \quad\quad CH_3 \\
+C-C-CH_3 \\
H_3C \quad CH_3
\end{array}}
\quad \rightleftharpoons \quad
\underset{2}{
\begin{array}{c}
H_3C \quad\quad CH_3 \\
H_3C-C-C+ \\
H_3C \quad CH_3
\end{array}}
\end{array}
$$

解説 ネオペンチルクロリド **3** は $AgNO_3$ などの銀イオンによって AgCl を沈殿して第一級のカルボカチオン **4** を生成しつつ，隣接のメチル基が転位して第二級のカルボカチオン **5** を生成する．**5** から E1 脱離反応によって **Saytzeff 生成物** であるより置換基が多い二重結合 **6** が生成する．置換基の少ない Hofmann 生成物 **7** は得られない．

$$
\underset{3}{
\begin{array}{c}
H_3C \\
H_3C-C-CH_2 \\
H_3C \quad | \\
\quad\quad Cl
\end{array}}
\xrightarrow[\substack{AgNO_3 \\ (AgCl\downarrow)}]{-Cl^-}
\underset{4}{
\begin{array}{c}
H_3C \\
H_3C-C-CH_2+ \\
H_3C
\end{array}}
\rightarrow
\underset{5}{
\begin{array}{c}
\quad CH_3 \\
+C-CH_2 \\
H_3C
\end{array}}
\xrightarrow{-H^+}
\underset{6}{
\begin{array}{c}
H_3C \quad CH_3 \\
C=C \\
H_3C \quad H
\end{array}}
\underset{\substack{\text{Hofmann 生成物} \\ \text{生成しない} \\ 7}}{
\left(
\begin{array}{c}
H_2C \\
C-CH_2CH_3 \\
H_3C
\end{array}
\right)}
$$

Sayzeff 生成物

第一級のカルボカチオンは不安定なのでメチル基の転位とクロロ基の脱離は協奏的に起こるかもしれないが，ここでは単純化して書いておく．実際の転位の遷移状態は炭素原子が 5 価になる非古典的カルボカチオン **8** であると考えられている．

$$
\underset{4}{
\begin{array}{c}
H_3C \\
H_3C-C-CH_2+ \\
H_3C
\end{array}}
\rightarrow
\underset{\substack{\text{転位の遷移状態} \\ 8}}{
\left[
\begin{array}{c}
H \quad H \\
H \quad C \\
H_3C-C\cdots+\cdots C-H \\
H_3C \quad\quad H
\end{array}
\right]^{\ddagger}}
\rightarrow
\underset{5}{
\begin{array}{c}
H_3C \quad CH_3 \\
+C-CH_2 \\
H_3C
\end{array}}
$$

アルコールから酸触媒の水の脱離反応によって生じるカルボカチオンによる骨格転位がテルペン類で多く研究された．構造決定の一環でなされた反応が多いが，予期せぬ骨格転位で構造決定は難航を極め，間違った構造も多く発表された．

ここでは，酸触媒によるイソボルネオール **9** からカンフェン **12** への転位の例をあげる．アルコールの酸素原子にプロトン化後，水が脱離して生成する第二級カチオン **10** に対して，隣接するメチレン基が転位して第三級のカルボカチオン **11** が生

255

成し，E1 脱離によってカンフェン *12* が生成する．

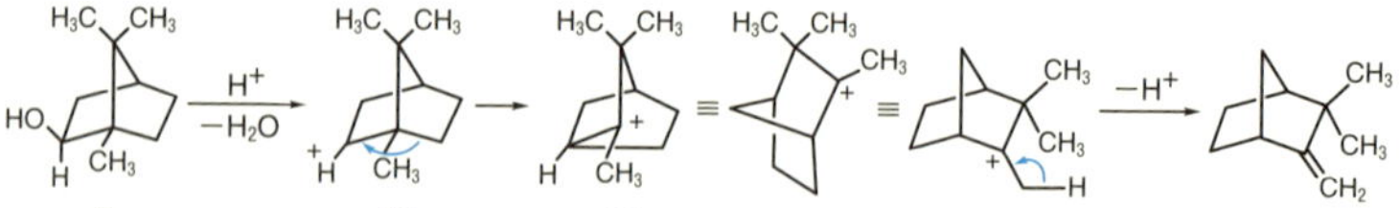

9　*10*　*11*　*12*

適用例　Wagner-Meerwein 転位による大きな骨格の変換の典型的な例が下の
アダマンタン（*14*）の生成反応である．アダマンタンは $C_{10}H_{16}$ の構造異性体の中
で最も熱力学的安定性が高いので，最終的な生成物として得られる．テトラメチル
アダマンタン *16* の生成も同様な理由である．下の反応の反応機構を書くことは絶
好の課題である．是非挑戦してほしい（反応経路はとてもたくさんある．σ 結合を
切ってカルボカチオンをつくって考える）．

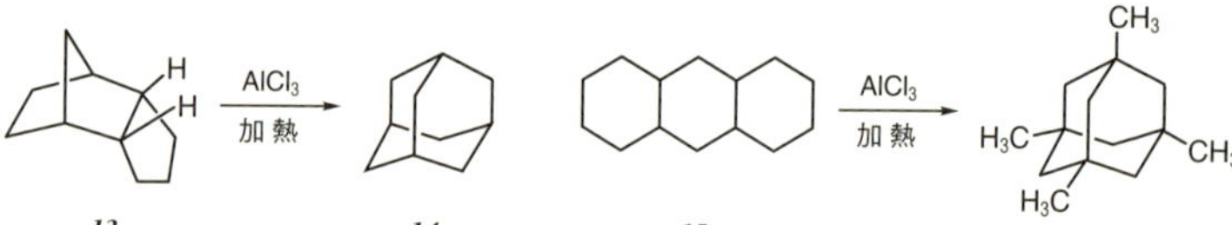

13　*14*　*15*　*16*

水素原子の転位も紹介する．Friedel-Crafts アルキル化反応（**反応 53** 参照）にお
いて，ハロゲン化アルキルの骨格が転位した生成物 *18* が得られる．

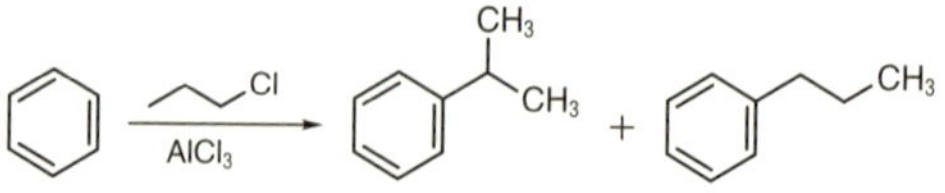

17　*18*　55：45　*19*

この直鎖アルキル基が枝分かれアルキル基になるのは下図に示したように，第一
級カルボカチオン *22* の生成とともに水素原子が超原子価の水素原子構造（すなわ
ち，水素原子の原子価が 2 価の状態を遷移状態として転位して第二級カルボカチオ
ン *24* が生成し，ベンゼンと反応して枝分かれしたアルキル化生成物 *25* を与えた．

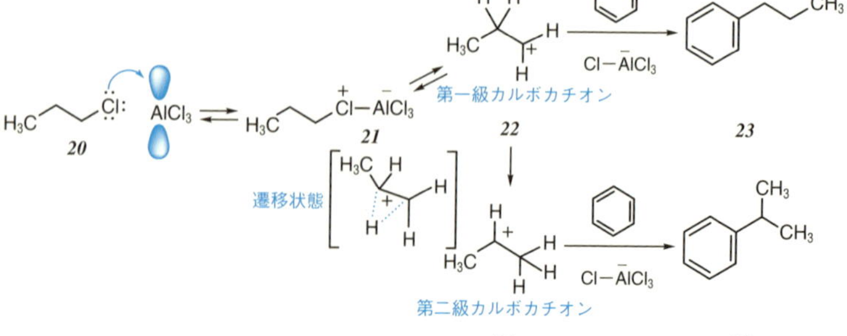

20　*21*　*22*　*23*

遷移状態

第一級カルボカチオン

第二級カルボカチオン

24　*25*

94 ベンジジン転位反応

窒素-窒素結合が切断される転位反応

概略 N,N'-ジフェニルヒドラジン **1**（通常，ヒドラゾベンゼンともよばれる）は酸触媒存在下加熱すると，N-N 結合の切断を含む転位反応が起こって，4,4′-ジアミノビフェニル（ベンジジン）**2** を主成して，4,2′-ジアミノビフェニル **3** を副生する．生成物の名をとってベンジジン転位とよばれている．本反応機構には，隣接したジカチオンが反応活性種として含まれる．ヒドラジンの窒素原子の非共有電子対はいわゆる α 効果によって単独のアミンよりも塩基性が高くなっている．もっと一般的なヒドラジンである NH_2-NH_2 は 2 分子の水が水和した，抱水ヒドラジン（NH_3^+-NH_3^+/2 OH^-）として存在している点からも理解できる．

解説 ベンジジン転位の反応機構は，N-N 結合の開裂とともに [5,5]シグマトロピー転位反応によってベンゼン環の間に結合が生成すると考えられる（Fischer のインドール合成，**反応 65** 参照）．

しかし，本反応機構では 4,2′-生成物 **3** は説明できない．またベンジジン転位は **6〜10** にあげる生成物が副生することが知られており，反応経路は[5,5]シグマトロピー転位反応以外にも，以下に示すような N-N 結合開裂による，ジカチオン **11** とアニリン **9** の生成を経由するイオン性反応機構の存在が示唆される．ジカチオンはそのオルト位あるいはパラ位とアニリンのオルト，パラ位ならびに窒素原子と複数の反応点の組合わせで反応しうる．

また，ヒドラゾベンゼンに酸化還元が起こって生じたアニリン **9** とアゾベンゼン

転

位

257

10 も副生する．反応機構は複数の経路が共存していると考えられる．

〈他の生成物〉

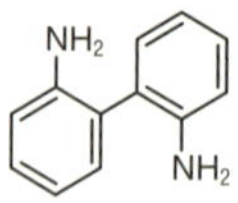

副生成物に含まれる
6
酸化還元体

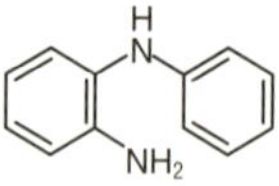

7

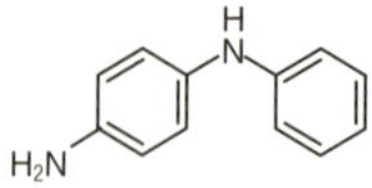

8

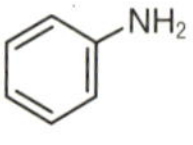

9

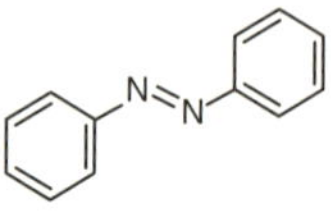

10

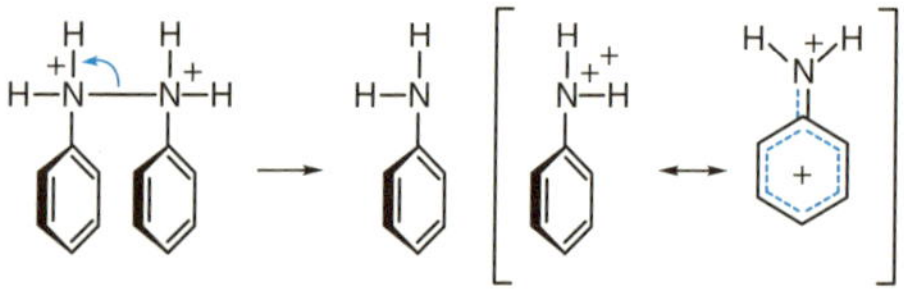

4　　　　**9**　　　　**11**

適用例　この反応はそれほど広くは研究されていない．生成物のベンジジン
は発がん物質である．

1 を酸化剤としての作用がある環状のジスルフィドジカチオン **12** を用いてアセ
トニトリル中で反応させるとベンジジン転位がわずかに起こり少量の **2** が生成す
る．大部分は酸化体 **10** および **13** が生成した．

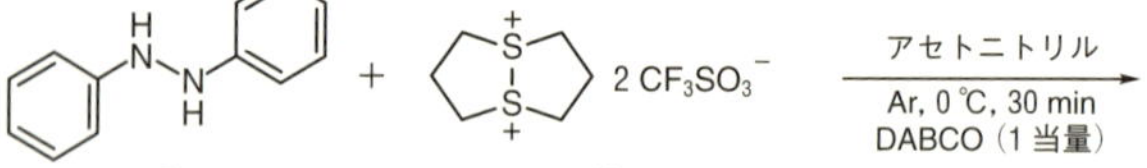

1　　　　　　　*12*

アセトニトリル
Ar, 0 ℃, 30 min
DABCO（1 当量）

2（22%）　＋　**10**（71%）　＋　**13**（73%）　＋　**14**（10%）

258

95 ピナコール-ピナコロン転位反応

1,2-ジオールから生じるカチオンの関与する転位反応

概略 1,2-ジオールである**ピナコール**（**1**）を酸で処理するとメチル基が転位してケトンである**ピナコロン**（**2**）が生じる．本反応は1,2-ジオールに共通の転位反応であり，**ピナコール-ピナコロン転位**，もしくは単にピナコール転位とよばれる．

解説 ヒドロキシ基が酸中でプロトン化され，脱離基として活性化され，水の脱離によって生成した第三級のカルボカチオン **5** に対して，メチル基が転位して生成したカルボカチオン **6** が，ヒドロキシ基の酸素原子によって大きく安定化されることがピナコール転位反応の進行を促進する．生成物としてピナコロン **2** が得られる．結合角の増加が立体的な混雑を解消する．より安定なカルボカチオンの生成を伴う転位反応は，アルキル基の転位反応である **Wagner-Meerwein転位**（反応93参照）でも見られ，反応機構は類似している．

ピナコール転位反応を環状ジオール **7** に適用するとスピロ構造をもったケトン **8** を合成できる．下の例のように，出発物質として環の大きさが異なるジオール **9** を用いても，ピナコール転位反応によって同じ構造のスピロ化合物が生成する．これらの反応の反応機構を書いて納得してほしい．

一方，対称な1,2-ジオールではなく，非対称な1,2-ジオール **10** の場合，転位する置換基が，反応条件によって変化することが知られている．硫酸のような強酸を低温で用いると，安定なジフェニルメチルカチオン **13** を経由して，メチル基が転位する（反応A）．

259

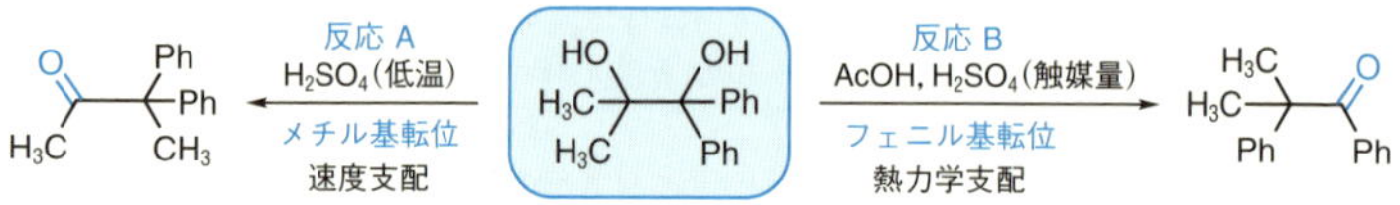

11　　　　　　*10*　　　　　　*12*

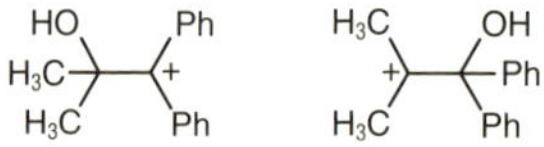

13　　　　　　*14*

　一方，弱い酸性の中でカチオン（*13* ⇄ *14*）の平衡が生じるであろう条件下では，生成物の立体障害が少なく最も安定な生成物，すなわちフェニル基の転位した生成物 *12* を生じる（反応 B）．この反応は熱力学的支配の反応であると考えられる．

　適用例　ピナコール転位はルイス酸でも進行する．下の例はヒドロキシフェノスタインの全合成の一部である．カチオンは電子供与基のついた左側のベンジル位に生成し，右側のベンゼン環が転位して，アルデヒドを与えた．

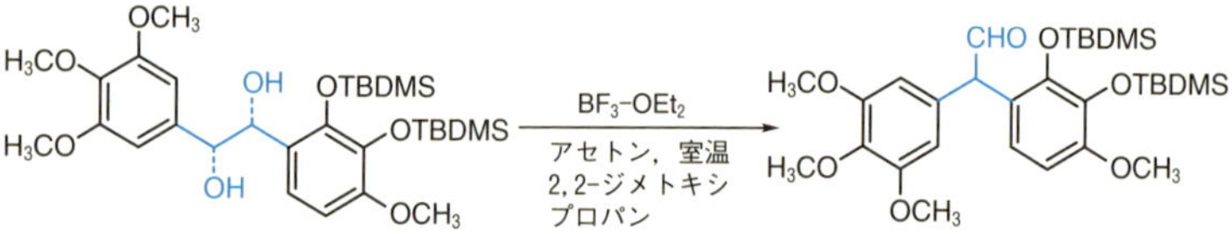

15　　　　　　*16*

　非対称な置換基をもつ 1,2-ジオール *17* を酸触媒で処理するとピナコール転位が進行し，*18* と *19* を 3:1 の比で生じた．この生成物の割合は，活性種と考えられるカルボカチオンの安定性（生成のしやすさ）を反映しているように考えられる．カチオン *20* は二つの芳香環部分が固定されたベンジルカチオンであるため，カチオン *21* よりも安定である（生成しやすい）．

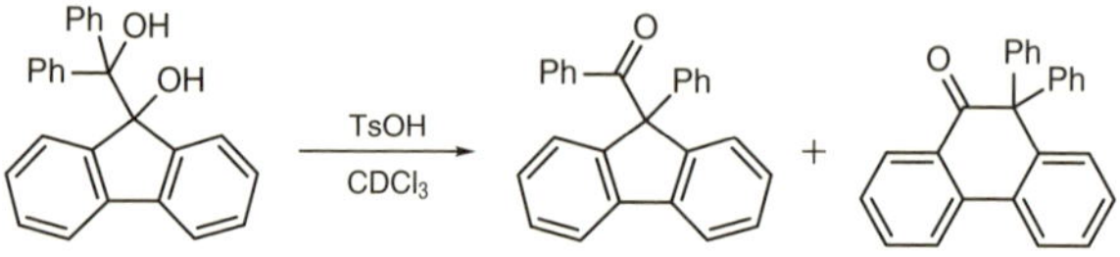

17　　　　　　*18*　　　（3:1）　　*19*

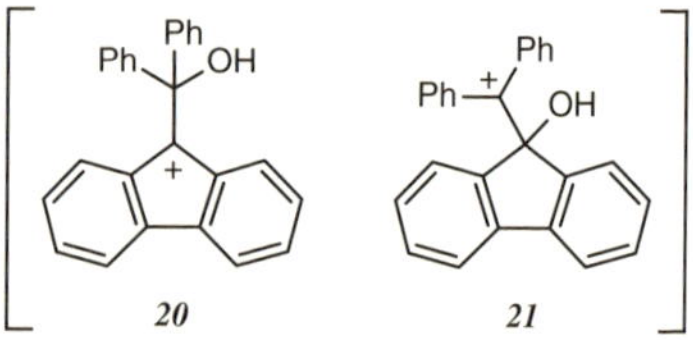

20　　　　　　*21*

XV. 遷移金属触媒反応

反応 96　有機金属反応剤を用いたクロスカップリング

反応 97　溝呂木-Heck 反応

反応 98　パラジウム触媒によるアリル位
　　　　　　　　　　　　置換反応 —— 辻-Trost 反応

反応 99　Buchwald-Hartwig クロスカップリング

反応 100　メタセシス反応

96　有機金属反応剤を用いたクロスカップリング

概略　パラジウム (Pd) などの遷移金属触媒を用いたハロゲン化アリールやハロゲン化アルケニルと有機金属反応剤とのクロスカップリングは、近年の有機合成化学における強力な炭素-炭素結合形成反応である。共役ジエン、スチレン、ビアリール、アルキルアレーンなど多様な化合物が合成でき、複雑な構造をもつ天然有機化合物や医薬品合成の鍵工程としても広く利用されている。また、日本人研究者の名前を冠した人名反応となっているものも多く、本項で紹介する根岸英一博士、鈴木章博士は本研究業績により 2010 年度のノーベル化学賞を受賞している (**反応 97** で述べる Heck 博士と同時受賞)。

$$R^1\text{-CH=CH-X または }R\text{-C}_6H_4\text{-X} + R^2\text{-M} \xrightarrow{\text{Pd 触媒}} R^1\text{-CH=CH-}R^2 \text{ または } R\text{-C}_6H_4\text{-}R^2$$

(M = B, Mg, Zn, Sn など)
(X = ハロゲン, OSO_2CF_3)

解説　おもにパラジウム錯体がこのクロスカップリングの触媒として用いられている。以下にパラジウムを用いたクロスカップリングの触媒サイクルを示す (配位子は省略している)。まず、基質 *1* が 0 価のパラジウムに**酸化的付加**し、2 価パラジウム中間体 (R-Pd-X) *2* となる。次に、有機金属反応剤 *3* の有機置換基 (R′) が金属からパラジウムに移動するとともに、パラジウム上の X (ハロゲン原子やトリフラート) が *3* の金属上へ移動する。この過程を**トランスメタル化 (金属交換反応)** とよぶ。トランスメタル化によって、二つの有機置換基 (R と R′) がパラジウムに結合した *4* が形成され、*4* からの**還元的脱離**が進行しクロスカップリング生成物 *5* が得られるとともに 0 価のパラジウムが再生し、触媒サイクルが成立する。本反応ではしばしば 2 価錯体が触媒前駆体として使われるが、反応活性種は系内で還元されて生成する 0 価錯体である。

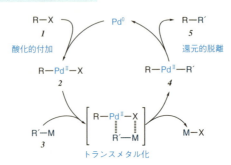

有機金属反応剤 **3** の中心金属にはおもに典型金属元素が用いられており，以下，各反応を典型金属の種類ごとに概説する．

96・1　熊田-玉尾-Corriu カップリング —— 有機マグネシウム反応剤（Grignard 反応剤）を用いるカップリング

1972 年，熊田・玉尾ら，およびフランスの Corriu らがそれぞれ独立に，パラジウムの同族であるニッケル触媒を用いたハロゲン化アリールやハロゲン化アルケニルと有機マグネシウム反応剤（Grignard 反応剤）のクロスカップリングを報告した．特に熊田，玉尾らはその報告の中で，この形式のクロスカップリングの触媒サイクルを初めて明示しており，本研究はその後のクロスカップリング研究の先駆けとなった．本反応にはカルボニル基など Grignard 反応剤と反応してしまう官能基をもつ基質は適用できないものの，Grignard 反応剤が調製容易であり，安価なニッケルを用いることができるため実用性は高い．なお，本反応には，ニッケルだけでなくパラジウムを用いることもできる．

96・2　根岸カップリング —— 有機亜鉛反応剤を用いるカップリング

上述した Grignard 反応剤を用いるクロスカップリングでは，Grignard 反応剤の高い反応性に起因する官能基許容性の低さに問題があった．それを解決する一つの方法として 1976 年に根岸らは，パラジウム触媒存在下で Grignard 反応剤より穏和な反応剤である有機亜鉛反応剤を用いたクロスカップリングを報告した．有機亜鉛反応剤は官能基許容性が高く調製が容易なことから基質の適用範囲は格段に拡大され，現在，医薬品や天然有機化合物などの有用化合物の合成に広く用いられている．たとえば，分子内に求電子的な第一級塩化アルキル部位をもつ **15** も本反応に

適用可能であり，PhZnCl との根岸カップリングにより **16** がほぼ定量的に得られる．**16** はジメチルアミンとの S_N2 反応により，抗悪性腫瘍薬であるタモキシフェンに導かれる．

96・3　小杉-右田-Stille カップリング ── 有機スズ反応剤を用いるカップリング

　根岸らの報告の後，1977 年に小杉・右田ら，米国の Stille らが独立に有機スズ化合物を用いたクロスカップリングを報告した．有機スズ化合物は官能基許容性に優れるだけでなく，中性条件という穏和な条件下で進行することから，さまざまな天然物全合成の鍵工程として利用されてきた．一方，反応終了後に副生した毒性をもつスズ化合物を取除くことが難しい点が，医薬品合成への利用を妨げる原因となっている．

　本反応にはトリフラートを脱離基とする基質も適用可能だが，トランスメタル化を促進させるために，1 当量以上の塩化リチウム（LiCl）の添加が必要である．

96・4　鈴木-宮浦カップリング —— 有機ホウ素反応剤を用いるカップリング

　1979年，宮浦・鈴木らは有機ホウ素化合物とハロゲン化アリール，ハロゲン化アルケニルとアルケニルボランとのクロスカップリングを報告した．後年，全世界的に研究が展開され，現在では医薬品や液晶を始めとする機能性分子の工業生産にも用いられているクロスカップリングの代名詞，鈴木-宮浦カップリングの初めての例である．

本反応のポイントは塩基を加えることである．炭素-ホウ素結合は強く，そのままではトランスメタル化が進行しない．そこで1当量以上の塩基を加えボレート型にして活性化する必要がある．

本反応の適用範囲はきわめて広く，さまざまな有機ホウ素化合物が利用可能だが，なかでも容易に入手可能で，空気や湿気にも安定なボロン酸誘導体が頻用されている．したがって，Grignard反応剤や有機亜鉛反応剤との反応では用いることができなかった水やアルコール中でも反応させることができるのが特徴の一つである．

医薬品合成への応用　ロサルタンカリウムはアンギオテンシンⅡ受容体拮抗作用をもち，降圧薬として使用されている．Merckの研究グループは臭化アリール

265

31 とボロン酸誘導体 **32** の鈴木-宮浦カップリングを利用することにより，その効率的な合成を達成している．

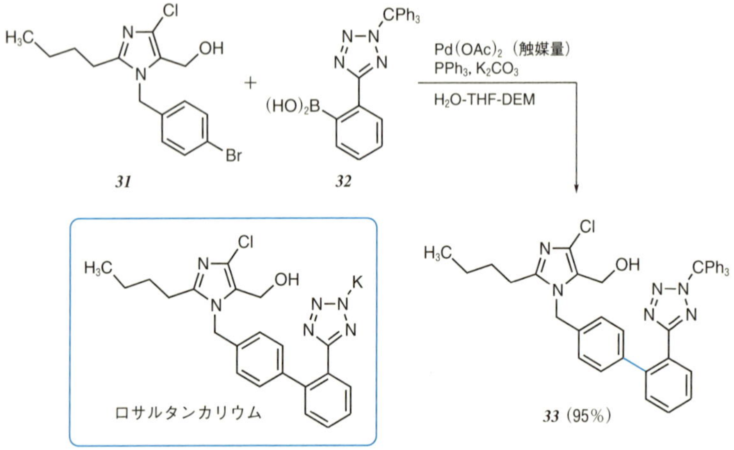

ロサルタンカリウム

33 (95%)

96・5　薗頭-萩原カップリング

　薗頭と萩原はアミン存在下，触媒量のパラジウム錯体と銅塩を用いたハロゲン化アリールやハロゲン化アルケニルと末端アルキンのクロスカップリングによって，アリールアルキンや共役エンインが合成できることを報告した．本反応では，末端アルキン，銅塩，塩基から**銅アセチリド**（**34**）が生じ，それが基質の**酸化的付加**によって生じたパラジウム錯体 **35** と**トランスメタル化**する．このとき銅塩 CuX が再生され，再度アセチリドの形成に使われる．一方，トランスメタル化によって生じたパラジウム錯体 **36** からの還元的脱離によりカップリング体を与えると同時に 0 価のパラジウムが再生され，次のサイクルに使われる．

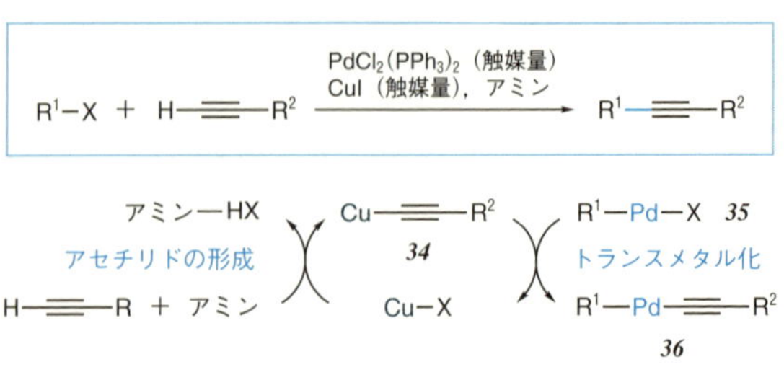

本カップリング反応も天然有機化合物などの合成に広く用いられている．たとえ

ば，二環式ヨードアレーン **37** とアルキニル基をもつプロリン誘導体 **38** をパラジウム・銅触媒存在下でカップリングすると，高収率で **39** が得られる．**39** から数工程で（−）-キノカルシンの全合成が達成されている．

96・6　野崎-檜山-岸（NHK）カップリング

　有機金属反応剤とのトランスメタル化ではないが，アルデヒドのアルケニル化によるアリルアルコール合成法として非常に有用な反応なのでここで紹介する．

　1983 年，高井・檜山・野崎らのグループは化学量論量の塩化クロム(II) 存在下で，ヨウ化アルケニルがアルデヒドに付加する反応を見いだし報告した．

　本反応は Grignard 反応剤と異なり，ケトンとは反応せずアルデヒド選択的に反応することが特徴であり，非常に有用な反応になると思われた．しかし 1986 年，高井・野崎らのグループと岸らのグループによって，塩化クロム(II) の製造元やロットの違いで反応の再現性に問題が生じることが見いだされ，再現よく反応を進行させるためには触媒量の 2 価ニッケル塩を添加することが必須であることが報告された．また，このとき高井・野崎らは，蛍光 X 線元素分析により 1983 年の報告時に購入した塩化クロム(II) には 0.5 mol%のニッケルが含まれていたことを明らかにした．以上の経緯により反応条件が確立された現在では，信頼性の高いアルデヒドのアルケニル化法となっており，パリトキシンやハリコンドリンをはじめとする複雑な天然有機化合物の全合成にも利用されている．

　本反応にはハロゲン化アルケニルだけでなく，アルケニルトリフラートも基質として用いることができる．塩化ニッケルは触媒量で十分だが，塩化クロム(II) は

過剰量用いる必要がある.

推定反応機構は次の通りである. まず $NiCl_2$ が $CrCl_2$ によって還元され生じた0価ニッケルに基質 **46** が**酸化的付加**し，2価アルケニルニッケル錯体 **47** が生成する. つづいて，**47** と3価クロムとの**トランスメタル化**により，アルケニルクロム **48** と2価ニッケル塩（NiX_2）が生成する. NiX_2 は $CrCl_2$ によって還元され0価のニッケルが再生し，次のサイクルへ参加する. 一方，アルケニルクロム **48** はアルデヒドに求核付加し，クロムアルコキシド **49** が生成する. 最終的に後処理によってアリルアルコールが得られる.

97 溝呂木-Heck反応

概略 パラジウム触媒によるハロゲン化アリールやハロゲン化アルケニルとアルケン類とのクロスカップリング反応であり，共役ジエンやスチレン誘導体が合成できる．本反応は医薬品の合成中間体をはじめ，さまざまな生物活性天然物や機能性材料分子の合成に利用されている．また，本反応を開発した Richard F. Heck 博士はその業績により 2010 年度のノーベル化学賞を受賞している（**反応 96** に記載した根岸博士，鈴木博士と同時受賞）．

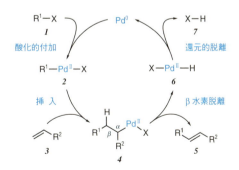

解説 溝呂木-Heck 反応の触媒サイクルを以下に示す（配位子は省略している）．まず基質 *1* の炭素-ハロゲン結合が 0 価パラジウムに**酸化的付加**し，2 価パラジウム種 *2* が生成する．その後，*2* の炭素-パラジウム結合にアルケン *3* が**挿入**してアルキルパラジウム中間体 *4* となり，*4* からの **β 水素脱離**によってクロスカップリング体 *5* が得られるとともに，2 価パラジウムヒドリド種 *6* が生成する．最後に *6* と塩基との反応により**還元的脱離**が進行して，0 価のパラジウムが再生し，触媒サイクルが成立する．

適用例 適用範囲は広くさまざまな基質を反応させることができる．基質の脱離基 X はハロゲン（ヨウ素，臭素）またはトリフラート（OTf）であり，カップリングの相手は一置換アルケン（二置換も適用可能）が用いられる．本反応では 2 価錯体である Pd(OAc)$_2$ がしばしば触媒前駆体として利用されるが，活性種は反応

269

系内で還元されて生成する0価のパラジウムである.

分子内反応への応用も数多く報告されており,多環式化合物を合成する強力な手段となっている.たとえば,分子内にシクロヘキセン部位をもつヨウ化アレーン **17** を Pd(PPh₃)₄ 触媒存在下で反応させると,三環式化合物 **18** が立体選択的に生成する.本反応では,2価アリールパラジウム種 **19** の炭素-パラジウム結合にアルケンがシンの形式で挿入し **20** となった後,青丸で囲んだ水素が β 脱離し **18** が生成する.

本反応は光学活性な配位子を用いることにより,エナンチオ選択的な反応へと展開されている.すなわち,(R)-BINAP を配位子とし,リン酸銀(Ag₃PO₄)存在下で溝呂木-Heck 反応を行うと,cis-デカリン誘導体 **22** が光学活性体として得られる.これは **21** の酸化的付加によって生成した **23** において,パラジウムが二つの二

重結合のうち青丸で囲んだアルケンとエナンチオ選択的に反応した結果である.

医薬品合成への応用　非ステロイド性抗炎症薬（NSAID）であるナプロキセンの前駆体 *26* が，2-ブロモ-6-メトキシナフタレン *24* とエチレン *25* の溝呂木-Heck 反応によって合成されている.

98　パラジウム触媒によるアリル位置換反応 —— 辻-Trost 反応

概略　第Ⅱ部で概説した求核置換反応によるアリル化では，一般に臭素やヨウ素などの脱離能が高い脱離基をもつ基質を用いる必要がある．一方，パラジウム触媒を用いた辻-Trost 反応によるアリル化では，クロロ基やアセトキシ基など，より脱離能が低い脱離基をもつ基質も適用可能である．求核剤も炭素求核剤だけでなく窒素や酸素求核剤も用いることができることから，これまで広く有機合成に利用されてきた．また，光学活性な配位子をもつパラジウム錯体を用いたエナンチオ選択的な辻-Trost 反応も数多く報告されている．

$$R\frown X + Nu^- \xrightarrow{Pd触媒} R\frown Nu + X^-$$

X = Cl, OAc, OCO$_2$R など

解説　本反応の触媒サイクルは次のように説明される（配位子は省略している）．まず基質 *1* の二重結合が 0 価パラジウムへ**配位**した後，**酸化的付加**によって**π-アリル錯体**（*3*）が形成される（パラジウムは酸化され 2 価になっている）．その後，求核剤がパラジウムの背面から求核攻撃することにより生成物 *5* を与えるとともに 0 価パラジウムが生成され，触媒サイクルが成立する．

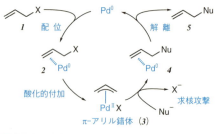

一般的に酸化的付加および求核攻撃の過程はいずれも立体反転を伴って進行するため，本反応は全体として立体保持で進行する．たとえば，0 価パラジウム触媒存在下，シクロヘキセノール誘導体 *6* をマロン酸ジメチルナトリウム塩と反応させると，脱離基であるアセトキシ基の立体化学を保持した *7* のみが生成する．これは，*6* のパラジウムへの酸化的付加がアセトキシ基の反対側から進行し，カルボメトキシ基のトランス位にパラジウムが配向した π-アリル錯体 *8* が形成された後，マロ

ン酸ジメチルの求核攻撃がパラジウムの反対側から起こったためである.

　分子内に求核的な部位をもつ基質を用いれば環状化合物の合成も可能となる. た
とえば基質 **9** を 0 価パラジウム触媒と反応させると, π−アリル錯体 **10** においてパ
ラジウムの反対側から分子内のアミノ基が求核攻撃し, シス縮環したインドリン誘
導体 **11** が生成する.

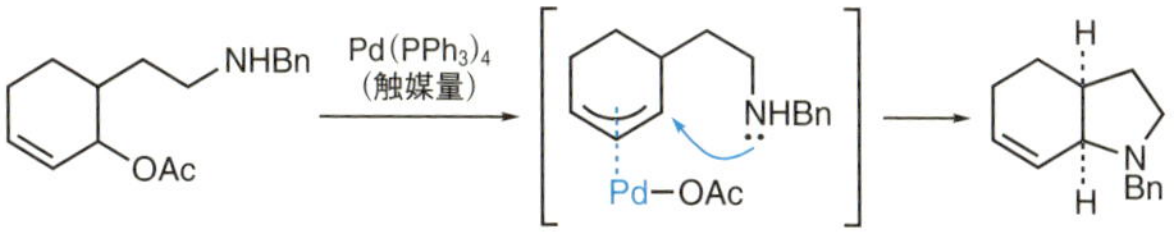

　また, 光学活性な配位子 **L1** 存在下でカルコン由来の基質 **12** をパラジウム触媒
と反応させると, π−アリル錯体 **13** へのマロン酸ジメチルの求核攻撃が位置選択的
に進行し, アリル位置換体 **14** が定量的かつきわめて高い不斉収率で生成する.

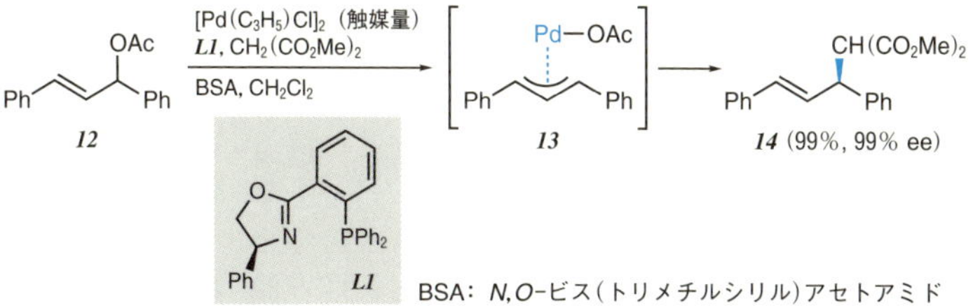

BSA: *N,O*−ビス(トリメチルシリル)アセトアミド

遷移金属触媒

医薬品合成への応用　　環状カルバマート部位をもつシクロヘキセン誘導体 **15**
にパラジウム触媒存在下, マロノニトリル誘導体 **16** を反応させると, アリル位置
換反応が進行し高度に官能基化されたシクロヘキセン誘導体 **17** が収率よく得られ
る. **17** から数工程を経て抗インフルエンザ薬であるオセルタミビルリン酸塩(タ
ミフル®)が合成されている.

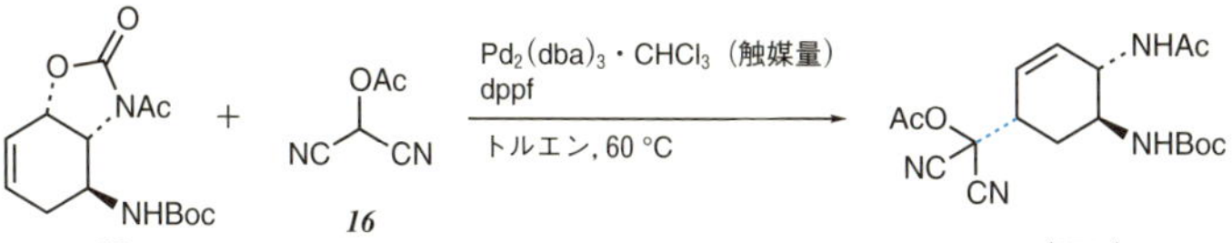

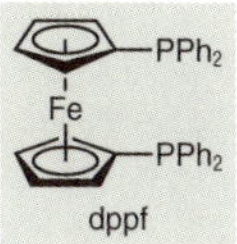

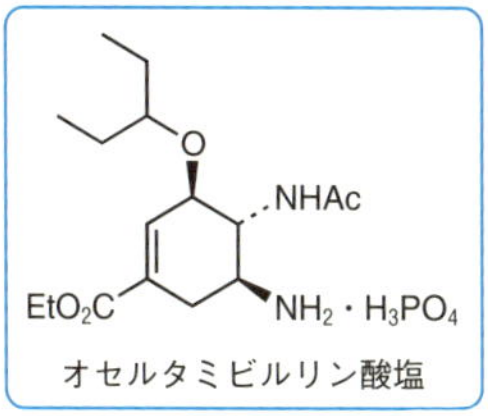

オセルタミビルリン酸塩

273

99 Buchwald-Hartwig クロスカップリング

概略 一般的に置換アニリンは対応する置換ニトロベンゼンの還元によって合成されるが，置換ニトロベンゼンそのものを位置選択的に合成することは比較的困難である．したがって，置換アニリンを自在につくり分けることは有機合成化学における重要な課題の一つであった．その解決法として近年 Buchwald と Hartwig はそれぞれ独立に，パラジウム触媒を用いたハロゲン化アリールとアミンのクロスカップリングにより，任意の位置に置換基をもつアニリン誘導体を簡便に合成する手法を開発した．本手法は現在，医薬品をはじめとする含窒素生物活性化合物や電子材料の合成に広く利用されている．

解説 本アミノ化の触媒サイクルは以下のように説明されている（配位子の記載は省略）．ハロゲン化アリール *1* が 0 価パラジウムに**酸化的付加**し 2 価パラジウム種 *2* となる．その後，アミン *3* がパラジウム原子に**配位**した錯体 *4* のアミノ基のプロトンを塩基が引抜き，*5* となる．その後，**還元的脱離**によりアニリン誘導体 *6* を与えると同時に 0 価パラジウムが再生する．

本反応を円滑に進行させるためには，配位子の選択が重要であり，二座配位子である BINAP，Josiphos，Xantphos や単座配位子 XPhos などのかさ高い配位子を用いる必要がある．一方，アミノ基上のプロトンを引抜くために，NaO^{t}Bu，LiHMDS，K$_3$PO$_4$ などのさまざまな塩基が用いられている．

BINAP　　Josiphos
　　　　　(CyPF^{t}Bu)　　Xantphos　　XPhos

適用例　本反応の適用範囲はきわめて広く，さまざまなハロゲン化アリールとアミンを用いることができる．興味深いことに，一般的なパラジウム触媒クロスカップリングで高い反応性を示すヨウ化アリールは本反応系においては反応性が低く，臭化アリールが最も高い反応性を示す．

アンモニアやリチウムアミドも窒素求核剤として用いることができ，対応する無置換アニリンが収率よく生成する．

医薬品合成への応用　パラジウム触媒を用いた 2-ブロモ-N,N-ジエチルベンズアミド **13** と o-トルイジン **14** の Buchwald-Hartwig クロスカップリングにより，ジアリールアミン誘導体 **15** が収率よく合成できる．その後，**15** から窒素原子の保護と環化反応を経て抗てんかん薬であるオクスカルバゼピンへと導かれている．

100 メタセシス反応

概略 メタセシス反応は，広義には"2種類の化合物が構成成分の一部を互いに交換し，新しい2種類の化合物が得られる反応"であり置換反応に分類される．一方，近年の有機合成化学におけるメタセシス反応といえば，下図に示すように，"遷移金属触媒存在下で，2分子の多重結合性化合物（アルケンやアルキン）が互いにその置換基を交換し，新しい多重結合性化合物が生成する反応"を意味する．多重結合としてアルケンどうしが反応する場合を**アルケンメタセシス（オレフィンメタセシス）**，アルケンとアルキンの場合**エンインメタセシス**，そしてアルキンどうしの反応を**アルキンメタセシス**とよぶ．

"メタセシス（metathesis）"とはギリシャ語の meta（change）と thesis（position）由来の用語で"位置が入替わる"ことを意味し，1967年に米国 Goodyear 社の Nissim Calderon らによって初めて有機合成化学の分野に用いられた用語である．メタセシス反応は既存の反応では達成不能であり，遷移金属触媒を用いて初めて達成される，まさに遷移金属ならではの反応である．その研究はこの30年弱の間に飛躍的に進展し，現在，メタセシス反応は有機合成の常套手段となり，"逆合成を変えた"反応とさえ言われている．2005年には"メタセシス反応の開発"の業績で，アルケンメタセシスの反応機構を提唱した Yve Chauvin 博士（フランス），広く有機合成に利用可能な高機能触媒を開発した Robert H. Grubbs 博士（米国）と Richard R. Shrock 博士（米国）がノーベル化学賞を受賞した．本章では，基質の種類ごとにメタセシス反応を概説する．

100・1 アルケンメタセシス（オレフィンメタセシス）

概略 有機合成化学におけるメタセシス反応はアルケンどうしが反応する**アルケンメタセシス**を中心に発展した．アルケンメタセシスは，**可逆反応**であるため平衡を生成系に偏らせるためには，たとえば生成物の一つをエチレンとすることにより反応系の外に放出するなどの工夫が必要となる．本反応にはおもにモリブデンを中心金属にもつカルベン錯体である Schrock 錯体 *1* と，ルテニウムを中心金属とする Grubbs 錯体（配位子の種類の違いによって第一世代錯体 *2* と第二世代錯体 *3* がある）が触媒として用いられている．Schrock 錯体 *1* は非常に高い反応性を示すが，それゆえに官能基許容性が比較的低く空気や水などに不安定で取扱いが難し

い．一方，Grubbs 錯体は官能基許容性が高いだけでなく，空気や水にも比較的安定であり取扱いが容易な錯体である．特に，第二世代触媒 **3** は **2** に比べて熱安定性が高く反応性も高いため，**3** は現在，天然有機化合物合成を含めて最も広く精密有機合成に用いられるメタセシス触媒となっている．

$$R^1 \diagup\diagdown \quad + \quad R^2 \diagup\diagdown \quad \xrightarrow[\text{（金属カルベン触媒）}]{\text{"M="}} \quad R^1 \diagup\diagdown R^2 \quad + \quad =$$

Schrock 錯体 (**1**) 　第一世代 Grubbs 錯体 (**2**)（Cy = シクロヘキシル）　第二世代 Grubbs 錯体 (**3**)

遷移金属触媒

　アルケンメタセシスの反応機構は Schrock 錯体と Grubbs 錯体のいずれを用いても，以下に示す "Chauvin's Mechanism" とよばれる反応機構で進行する．すなわち，金属カルベン錯体 **4** がアルケン **5** と **[2+2]付加環化**し，**メタラシクロブタン中間体**（**6**）が生成する．**6** から結合の組換えが起こり，アルケン **7** とメタルカルベン錯体 **8** が形成される．その後，**8** ともう 1 分子のアルケン **9** との **[2+2]付加環化**により，**メタラシクロブタン中間体 10** が形成される．最後に結合の開裂が進行しメタセシス成績体 **11** が生成するとともに，メタルカルベン錯体 **4** が再生し，触媒サイクルが成立する．

適用例　アルケンメタセシスは分子内反応に用いることにより，環状化合物の強力な合成方法となる．この分子内メタセシスは**閉環メタセシス**（ring-closing metathesis, **RCM**）」とよばれる．前述したようにアルケンメタセシスは可逆反応である．そこで，分子内に二つのアリル基をもつ基質 **12** のメタセシス反応を行えば，環化反応によって **13** を与えるとともに，副生成物であるエチレン **7** は気体と

277

して反応系外に放出されるために平衡は生成系に偏ることになる．これを利用して
RCM よる環状化合物の合成研究が盛んに行われている．

たとえば，**14a** を Grubbs 錯体 **2** の存在下で反応させると 5 員環化合物 **15a** が定
量的に生成する．また **14b** を基質とした場合は触媒 **2** を用いても目的物はまったく
得られないが，触媒 **3** を用いると高収率で 6 員環化合物 **15b** が生成する．

RCM は大環状化合物のマクロ環化にも威力を発揮する．Nicolaou らは化合物 **16**
を触媒 **3** 存在下で反応させるとマクロ環化が進行し，抗腫瘍活性をもつエポチロン
A の 16 員環が構築できることを報告している．RCM が開発される前は，エポチロ
ンのようなマクロライドはマクロラクトン化によってその大環状骨格を構築するの
がおもな方法だったが，現在では RCM もその構築のための常套手段となっている．

エポチロン A

分子間クロスメタセシスによる多置換アルケンの合成も可能であり，一般的に Grubbs 触媒を用いると E 選択的に生成物を与える．いずれも末端アルケンを用いることがポイントである．

18 (2 当量) + **19** → 触媒 **3** → **20** (81%, E/Z = 4/1)

18 (2 当量) + **21** → 触媒 **3** → **22** (92%, E/Z = >20/1)

クロスメタセシスによって熱力学的に不利な (Z)-アルケンを合成することは困難であるとされていたが，近年，合理的に設計された触媒 **23** を用いることによって達成されている．

24 (10 当量) + **25** → 触媒 **23** → **26** (73%, 98% Z)

一般的にアルケンは，アルキンの Birch 還元（**反応 85** 参照）や Lindlar 還元（**反応 83** 参照），カルボニル化合物の Wittig 反応（**反応 35** 参照）や Horner-Wadsworth-Emmons 反応（**反応 35** 参照）によって合成されるが，本手法はそれらとともに多置換アルケンの実用的な合成法として利用されていくだろう．

100・2 エンインメタセシス

概 略　金属カルベン錯体存在下でのアルキンとアルケンの反応は**エンインメ**

279

タセシス（エニンメタセシス）とよばれ，1,3-ジエンが生成する．反応の前後で分子量が変化しないためアトムエコノミー100％の反応であり，特に分子内閉環エンインメタセシス反応は骨格転位反応ともよばれている．本反応にはおもに Grubbs 錯体 **2** や **3** が利用されている．

　適用例　閉環エンインメタセシスは環状骨格をもつ天然有機化合物の全合成に広く利用されている．たとえば，光学活性なエンイン **27** と触媒 **2** を反応させると円滑に RCM が進行し，7員環を含む2環式化合物 **28** が収率よく得られる．その後，数工程の官能基変換を経てステモナアルカロイド類の一つ，（−）-ステモアミドが合成されている．

27　　　　　　触媒 **2**　　　　**28**（87％）　　　　　（−）-ステモアミド

　分子間クロスエンインメタセシスは，アルケンどうしのホモメタセシスなどの進行によって反応系が非常に複雑になるため困難とされてきた．しかし，アルケンとして最も単純な構造をもつエチレンを用いると，2,3-二置換-1,3-ジエンを選択的に合成することが可能となる．本反応に用いるエチレンはガスボンベからガス採集袋に採取したものでよく（加圧不要），穏和な条件下，簡便な操作で収率よく1,3-ジエンを得ることができる．

$R^1\!-\!\!\equiv\!\!-R^2$ ＋ $H_2C\!=\!CH_2$ 　→ 触媒 **2** または **3**
29　　　　　（1 atm）　　　　　　　**30**

　本反応を利用することにより，HIV-1 逆転写酵素阻害作用を示すアノリグナン A の効率的全合成が達成されている．

31（Ms ＝ SO$_2$CH$_3$）　　　　　　　　**32**（86％）

アノリグナン A

100・3 アルキンメタセシス

概 略 アルキンどうしで進行する**アルキンメタセシス**は，Schrock 錯体 **33** のような**金属カルビン錯体**によって進行する．アルケンメタセシスと同様に**可逆反応**であり，平衡を生成系に偏らせるためにはやはり低沸点なアルキンが生成するような反応系の工夫が必要である．

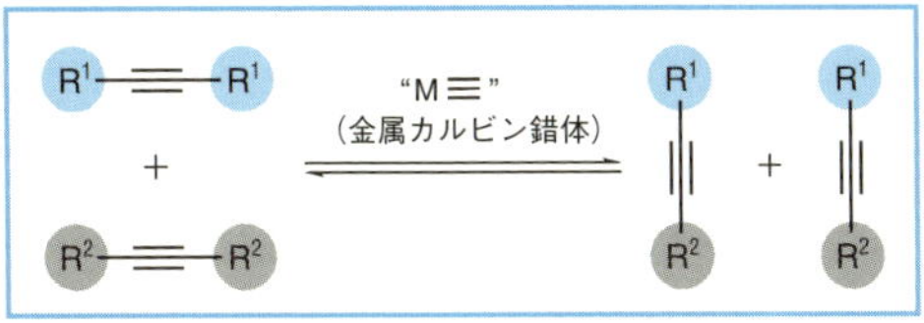

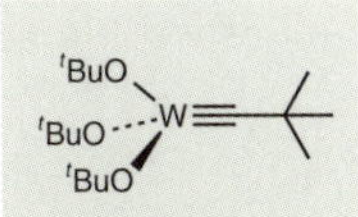

Schrock錯体（**33**）

適用例 分子間クロスメタセシスも種々報告されているが，大環状化合物のマクロ環化のための強力な手法となっている．たとえば，ジイン **34** を触媒 **33** 存在下で反応させると，ブタ-2-インの生成を伴いながら（低沸点のため反応系外へ）12 員環骨格を収率よく構築できる．その後，DNA 二重鎖切断活性を示す（＋）-シトレオフランへと導かれている．

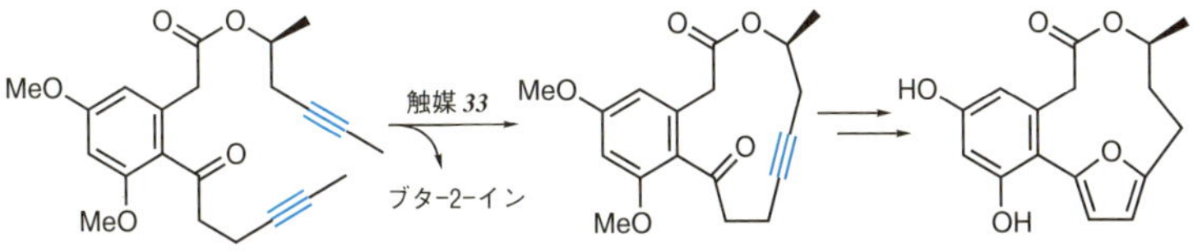

34   **35**（81％）   （＋）-シトレオフラン

遷移金属触媒

参 考 図 書

入門的な教科書

1) J. McMurry 著，伊東 椒ほか訳，"マクマリー有機化学概説"，第 7 版，東京化学同人（2017）．

2) R. Ouellette ほか著，狩野直和訳，"ウレット・ローン基本有機化学"，東京化学同人（2017）

3) P. Y. Bruice 著，大船泰史ほか監訳，"ブルース有機化学概説"，第 3 版，化学同人（2016）．

4) 村田 滋著，"基本有機化学"，東京化学同人（2012）

5) 望月正隆ほか著，"有機化学の基礎"，東京化学同人（2013）

一般的な教科書

6) J. McMurry 著，伊東 椒ほか訳，"マクマリー有機化学（上・中・下）"，第 9 版，東京化学同人（2017）．

7) M. Jones, Jr. 著，奈良坂紘一ほか監訳，"ジョーンズ有機化学（上・下）"，第 5 版，東京化学同人（2016）．

8) D. R. Klein 著，岩澤伸治監訳，"クライン有機化学（上・下）"，東京化学同人（2017）．

9) W. H. Brown ほか著，村上正浩監訳，"ブラウン有機化学（上・下）"，東京化学同人（2014）．

10) M. Loudon ほか著，山本 学監訳，"ラウドン有機化学（上・下）"，東京化学同人（2018）．

11) S. Warren ほか著，野依良治ほか監訳，"ウォーレン有機化学（上・下）"，第 2 版，東京化学同人（2015）．

12) T. W. G. Solomons ほか著，花房昭静ほか監訳，"ソロモンの新有機化学（Ⅰ・Ⅱ・Ⅲ）"，第 11 版，廣川書店（2015）．

13) J. G. Smith 著，山本 尚ほか監訳，"スミス有機化学（上・下）"，第 5 版，化学同人（2017）．

14) P. Y. Bruice 著，大船泰史ほか監訳，"ブルース有機化学（上・下）"，第 7 版，化学同人（2014）．

15) K. P. C. Vollhardt ほか著，古賀憲司ほか監訳，"ボルハルト・ショアー現代有機化学（上・下）"，第 6 版，化学同人（2011）．

やや上級者向き

16) P. Sykes 著, 久保田尚志訳, "有機反応機構", 第5版, 東京化学同人 (1984).

17) J. March ほか著, 山本嘉則監訳, "マーチ有機化学 —— 反応・機構・構造 (上・下)", 丸善 (2003).

18) S. Warren ほか著, 柴﨑正勝ほか監訳, "ウォーレン有機合成 —— 逆合成からのアプローチ", 東京化学同人 (2014).

19) G. S. Zweifel ほか著, 檜山爲次郎訳, "最新有機合成法 —— 設計と戦略", 第2版, 化学同人 (2018).

20) J. A. Joule ほか著, 中川昌子ほか訳, "ヘテロ環の化学 —— 基礎と応用", 東京化学同人 (2016).

21) J. F. Hartwig 著, 小宮三四郎ほか監訳, "ハートウィグ有機遷移金属化学 (上・下)", 東京化学同人 (2014).

22) M. Smith, "Organic Synthesis", 4th Ed., McGraw Hill (2017).

23) F. A. Carey *et al.*, "Advanced Organic Chemistry", 5th Ed., Springer Nature Switzerland AG (2007).

索　引

あ

亜　鉛　263
亜鉛エノラート　113
アキシアル　9
アキシアル位　54
アキラル　8
アクリノール　157
アクロレイン　3
アジド合成　40
亜硝酸　42, 158
アシルアジド　252
アシル化　174
アシルカチオン　155
アシロイン縮合　120
アスピリン　131
アスピリン　160
アセタゾラミド　152
アセタール　84
アセト酢酸エステル合成　134
アゾ化合物　158
アダマンタン　256
アート錯体　81
アニオン　27
アニオン型オキシ Cope 転位　247
アニオンラジカル　235
アニソール　14
アミド　125, 138, 248
アミド合成　128
アミトリプチリン塩酸塩　156
アミノ安息香酸エチル　150
アミン　40, 274
アミン N-オキシド　41
アリルアルコール　225
アリル位　194
アリル位置換反応　272
アリルカチオン　73
アリールジアゾニウム塩　42

アリルラジカル　194
R, S 表示　8
アルカリ金属　235
アルカリ土類金属　235
アルキル化剤　37, 45
アルキルジアゾニウム塩　42
アルキンメタセシス　276, 281
アルケン　36, 49, 78, 80
アルケンメタセシス　276
アルコール　10, 36, 57, 78, 80
アルコール分解　36
RCM → 閉環メタセシス
アルドール　99
アルドール反応　99
α, β-不飽和カルボニル化合物　110
Arbusov 反応　109
アルミニウムトリブトキシド　226
アンチ脱離　52, 55
アンチペリプラナー　52, 54, 248, 250
Arndt-Eistert 反応　199
アンモニウム塩　57, 59

い, う

E1 機構　48
E1cB 機構　56
E1 反応　48
イオン(的)反応　6
異常付加　192
いす形遷移状態　246
いす形配座　54
E, Z 表示　8, 9
イソキノリン　177
イソシアナート　41, 140, 252
イソブチレンオキシド　39
イソプロテレノール塩酸塩　230

一次オゾニド　207
一重項カルベン　197
E2 機構　50
E2 反応　51, 52, 54
イプソ置換　164
イブプロフェン　133, 135
イミダゾール　172
イミン　89
イリド　107
陰イオン　27
インドール　177

Wittig 反応　107
Williamson エーテル合成　36
Wolf-Kishner 還元　237
Wolff 転位　140, 199
ウレタン　141

え

AIBN　190
エキソ体　190
エキソ付加体　205
エクアトリアル　9, 54
ACE 阻害薬　129
S_Ni 機構　35
S_N1 機構　26
S_N1 反応　27
S_NAr 機構　165
S_N2 機構　28
S_N2 反応　28
SO_3-ピリジン錯体　212
エスタゾラム　147
エステル　36, 125, 126
エステル交換反応　127
AZADO　223
Eschenmoser 塩　103
エタンペルオキシ酸　75, 217
HMPA → ヘキサメチルリン酸トリアミド

285

エーテル　36, 38
エトキシドイオン　51
エナミン　92, 94, 181
エナンチオマー　8
エニンメタセシス　280
NHK カップリング → 野崎-
　　　　檜山-岸カップリング
NCS → N-クロロスクシン
　　　　　　　　　イミド
NBS → N-ブロモスクシン
　　　　　　　　　イミド
エノキサシン水和物　150
エノラート　96, 110
エノール　96, 110
エノン　104
エポキシ化　75
エポキシド　11, 39, 44, 75
MOM → メトキシメチル基
mCPBA → m-クロロベンゼン
　　　　　カルボペルオキソ酸
LDA　102, 276, 279
エンインメタセシス　276
塩化アルミニウム　153, 155
塩化オキサリル　212
塩化ホスホリル　174
塩　基　5, 50
塩基性　29
塩基性度　10
塩基濃度　50
エンジオラート　120
エンド則　205
エンド体　190
エンド付加体　205

お

オキサゾラム　147
オキサホスフェタン　107
オキシ Cope 転位　246
オキシ水銀化　78
N-オキシド化　45
オキシム　89, 248
オキソニウムイオン　38
オクスカルバゼピン　275
オセルタミビルリン酸塩　273
オゾニド　207, 222
オゾン酸化　206, 222
オゾン分解 → オゾン酸化
Oppenauer 酸化　226

オニウム化合物　44
オルト位　13, 17
オルト-パラ（o-p）配向性　20
オレフィンメタセシス →
　　　　アルケンメタセシス

か

化学療法薬　45
過ギ酸 → メタンペルオキソ酸
可逆反応　151, 276, 281
架　橋　45
核酸塩基　45
過酢酸 → エタンペルオキソ酸
過　酸　41, 75, 217
過酸化水素　41, 217
過酸化物　192
過酸化物イオン　81
加水分解　138
カチオン　27
活性化基　13, 20
Gattermann-Koch 反応　13
Cannizzaro 反応　239
カプトプリル　129
Gabriel 合成　40
過マンガン酸カリウム　21, 214
過ヨウ素酸　220
加溶媒分解　26, 36
カルバマート　273
カルバミン酸　141
カルビン錯体　281
カルベノイド　198
カルベン　140, 197
カルベン錯体　276, 279
カルボアニオン　6, 56, 59
カルボカチオン　24, 31, 48, 64,
　　　　　　146, 153, 255
カルボカチオン転位　66
カルボシラートイオン　5
カルボニル基　84
カルボン酸　124, 139
カルボン酸誘導体　124
[3+2]環化反応　206
還元剤　22, 119
還元的アミノ化　89
還元的脱離　262
還元反応　228
環状アミド　129
環状エステル　127

環状ハロニウムイオン　67, 69
環状マーキュリニウムイオン
　　　　　　　中間体　78

き

キサントゲン酸　61
基　質　24, 32
基質濃度　48, 50
キノリン　177
逆合成解析　116
逆旋的　202
逆 1,3-双極付加反応　207
求核剤　24, 50
求核試薬 → 求核剤
求核性　26
求核置換反応　24
　　──の立体化学　30
求核的エポキシ化　217
求核付加-脱離反応　124, 130
鏡像異性体　8
協奏反応　50
共　鳴　3
共鳴安定化　3
共鳴効果　2, 4, 14
共　役　3
共役塩基　5, 6, 25, 173
共役酸　5, 173, 175
共役ジエン　71
共役二重結合　71
極性転換　116
極性溶媒　27
キラル　8
均一結合開裂　191
金属交換反応 → トランス
　　　　　　メタル化

く

熊田-玉尾-Corriu カップリング
　　　　　　　　263
クメン　195
クメンヒドロペルオキシド　195
Claisen-Cope 転位　244
Claisen 縮合　132
Grubbs 錯体　198
Criegee 中間体　250

Grignard 反応剤　136
Curtius 転位　198, 252
Clemmensen 還元　238
クロキサゾラム　147
クロコナゾール塩酸塩　148
クロスカップリング　262
クロスメタセシス　279
クロマトグラフィー　37
クロム　267
クロム酸　21
クロラムフェニコール　245
クロルジアゼポキシド　147
クロルプロマジン塩酸塩　148
m-クロロ過安息香酸 → *m*-クロ
　ロベンゼンカルボペルオキソ酸
m-クロロベンゼンカルボ
　　ペルオキソ酸　75, 218, 250
クロロクロム酸ピリジニウム
　　　　　　　　　　→ PCC
N-クロロスクシンイミド　212

け，こ

ケチル　119
結合解離エネルギー　194
ケテン　140
β-ケトエステル　132
ケト-エノール互変異性化　96

5 員環複素環式芳香族化合物
　　　　　　　　　　　　172
交差アルドール反応　100
交差 Claisen 縮合　133
合成シントン　105
小杉-右田-Stille カップリング
　　　　　　　　　　　264
Cope 脱離　61
Cope 転位　246
Corey-Kim 酸化　212
Corey ラクトン　251
Collins 酸化　211
Kolbe 反応　160
コンフォメーション→立体配座

さ

Zaitsev 則 → Saytzeff 則

酢酸水銀(II)　78
サリチル酸　160
サルファ剤　152
Sarett 酸化　211
酸　5
酸塩化物　125, 130
酸　化　81
酸化還元電位　21
酸化剤　21
酸化的付加　262
酸化反応　210
三酸化硫黄　151
三酸化クロム　210
三重項カルベン　197
酸触媒反応　36
酸性度　7, 10
Sandmeyer 反応　167
酸無水物　125, 130

し

ジアステレオマー　9
ジアゼパム　125, 147
ジアゾカップリング反応　158,
　　　　　　　　　　174
ジアゾニウムイオン　42
ジアゾニウム塩　158, 166
ジアゾメタン　37
シアノ水素化ホウ素ナトリウム
　→ シアノトリヒドリドホウ酸
　　　　　　　　ナトリウム
シアノトリヒドリドホウ酸
　　　　ナトリウム　22, 89
シアノヒドリン　87, 117
シアン化水素　87
シアン化ナトリウム　118
ジイミド　238
N,*N*-ジエチル-*N'*-1-ナフチル
　　エチレンジアミン　159
1,3-ジオキソラン　85
1,5-ジカルボニル化合物　110
シキミ酸経路　245
軸性キラリティー　9
σ 結合　2
[1,7]シグマトロピー転位　203
[3,3]シグマトロピー転位　244,
　　　　　　　　　　246
[5,5]シグマトロピー転位　257
ジクロフェナミド　152

シクロヘキサン　54
シクロホスファミド　45
ジクロロカルベン　161
四酢酸鉛　221
四酸化オスミウム　220
ジシアミルボラン　82
N,*N'*-ジシクロヘキシル
　　カルボジイミド → DCC
シス（*cis*）9
1,3-ジチアン　116
四中心遷移状態　80
シップ塩基　89
自動酸化　194
シトクロム P450　43, 76
ジドブジン　241
1,4-ジヒドロピリジン　181
シプロヘプタジン　137
ジボラン　80, 231, 233
Schiemann 反応　166
2,2-ジメチルオキシラン　39
ジメチルスルホキシド　29, 212
N,*N*-ジメチルホルムアミド
　　　　　　　　29, 174
Simmons-Smith 反応剤　198
Shapiro 反応　237
Chugaev 脱離　61
縮合複素環式芳香族化合物　177
主生成物　64
Schmidt 転位　253
Jones 酸化　210
シリレン　197
シン-アンチ表示　8
シン脱離　53, 55, 60
シンペリプラナー　52

す〜そ

水素化アルミニウムリチウム
　　　　　　　　　　231
水素化ジイソブチル
　　アルミニウム　231, 239
水素化トリブチルスズ　190,
　　　　　　　　　　240
水素化ホウ素ナトリウム →
テトラヒドリドホウ酸
　　　　　　　　ナトリウム
水和物　84
Skraup のキノリン合成　185
ス　ズ　264

索
引

287

鈴木-宮浦カップリング　82, 265
Stork のエナミン法　92, 94
Strecker のアミノ酸合成　87
スピロ構造　259
スルファニルアミド　152
スルファミン　152
スルファメチゾール　152
スルファメトキサゾール　152
スルファモノメトキシン水和物
　　　　　　　　　　　152
スルホニウムイリド　213
スルホニウム塩　57, 59
スルホンアミド　142
スルホン化　151
スルホン酸エステル　53
Swern 酸化　212

Saytzeff 則　55, 58
生物学的等価体　206
接触加水素分解　228, 229
接触還元　228
接触水素化　228
セミカルバジド　89
セミカルバゾン　89
遷移状態　24, 27

1,3-双極付加反応　206
挿　入　269
速度(論)支配　74
薗頭-萩原カップリング　266
ソルボリシス　26

た 行

第三級カルボカチオン　49
第三級ハロアルカン　48
DIBAL（ダイバル）→ 水素化
　　ジイソブチルアルミニウム
第四級アンモニウムイオン　60
タキソール　213
脱水縮合　36, 129, 181
脱水反応　57
脱炭酸　105, 134
脱離基　24
脱離能　25
脱離反応　48
脱離-付加機構　169
タングステン触媒　76
タンデムラジカル環化反応　191

チオフェン　172
置換基効果　10, 13
Chichibabin 反応　176
超共役　32, 65
超原子価　256

辻-Trost 反応　272
津田試薬　159

DIBAL → 水素化ジイソブチル
　　　　　アルミニウム
DIBAL 還元　239
TEMPO　223
THP → テトラヒドロピラニル基
DNA　45
DMSO → ジメチルスルホキシド
DMF → N, N-ジメチルホルム
　　　　　　　　　アミド
D,L 表示　8
Dieckmann 反応　133
DCC　129, 213
DPPA　254
Diels-Alder 反応　92, 204
テクシルボラン　82
テトラゾール　206
テトラヒドリドアルミン酸
　　　　　　リチウム　22, 231
テトラヒドリドホウ酸
　　　　　ナトリウム　22, 231, 232
テトラヒドロピラニル基　86
テトラヒドロホウ酸ナトリウム
　　→ テトラヒドリドホウ酸
　　　　　　　　　ナトリウム
Doebner-Miller の方法　186
電気陰性度　2, 136
電子環状反応　202
電子求引性　16
電子供与性　14
電子効果　2, 20
銅　266
銅アセチリド　266
同旋的　202
トシラート　53
トシル化　30
トランス（trans）　9
トランスメタル化　262
トリフェニルホスフィン　107
トリフラート　53
トリフルオロエタンペルオキソ酸
　　　　　　　　　　　　250

トリフルオロ過酢酸 → トリフル
　　オロエタンペルオキソ酸
トリメタジオン　139
トルエン　13
p-トルエンスルホニル化　30
トルク選択性　203
トルペリゾン塩酸塩　157

な 行

ナイトレン　197
ナイトロジェンマスタード　11
ナイトロジェンマスタード
　　　　　　　N-オキシド　45
9-BBN　82
Nash 法　182
ナプロキセン　271

ニカルジピン塩酸塩　150
二クロム酸アルカリ塩　210
二クロム酸カリウム　210
二クロム酸ナトリウム　21, 210
二クロム酸ピリジニウム →
　　　　　　　　　　　PDC
二酸化セレン　225
二酸化マンガン　215
ニッケル　267
ニトリル　138
ニトロ化　149
ニトロソアミン　42
ニトロイルイオン →
　　　　　ニトロニウムイオン
ニトロソ化　141
N-ニトロソジアルキルアミン
　　　　　　　　　　　42
N-ニトロソジメチルアミン　43
ニトロソニウムイオン　158
ニトロニウムイオン　149
ニトロメタン　117
ニフェジピン　150
ニフェジピン　181
ニムスチン　141
ニンヒドリン　85

根岸カップリング　263
熱力学支配　74

濃硫酸　151
野崎-檜山-岸カップリング　267

ノルエチステロン　236
ノルボルネン　214

は

π-アリル錯体　272
配位　272, 274
バイオアイソスター　206
π結合　2
配向性　13
配座反転　54
BINAP　270
Baeyer-Villiger 転位　76, 250
パクリタキセル　213
Birch 還元　236
発煙硫酸　151
発がん性ニトロソアミン　43
Buchwald-Hartwig クロス
　　カップリング　274
Barton-McCombie 反応　241
Hammond の仮説　65
パラアミノ安息香酸　152
パラ (p) 位　13, 17
パラジウム　262
ハロゲン　67
ハロゲン化　146
ハロゲン化アリール　274
ハロゲン化水素　64
ハロヒドリン　69
ハロペリドール　167
ハロホルム反応　98
Hantzsch のピリジン合成　181
反応機構　24
反応速度　10

ひ

BINAP　270
BH₃-アルケン複合体　80
BOM → ベンジルオキシ
　　　　　　　メチル基
光ハロゲン化反応　196
非局在化　3, 202, 204
Pictet-Spengler 反応　187
pK_a　5, 6, 10
非古典的カルボカチオン　255
PCC　211

Bischler-Napieralski 反応　187
ビタミン D3　203
PDC　211
ヒドラジン　41, 89, 237, 257
ヒドラゾン　89
ヒドリド (H⁻) 還元　22
ヒドリド転位反応　255
ヒドロキシルアミン　89
ピナコール　259
ピナコールカップリング　119
ピナコール転位　250, 259, 260
ピナコール-ピナコロン転位
　　　　　　　　　　120, 259
ピナコロン　259
ビナフチル　9
非プロトン性極性溶媒　29
Hückel(4n+2)則　172
標準還元電位　21
ピリジン　175
ピリジン N-オキシド　179
ピリドキサミン　90
ピリドキサール　90
ピルビン酸　90
ピロリジン　94
ピロール　172
Hinsberg 試験　142

ふ

Huang-Minlon 法　237
Fischer 型カルベン錯体　198
Fischer のインドール合成　183
Fischer のエステル化反応　126
Vilsmeier 反応　162, 174
フェキソフェナジン　216
フェニレフリン　230
Vongerichten 反応　165
1,2-付加　71
1,4-付加　71
付加環化　277
[2+2]付加環化　277
付加-脱離機構　165
不活性化基　20
副生成物　64
複素環　172
不斉補助基　205
ブタ-1,3-ジエン　3, 71
フタルイミド　40

フッ化アルキル　57, 59
t-ブトキシドイオン　51, 59
α,β-不飽和カルボニル化合物
　　　　　　　　　　181
Bouveault-Blanc 還元　119
プラゼパム　147
フラーレン　12
フラン　172
Friedel-Crafts アシル化　131,
　　　　　　　　　　155
Friedel-Crafts アルキル化　153,
　　　　　　　　　　256
フルジアゼパム　147
フルニトラゼパム　150
Bredt 則　55
ブレンステッド塩基　5
ブレンステッド酸　5
プロカイン塩酸塩　150
プロトン (H⁺) 供与体　5
プロトン性極性溶媒　27
ブロマゼパム　148
ブロムヘキシン塩酸塩　148,
　　　　　　　　　　150
N-ブロモスクシンイミド　195
フロンティア軌道論　202, 204
分極率　29
分子間反応　44
分子内アルドール反応　111
分子内求核置換反応　34
分子内反応　44

へ, ほ

閉環メタセシス　277
ヘキサメチルリン酸トリアミド
　　　　　　　　　　114
β水素　48
β水素脱離　269
Heck 反応　269
Beckmann 転位　91, 248
ペニシリン系抗生物質　11
ヘミアセタール　84
ペリ環状反応　197, 202, 204,
　　　　　　　　　　244, 246
ペリプラナー　52
ペルオキシカルボン酸　75
Hell-Volhard-Zelinsky 反応
　　　　　　　　　　115

索引

289

ベンザイン 169
ベンジジン転位 257
ベンジル位 194
ベンジルオキシメチル基 86
ベンズブロマロン 148
ベンゼンスルホンアミド構造 152
ベンゾイン縮合 118
ベンゾフェノン 121
ペンタゾシン 234

芳香族求核置換反応 164
芳香族求電子置換反応 146
芳香族性 146, 172, 244, 246
抱水クロラール 85
ホウ素 265
Horner-Wadsworth-Emmons 法 108
Hofmann 則 58
Hofmann 転位 253
Hofmann 分解反応 60
Pomeranz-Fritsch 反応 188
ホモリシス 191
ボラン 80

溝呂木-Heck 反応 269

向山アルドール反応 102

メシラート 53
メソ化合物 8
メタ (m) 位 14, 16
メタセシス反応 276
メダゼパム 147
メタノリシス 26
メタ (m) 配向性 20
メタラシクロブタン中間体 277
メタンフェタミン塩酸塩 234
メタンペルオキソ酸 75
メチル化剤 37
メチレン 237
メトキシメチル基 86
Meerwein-Ponndorf-Verley 還元 226, 239

Moffatt 酸化 212
モルホリン 94

や 行

有機亜鉛反応剤 136
有機過酸 217, 218
誘起効果 2, 4
有機ホウ素化合物 81
有機リチウム反応剤 136

陽イオン 27
ヨウ化サマリウム 120
溶媒効果 27
溶媒和 27, 29

ら 行

Reimer-Tiemann 反応 161
ラクタム 129
β-ラクタム 11

ラクトン 127
ラジカル 3, 190
ラジカルアニオン 119
ラジカル環化反応 190
ラジカル重合 193
ラジカル反応 6
ラジカル付加反応 192
ラセミ化 31

Ricke 亜鉛 113
リチウムジイソプロピルアミド 102
立体化学 8
立体効果 10
立体のひずみ 11
立体特異的 248
立体配座 10
硫酸エステル 79
硫酸ジメチル 36
隣接基関与 44
Lindlar 還元 229

ルイス酸 153, 155

Reformatsky 反応 113
Lemieux-Johnson 酸化 220
連鎖成長 192
連鎖停止 192
連鎖反応 192

6 員環複素環式芳香族化合物 175
ロサルタンカリウム 265
Rosenmund 還元 229
Lossen 転位 253
Robinson 環化 93, 111
ロラゼパム 147

わ

Wagner-Meerwein 転位 66, 255, 259
Wharton 反応 237
Walden 反転 30

ま 行

Michael 付加 110, 181
Meisenheimer 錯体 164
マイトマイシン C 86
マグネシウム 263
McMurry 反応 120
マクロ環化 278
マクロラクトン化 278
Markovnikov 則 65, 78, 192
マロン酸エステル合成 133, 134
マロン酸ジエチル 6
マンデル酸 87
マンデロニトリル 87
Mannich 塩基 103, 104
Mannich 反応 103, 105

ミアンセリン塩酸塩 218
ミコナゾール硝酸塩 148

索引

第1版 第1刷 2006年 1月10日 発行
第2版 第1刷 2019年 3月26日 発行
第3刷 2021年10月18日 発行

知っておきたい有機反応100
第2版

© 2019

編　集	公益社団法人 日本薬学会
発行者	住　田　六　連
発　行	株式会社 東京化学同人

東京都文京区千石3丁目36-7(〒112-0011)
電話 03-3946-5311・FAX 03-3946-5317
URL http://www.tkd-pbl.com/

印刷・製本　日本ハイコム株式会社

ISBN978-4-8079-0960-5
Printed in Japan
無断転載および複製物(コピー,電子デー
タなど)の無断配布,配信を禁じます.

有機化学の基礎学力を確実に上げる好評教科書

クライン 有機化学 （上・下）

D. R. Klein 著／岩澤伸治 監訳

秋山隆彦・市川淳士・金井 求
後藤 敬・豊田真司・林 高史 訳

B5 変型判　カラー　定価各 6710 円
上巻：616 ページ　下巻：612 ページ

別冊 問題の解き方（日本語版）

D. R. Klein 著／伊藤 喬 監訳
B5 変型判　640 ページ　定価 6710 円

有機化学で通常扱う基礎概念をすべてカバーし，スキルの習得に焦点を当てた米国で人気の教科書．スキルが確実に身につく数多くの問題等を盛込んでいる．特に電子の流れの矢印をとことん丁寧に説明している．別冊の解き方を併用すれば学習効果がより高まる．

ラウドン 有機化学 （上・下）

M. Loudon, J. Parise 著／山本 学 監訳

後藤 敬・豊田真司・箕浦真生・村田 滋 訳

B5 判　カラー　定価各 7040 円
上巻：672 ページ　下巻：744 ページ

記述の明快さで評価の高い米国教科書の翻訳版．学生が有機化学の中身を互いに関連づけながら理解できるように，酸 - 塩基の化学を基礎として段階的に理解を促す．

ブラウン 有機化学 （上・下）

W. H. Brown ほか著／村上正浩 監訳
B5 変型判　カラー　定価各 6930 円
上巻：560 ページ　下巻：484 ページ

学生が分子や反応の基礎を理解できるよう反応機構と有機合成を丁寧に説明し，多くの例題・演習問題を解くことで有機化学の基本が身につく標準的教科書．医薬品の合成法，有機金属化学，生命科学，材料科学などの話題も取上げ，さまざまな分野の学生に興味をもたせるように工夫されている．

2021 年 10 月現在（定価は 10 ％税込）

置 換 基 の 名 称*

飽和鎖式炭化水素基

n-C_3H_7-	propyl（n-不要）
i-C_3H_7-	isopropyl（i-propyl は誤）
n-C_4H_9-	butyl（n-不要）
i-C_4H_9-	isobutyl（i-butyl は誤）
s-C_4H_9-	s-butyl（2-butyl は誤）
t-C_4H_9-	t-butyl
$C_2H_5C(CH_3)_2$-	t-pentyl
-CHCH₂- 　｜ 　CH₃	propylene 《propane-1,2-diyl》

不飽和鎖式炭化水素基

CH_2=CH-	vinyl《CA ethenyl》
CH_2=$CHCH_2$-	allyl（CA 2-propenyl）
CH_3CH=CH-	1-propenyl
CH≡C-	ethynyl

芳香族炭化水素基

$CH_3C_6H_4$-	tolyl（o-, m-, p-）
C_6H_5CH- 　　｜ 　　CH₃	a-methylbenzyl 《CA 1-phenylethyl》
C_6H_5-CH- 　　　｜ 　　　C_6H_5	diphenylmethyl または benzhydryl 〔ベンズヒドリル〕
C_6H_5CH=CH-	styryl〔スチリル〕

ハロゲン基

-F	fluoro〔フルオロ〕
-Cl	chloro〔クロロ〕
-Br	bromo〔ブロモ〕
-I	iodo〔ヨード〕

酸素に基づく置換基

-OH	hydroxy〔ヒドロキシ〕
-OOH	hydroperoxy 〔ヒドロペルオキシ〕
-O-	{ 鎖式構造 oxy { 環式構造 epoxy
-OO-	dioxy《peroxy》
=O	oxo（keto としない）

エーテル基

-OCH₃	methoxy
-OC₂H₅	ethoxy
-OC₆H₅	phenoxy
-OCH₂C₆H₅	benzyloxy〔ベンジルオキシ〕 （benzoxy は誤）

カルボン酸およびエステル基

-COOH	carboxy〔カルボキシ〕
-COO⁻	carboxylato〔カルボキシラト〕
-COOCH₃	methoxycarbonyl

アシル基

-CHO	formyl〔ホルミル〕
-COCH₃	acetyl
-COC₂H₅	propionyl
-COC=CH₂ 　　｜ 　　CH₃	methacryloyl
-COC₆H₅	benzoyl

酸素を含む複合基

-CH₂OH	hydroxymethyl
-CH₂COCH₃	acetonyl

窒素を含む置換基

-NH₂	amino
-NH₃⁺	ammonio
=NH	imino
≡N	nitrilo
-NHOH	hydroxyamino
-NHCOCH₃	acetamido〔アセトアミド〕 または acetylamino 〔アセチルアミノ〕
-NHCOC₆H₅	benzamido〔ベンズアミド〕 または benzoylamino
-CONH₂	carbamoyl
-CN	cyano
-NCO	isocyanato
-N₂	diazo
-NHNH₂	hydrazino

硫黄を含む置換基

-SH	mercapto〔メルカプト〕 《sulfanyl》
-SO₂H	sulfino
-SO₃H	sulfo
-SO₂—〈 〉—CH₃	{ p-toluenesulfonyl { 　（基官能命名法） { p-tolylsulfonyl { 　（置換命名法） { tosyl（p-に限る）

---

* 日本化学会命名専門委員会編，"化合物命名法－IUPAC 勧告に準拠"，第 2 版，東京化学同人 (2016) より．1979 年 IUPAC 基名に基づく．IUPAC 名と Chemical Abstracts 索引名とが異なるものは（CA …）として示した．IUPAC Guide 1993 による修正は《 》内に，両者が同じものは《CA …》として示した．